The Timeless Way of Building

영원의 건축
THE TIMELESS WAY OF BUILDING

2013년 11월 11일 초판 발행 ○ 2020년 2월 17일 3쇄 발행 ○ 지은이 크리스토퍼 알렉산더 ○ 옮긴이 한진영
감수 이정은 ○ 펴낸이 김옥철 ○ 주간 문지숙 ○ 편집 정일웅 민구홍 ○ 디자인 안마노 ○ 디자인 도움 이현송 손상아
커뮤니케이션 이지은 ○ 영업관리 한창숙 ○ 인쇄 한영문화사 ○ 제책 다인바인텍 ○ 펴낸곳 (주)안그라픽스 우 10881
경기도 파주시 회동길 125-15 ○ 전화 031.955.7766(편집) 031.955.7755(고객서비스) ○ 팩스 031.955.7744
이메일 agdesign@ag.co.kr ○ 웹사이트 www.agbook.co.kr ○ 등록번호 제2-236(1975.7.7)

THE TIMELESS WAY OF BUILDING, FIRST EDITION
Copyright © 1979 by Christopher Alexander
THE TIMELESS WAY OF BUILDING, FIRST EDITION was originally published in English
in 1979. This translation rights is published by arrangement with Oxford University Press.
Korean translation copyright © 2013 by Ahn Graphics Ltd.
Korean translation rights arranged with Oxford University Press through EYA(Eric Yang Agency).
All rights reserved.

이 책의 한국어판 출판권은 EYA(Eric Yang Agency)를 통해 Oxford University Press와
독점 계약한 (주)안그라픽스에 있습니다. 저작권법에 따라 한국 내에서 보호를 받는
저작물이므로 무단 전재와 복제를 금합니다. 정가는 뒤표지에 있습니다.
잘못된 책은 구입하신 곳에서 교환해드립니다.

이 책의 국립중앙도서관 출판예정도서목록(CIP)은 서지정보유통지원시스템 홈페이지(seoji.nl.go.kr)와
국가자료공동목록시스템(nl.go.kr/kolisnet)에서 이용하실 수 있습니다.
CIP제어번호: CIP2013022552

ISBN 978.89.7059.710.2(03540)

영원의 건축

크리스토퍼 알렉산더 지음

한진영 옮김

이정은 감수

안그라픽스

영원의 방식을 태동시킨
무념무상의 당신에게

일러두기

- 이 책 『영원의 건축』은 건축과 도시계획에 관해 완전히 새로운 인식의 틀을
제공하기 위해 캘리포니아주립대학교버클리의 환경구조센터Center for Environmental
Structure에서 기획한 시리즈의 첫 책 『The Timeless Way of Building』을
우리말로 옮긴 것이다. 이 시리즈는 건축과 건축물, 그리고 도시계획에 대한
새로운 대안을 담고 있다. 우리가 제시하는 대안이 건축에 대한 생각과
행태를 점진적으로 대체해나가기를 바란다. 시리즈의 각 권은 아래와 같다.

  제1권 『영원의 건축The Timeless Way of Building』
  제2권 『패턴 랭귀지A Pattern Language』
  제3권 『오리건대학교의 실험The Oregon Experiment』

- 원서에서 피트법으로 표기된 단위를 이 책에서는 우리나라의
환경에 맞게 미터법으로 바꾸었다.

독자 여러분에게

이 책『영원의 건축』은 세부적인 내용보다는 전체적으로 밑바탕에 흐르는 생각이 더 중요하다. 만일 여러분에게 주어진 시간이 한 시간뿐이라면 한두 장章을 자세히 읽는 것보다 책 전체를 죽 훑어보는 것이 더 효과적이다. 그래서 독자들이 몇 분 안에 읽을 수 있도록 각 장의 요점을 특별히 강조하였다. 각 장의 도입과 결론, 그리고 군데군데 강조된 요약 내용을 읽어본다면 짧은 시간 안에 이 책의 전체적인 체계를 파악할 수 있을 것이다. 이렇게 하면 좀더 자세히 알고 싶은 부분이 있을 때 전체적인 맥락을 놓치지 않으면서도 어느 장을 찾아 읽어야 할지 알 수 있다.

독자 여러분에게
장별 요약

영원의 방식

1 영원의 방식   22

특성

2 무명의 특성   38
3 살아 있음   60
4 사건의 패턴   74
5 공간의 패턴   96
6 살아 있는 패턴   122
7 살아 있는 패턴의 다양성   146
8 특성 그 자체   160

관문

9   꽃과 씨앗   182
10 우리의 패턴 언어 (1)   194
11 우리의 패턴 언어 (2)   220
12 언어의 창조력   238
13 언어의 소멸   254
14 공유되는 패턴들   272
15 패턴의 실체   306
16 언어의 구조   334
17 도시에 적용되는 공용어의 진화   356

방식

18	언어의 유전적인 힘	384
19	분화되는 공간	400
20	패턴은 한 번에 하나씩	422
21	단독 건물 설계하기	440
22	건물군 설계하기	466
23	건축 과정	496
24	보수 과정	516
25	천천히 드러나는 도시	536
26	세월이 흘러도 변치 않는 특성	556

영원한 방식의 핵심

27	영원한 방식의 핵심	576

감사의 말

감수자의 말

옮긴이의 말

패턴 언어 일람

도판 저작권

장별 요약

영원의 방식

한 건물이나 마을의 생명력은 영원의 방식을 얼마나 충실히 따랐느냐에 따라 달라진다.

1   이것은 다른 무엇이 아니라 우리 자신으로부터 질서를 이끌어내는 방식이다. 이것은 획득할 수 있는 것이 아니라 저절로 나타나는 것이다. 우리가 억누르지만 않는다면.

특성

영원의 방식을 찾으려면 먼저 무명의 특성을 알아야 한다.

2   인간의 삶과 정신, 한 마을과 건물 그리고 자연 상태의 중심에는 어떤 특성이 깊이 자리 잡고 있다. 이 특성은 분명히 존재하고 있지만 이름을 붙일 수는 없다.

3   우리가 살아가면서 이 특성을 추구하는 것은 인생에서 가장 중요한 탐색이며 삶의 여정에서 가장 중요한 과제이다. 그런 순간과 상황을 탐색하는 일이야말로 우리가 가장 진실하게 살아 있는 순간이다.

4   건물과 마을에 내재된 이 특성을 정의하려면 먼저 모든 장소는 그곳에서 지속적으로 일어나는 사건들의 패턴에 따라 고유한 성격이 형성된다는 것을 알아야 한다.

5   이런 사건 패턴들은 공간상 항상 기하학적 패턴과 맞물려 있게 마련이다. 뒤에서 살펴보겠지만 사실 각각의 건물과 마을은 궁극적으로 공간상의 이러한 기하학적 패턴을 통해 만들어진다. 다른 것은 아무것도 없다. 그것들이 건물과 마을을 구성하는 원자와 분자이다.

6   건물과 도시를 만들어내는 구체적인 패턴은 살아 있을 수도, 죽어 있을 수도 있다. 패턴들이 활기차게 살아 있다면 우리 내면의 긴장이 누그러져 우리는 자유로워진다. 하지만 패턴들이 죽어 있다면 우리는 내면의 충돌에서 벗어나지 못한다.

7   하나의 방, 하나의 건물, 하나의 도시에 살아 있는 패턴이 많이 있을수록 그곳은 완전한 장소가 되어 활력이 더 넘치고, 더 빛나고, 자기 보존 능력이 더 견고해진다. 이것이 무명의 그 특성이다.

8   그리고 건축물이 이런 활기를 띠게 되었을 때, 그것은 자연의 일부가 된다. 건물을 구성하는 요소들은 만물은 사라진다는 사실에도 바다의 물결이나 풀잎처럼 끊임없는 반복과 변주의 작용을 받으며 창조된다. 이것이 바로 특성 그 자체다.

관문

무명의 특성에 도달하려면 그 관문 역할을 할 살아 있는 패턴 언어를 만들어야 한다.

9   건물과 도시에 내재하는 무명의 특성은 만들어지는 것이 아니라 사람들의 일상적인 활동에 의해 간접적으로 천천히 생성되는 것이다. 마치 꽃이 만들어지는 것이 아니라 씨앗에서 서서히 생성되는 것처럼.

10 사람들은 내가 패턴 언어라고 부르는 언어를 이용해서 자신이 살 집의 형태를 구상할 수 있고, 또한 수백 년 동안 그렇게 해왔다. 패턴 언어는 그것을 사용하는 사람들에게 새롭고도 개성 있는 건물을 무한히 만들어낼 능력을 준다. 이것은 마치 일상적인 언어가 사람들에게 무한한 문장을 만들어낼 능력을 주는 것과 같다.

11 이런 패턴 언어들은 마을이나 농촌 지역에 국한되지 않는다. 모든 건축 행위는 모종의 패턴 언어가 총괄하며, 세상의 패턴들이 그 자리에 존재하는 이유는 오로지 사람들이 사용하는 언어들이 그것들을 창출하기 때문이다.

12 그뿐이 아니다. 패턴 언어는 도시와 건물의 형태뿐 아니라 그 특성에도 영향을 준다. 경외감을 불러일으키는 장엄한 종교 건축물의 생명력과 아름다움까지도 그것을 지은 사람들이 사용한 언어에서 나온다.

13 하지만 오늘날 언어는 소멸했다. 아무도 언어를 사용하지 않기에, 그것들을 심오하게 해주던 방식도 무너져버렸다. 그리하여 이 시대에 살아 있는 건물을 짓는 일은 거의 불가능한 일이 되어버렸다.

14 공동으로 사용하는 언어, 살아 있는 언어를 다시 얻으려면 먼저 깊이 있는 패턴, 생명을 만들어내는 패턴들을 발견해야 한다.

15 그렇다면 우리는 공동으로 사용하는 이러한 패턴들을 경험을 바탕으로 시험하면서 점차 개선할 수 있을 것이다. 우리는 그 패턴들이 우리에게 어떤 느낌을 주는지 감지함으로써 그 패턴이 우리 주변 환경을 살아 있게 만드는지 그렇지 않은지를 아주 간단하게 판단할 수 있다.

16 살아 있는 패턴을 발견하는 법을 알아냈다면, 그다음에는 건축 작업에 필요한 언어를 직접 만들어낼 수도 있을 것이다. 언어의 구조는 개별 패턴들을 서로 연결한 망으로 창조된다. 그리고 전체적으로 봤을 때 이 패턴들이 어느 정도의 완전함을 만드는가에 따라 이 언어에 생명이 있을 수도 있고 없을 수도 있다.

17 그리하여 서로 다른 건물을 위해 만든 각각의 언어들을 이용하여 우리는 마침내 그보다 훨씬 큰 구조물, 끊임없이 진화하는 구조들의 구조, 즉 도시의 공용어를 만들어낼 수 있다. 이것이 관문gate이다.

방식

일단 우리가 관문을 지었다면, 우리는 그곳을 통과하여 시간을 초월한 건축법을 행할 수 있다.

18 이제 우리는 수천 가지의 창조적 활동을 통해 풍부하고 복잡한 도시의 질서가 실현되는 과정을 자세히 살펴볼 것이다. 일단 공동의 패턴 언어를 확립했다면 우리는 지극히 평범한 활동을 통해 도로와 건물들을 살아 있게 만드는 힘을 갖게 될 것이다. 언어는 씨앗과 같이 유전적인 시스템이어서 우리가 하는 수백만의 작은 활동들에 전체를 구성하는 힘을 부여한다.

19 이 과정에서 각각의 건축 행위는 공간이 분화되는 과정이다. 그 과정은 미리 만들어진 부속품들을 조합하여 완제품을 만드는 것이 아니라, 배아의 발달처럼 전체가 부분들보다 먼저 존재하고, 그다음에 분할을 통해 부분들을 생성시키는 일종의 심화 과정이라 할 수 있다.

20 설계는 한 번에 패턴 하나씩 단계별로 진행된다. 각 단계는 하나의 패턴에만 생명을 불어넣는다. 그리고 결과물의 생명력은 각 단계에서 어느 정도의 생명력이 부여되었는지에 따라 달라진다.

21 개별 패턴들을 순서대로 구현해가면서 우리의 머릿속에서는, 자연의 특성을 지닌 완전한 건물이 문장처럼 쉽게 구체화될 것이다.

22 마찬가지로 한 집단을 이루는 사람들은 공동의 패턴 언어를 따름으로써 마치 똑같은 생각을 하는 것처럼 더 큰 공공건물들을 생각해낼 수 있다.

23 일단 이런 방식으로 건물을 생각해냈다면, 그 건물은 땅에 간단한 표시만 해가면서 곧바로 지을 수 있다. 다시 한번 말하지만 공동의 언어를 사용하되 그림은 그리지 않고 직접 지을 수 있는 것이다.

24 그다음에는 이전에 지은 결과물을 보수하거나 확장하기 위해 몇 가지 건축 작업을 하게 되는데, 그 결과 단 한 번의 건축 행위로는 이룰 수 없는 더 크고 더 복잡한 전체가 천천히 모습을 드러낸다.

25 마침내 공동의 언어라는 틀 안에서 수백만 번의 개별 건축 작업이 협력하여 살아 있는 마을을 만들어낸다. 통솔하는 사람은 없지만 뜻밖에도 온전하게 살아 있는 마을이 생겨나는 것이다. 이것이 바로 무에서 유가 생겨나듯 무명의 특성이 서서히 떠오르는 과정이다.

26 그리고 완전함이 부상하면서 세월이 흘러도 영원히 변치 않을 특성, 영원한 건축법에 이름을 부여하는 그 특성이 나타날 것이다. 이 특성은 형태학상의 구체적인 특성이며, 정확하고 정교해서 살아 있는 건물이나 도시에는 언제나 이 특성이 내재되어 있다. 그것은 무명의 특성이 물리적인 형태로 건물들에 구현된 것이라 할 수 있다.

영원한 방식의 핵심

하지만 시간을 초월한 그 방식은 완결되지 않고 무명의 그 특성을 완벽하게 실현하지도 않을 것이다. 그것은 우리가 그 관문을 떠날 때에야 가능하다.

27 사실, 이 영원한 특성은 결국 패턴 언어와 아무 관련이 없다. 언어, 그리고 언어에서 비롯된 방식들은 처음부터 우리 안에 있는 근원적인 질서를 이끌어낼 뿐이다. 언어와 방식은 우리에게 새로운 것을 알려주지 않는다. 우리가 이미 알고 있는 것, 그리고 훗날 우리가 거듭 발견하게 될 것을 상기시킬 뿐이다. 그때가 되면 우리는 머릿속의 관념과 의견을 버리고 우리 내면에서 떠오르는 것을 정확히 실행에 옮길 것이다.

한 건물이나
마을의 생명력은
영원의 방식을
얼마나 충실히
따랐느냐에 따라
달라진다.

영원의
방식

THE TIMELESS WAY

이것은 다른 무엇이 아니라
우리 자신으로부터
질서를 이끌어내는 방식이다.
이것은 획득할 수 있는 것이 아니라
저절로 나타나는 것이다.
우리가 억누르지만 않는다면.

1

영원의 방식

The
Timeless
Way

시간을 초월하는 영원한 건축법이 한 가지 있다. 그것은 수천 년 전부터 존재했고, 지금까지 그래왔던 것처럼 오늘날에도 똑같은 가치를 지니고 있다.

과거의 훌륭한 전통 건축물, 즉 사람들이 편안함을 느끼는 마을과 천막집, 사찰 들은 모두 이러한 건축법의 핵심을 잘 아는 사람들이 지은 것이다. 이 방식을 따르지 않으면 훌륭한 건물이나 멋진 마을, 아름다운 공산, 편안함과 실아 있음을 느끼는 공간을 만들어낼 수 없다. 그리고 차차 알게 되겠지만, 이러한 방식을 추구하는 사람들은 자연스럽게 나무나 언덕, 우리의 얼굴처럼 태곳적의 모습을 간직한 건물들을 짓게 될 것이다.

이 방식은 사람, 동물, 식물 내면의 본성, 그리고 그 안에 있는 중요한 특성이 건물이나 마을의 질서로 피어나게 한다.

이 방식은 한 사람, 한 가족 또는 한 마을의 내면에 있는 생명을 자유로이 활짝 꽃피우기 때문에, 그로 인해 생명을 유지하는 데 필요한 자연의 질서가 저절로 생겨난다.

이 방식은 더할 나위 없이 강력하고 근원적이기 때문에, 그 힘을 빌리기만 하면 누구나 기존의 어떤 건축물 못지않게 아름다운 건축물을 지을 수 있다.

일단 이 방식을 이해하기만 하면, 누구나 자신의 방을 살아 있는 공간으로 만들 수 있다. 가족과 함께 집을 설계할 수도 있다. 아이들을 위한 정원도, 자신이 일할 공간도, 앉아서 꿈꿀 수 있는 아름다운 테라스도 구상할 수 있다.

이 방식에는 강력한 힘이 있어, 이 힘을 이용하면 수백 명이 힘을 합쳐 한 마을을 만들어낼 수도 있다. 그렇게 만들어낸 마을은 생명력이 넘치고 활기차며 평화롭고 안락해서 역사상 어떤 마을보다 아름다울 것이다.

건축가나 도시계획가의 힘을 빌지 않아도, 이 영원의 방식을 따라 작업을 한다면 그 마을은 여러분의 손길 아래서 정원의 화초처럼 조금씩 조금씩 자라날 것이다.

한 건물이나 마을에서 생명력을 만들어낼 수 있는 다른 방법은 없다.

그렇다고 해서 건축물을 짓는 방식이 모두 똑같은 것은 아니다. 이런 행위와 과정은 무수히 많은 형태로 나타나기 때문이다. 하지만 성공적인 모든 건축 행위의 핵심 그리고 성공적인 성장 과정의 핵심에는 근본적이고 변하지 않는 특징, 그 과정을 성공으로 이끈 단 하나의 특징이 있다. 이 방식은 시대와 장소에 따라 수천 가지 모습으로 나타나겠지만, 그렇다 해도 그 과정들의 중심에는 필수적이고 변치 않는 핵심 원리가 있다.

이 장章이 시작되는 페이지에 실려 있는 건축물들을 보라.

그 건축물들은 살아 있다. 그것들에서 느껴지는 나른하고 세련되지 않은 우아함은 더할 나위 없는 편안함에서 나온다.

  알람브라 궁전, 아담한 고딕 성당들, 뉴잉글랜드 지방의 오래된 가옥, 알프스 산맥의 산간마을, 고대 사찰, 산속 개울가의 쉼터, 파란색 타일과 노란색 타일이 깔려 있는 안뜰. 그곳들이 공통적으로 지니고 있는 것은 무엇일까? 그것은 바로 아름답고, 질서 있고, 조화롭다는 것이다. 그렇다. 모두들 그런 특징이 있다. 하지만 무엇보다 중요한 것은 그곳들이 살아 있다는 것이다.

우리는 누구나 건물이나 마을에 이러한 생명력을 불어넣고 싶어 한다.
그것은 자식을 원하는 것과 마찬가지로, 인간의 근원적인 본능이자 욕망이다. 간단히 말하면, 그것은 자연의 일부를 만들려는 욕구이며, 이미 산과 개울과 들꽃과 바위로 만들어진 세계를 완성하려는 욕구이다. 우리 손으로 우리를 직접 둘러싼 환경을 자연의 방식으로 만들어 그 세계를 완성시키고 싶은 것이다.

사람들은 모두 살아 있는 세계, 즉 우주를 만들고자 하는 꿈을 마음속 어딘가에 품고 있다.
우리처럼 건축가로서 교육을 받아온 사람들은 삶의 중심에 이런 욕망이 놓여 있다. 언젠가는 근사하고 아름답고 숨막히게 멋진 건물, 사람들이 수백 년 동안 걷고 꿈꿀 수 있는 공간을 만들겠다는 그런 욕망 말이다.

  형태는 다르더라도 사람은 누구나 이런 꿈을 가지고 산다. 무슨 일을 하든 언젠가는 가족을 위해 가장 아름다운 집, 그러니까 정원과 분수, 연못, 따사로운 햇살이 드는 널따란 방, 꽃이 피고 새로 돋아난 풀냄새가 풍기는 마당이 있는 집을 짓겠다는 꿈을 품고 있는 것이다.

그보다 구체적이지 않더라도, 마을에 관심이 있는 사람은 마을 전체에 대해 똑같은 꿈을 꾸고 있을 것이다.

건물과 마을을 이런 식으로 생명이 깃든 곳으로 건설하는 방법은 분명히 있다.

모든 건축 행위의 중심에는 일련의 명확한 과정이 있고, 그런 과정들이 살아 있는 건물을 창조해내려면 어떤 조건이 필요한지에 대한 정답도 분명히 있다. 이 모든 것들을 누구나 이해할 수 있을 만큼 명료하게 설명할 수 있다는 것이다.

마찬가지로, 마을의 구성원들이 집단으로 진행하는 과정도 세세하게 설명할 수 있다. 다시 말하면, 마을의 경우는 좀더 복잡하긴 하지만, 전체적인 건축 과정의 핵심에는 명확한 활동 과정이 있으며, 이 과정들이 정확히 언제 생명을 불러일으키는지 알 수 있다는 것이다. 요약하자면, 이 과정은 정확하고 명료해서 어떤 집단이든 활용할 수 있다.

이 건축 방식은 옛날부터 존재했던 것이다.

이 방식은 아프리카와 인도, 일본의 전통 가옥들에 숨어 있다. 그것은 이슬람교의 본당, 중세 수도원, 일본의 사찰 등 훌륭한 종교 건축물에도 숨어 있다. 또한 단순한 벤치에도, 영국 시골의 수도원 회랑이나 아케이드에도 숨어 있다. 노르웨이와 오스트리아의 산골 오두막에도, 성이나 궁전 벽과 지붕의 타일에도, 중세 이탈리아의 다리, 피사의 대성당에도 숨어 있다.

이런 방식은 무의식처럼 수천 년 동안 거의 모든 건축양식 안에 담겨 있었다.

그런데 이런 방식을 다양하게 적용한 건물들을 깊이 분석한 결과, 그 안에는 공통적인 요소가 있었다.

이를 위해서는 표현 양식을 봐야 하는데, 이 양식을 보면 한 단계 더 나아간 모든 건축 방식을 알 수 있다.

첫째, 환경의 근본적인 구성 요소를 보는 방법이 있다. 건물이나 마을을 구성하는 근본적인 요소를 보는 것이다. 앞으로 4장과 5장에서 다루겠지만, 모든 건물이나 마을에는 어떤 특징이 있는데 나는 이것을 '패턴Pattern'이라 부르려고 한다. 일단 건물을 패턴의 관점에서 이해하면 그것들을 보는 방식을 습득한 것이고, 그렇게 되면 모든 건물과 마을을 구성하는 요소들, 비슷한 부류의 물리적 구조물을 유사한 대상으로 보게 된다.

둘째, 이런 패턴들의 발생 과정을 이해하는 방법이 있다. 간단히 말하면, 건물의 근본적인 구성 요소가 어디에서 나오는지를 이해하는 것이다. 10-12장에서 보게 되겠지만, 이런 패턴들은 항상 뭔가를 조합하는 과정에서 탄생하는데, 이 과정에서 만들어지는 구체적인 패턴은 각각 다르지만 전체적인 구조와 작용 방식은 항상 유사하다. 패턴들은 본질적으로 언어와 같다. 다시 말해, 이런 패턴 언어Pattern Language의 관점에서 보면, 모든 건축 방식들은 세부적인 면에서는 다르지만 전체적인 윤곽은 비슷하다.

이 정도로 분석할 수 있다면 수많은 건축 방식을 비교해볼 수 있다.

그리고 일단 우리가 여러 방식의 차이점을 명확히 찾아낸다면, 어떤 방식이 건물을 살아 있게 만들고 어떤 방식이 건물을 죽이는지를 알 수 있다.

그 결과 건물을 살아 있게 만드는 모든 방식 뒤에는 변치 않는 유일한 공통점이 있음을 알 수 있다.

이 유일한 방식은 명확하고 실제로 활용할 수 있다. 그것은 애매한 개념이 아니고, 머릿속으로만 이해할 수 있는 방식도 아니다. 그것은 실제로 기능을 발휘할 정도로 충분히 구체적이고 명료하다. 이 방식을 활용하면 우리는 건물과 마을을 살아 있게 만들 수 있다. 마치 성냥을 그어서 불꽃을 일으킬 수 있듯이 말이다. 이 방식은 건물을 살아 있게 만들기 위해 우리가 해야 할 일을 세세하게 가르쳐주는 방법 또는 훈련이라 할 수 있다.

이 방식은 정밀하기는 하지만 기계적으로 적용할 수 있는 것은 아니다.

사실 건물이나 마을을 살아 있게 만들어주는 방식을 깊이 이해했더라도, 이 지식은 우리가 잊고 있던 우리 자신의 일부를 되살려준 것에 지나지 않는다.

그 방식을 정밀하고 정확한 과학 용어로 정의할 수 있다 하더라도, 결국 그것이 가치 있는 이유는 우리가 몰랐던 것을 가르쳐주기 때문이 아니라 우리가 이미 알고 있었지만 유치하고 원시적인 것 같아서 감히 인정하지 않았던 원칙을 깨닫게 해주기 때문이다.

실제로 이 방식이 맡은 궁극적인 역할은 그저 우리를 모든 방식으로부터 자유롭게 해주는 것뿐이다.

이 방식을 더 많이 활용할수록 우리가 알게 되는 것은 그것이 우리가 여태 몰랐던 방식을 가르쳐주는 것이 아니라, 우리 안에 이미 존재하는 방식을 끄집어낸다는 것이다.

그리하여 건물을 살아 있게 만드는 능력이 이미 우리 안에 있었다는 것, 하지만 그 능력이 그동안 얼어붙어 있었다는 것을 깨닫게 된다. 우리는 그 능력이 있으면서도 사용하기를 두려워하고 있었다. 두려움 때문에 우리는 무력해졌고, 그 두려움을 덮으려고 사용한 방법과 이미지 때문에 우리는 계속 무력한 상태로 있었던 것이다.

결국 우리는 두려움을 이겨내는 법, 건물에 생명력을 주는 법을 본능적으로 알고 있던 우리 자신으로 돌아가는 법을 배우게 된다. 그리고 두려움을 날려 보내는 훈련을 먼저 통과하지 않고서는 우리 안에 있는 이 능력을 되살릴 수 없다는 것도 알게 된다.

영원의 방식이 영원한 이유는 시간에 갇히지 않는 것이기 때문이다.

그것은 외부에서 억지로 강요할 수 있는 방법이 아니라 우리 안에 깊이 자리 잡고 있는 방법이기 때문이다. 따라서 그것을 자유롭게 놓아주기만 하면 된다.

아름다운 건물을 지을 수 있는 능력은 이미 우리 안에 있다.

그 핵심은 무척 단순하면서도 심오하며, 태어날 때부터 우리에게 있는 것이다. 이것은 비유가 아니다. 문자 그대로 사실이다. 세상에 존재할 수 있는 가장 아름답고 조화로운 곳, 즉 지금까지 가보거나 꿈꾼 곳 중 가장 아름다운 곳을 상상해보라. 그것을 창조해낼 능력이 우리에게, 바로 지금 그대로의 우리에게 있다.

그리고 우리에게 있는 이 능력은 누구에게나 확고하고 분명하게 뿌리내리고 있기 때문에, 일단 그것을 놓아주면 그것을 이용하여 각자의 힘으로 아무런 설계도 없이 마을을 만들 수 있다. 모든 생명의 과정처럼 그것은 무에서 질서를 창조하기 때문이다.

하지만 우리는 지금까지 규칙과 개념과 관념에 갇힌 채 살아왔기 때문에, 살아 숨 쉬는 건물과 마을을 만들려면 무엇무엇을 해야 한다는 식의 사고방식에서 벗어나지 못하고 있다. 우리는 자연스럽게 내버려두면 무슨 일이 벌어질지 두려워하게 되었고, '시스템'과 '방법'의 틀 안에서 작업해야 한다고 세뇌당했다. 그래서 그런 규칙이 없으면 우리 주변의 모든 것이 무너져 혼란에 빠질 거라 생각한다.

어쩌면 우리는 이미지와 건축법이 없으면 혼란에 빠질 거라는 생각에 두려워하고 있는지도 모른다. 더 나아가 어떤 이미지를 생각하지 않으면 우리 자신뿐 아니라 우리의 창조물도 혼돈 상태가 되어버릴 거라고 생각하는지도 모른다. 우리가 그걸 두려워하는 이유는 무엇일까? 우리가 혼돈을 초래하면 사람들이 비웃을까봐? 혹시 예술을 창조하려다 혼돈을 초래했을 경우 바로 우리 자신이 혼돈이나 공허함, 무無가 되어버릴지도 모른다는 것을 가장 두려워하는 건 아닐까?

바로 그렇기 때문에 사람들이 우리의 두려움을 쉽게 이용하는 것이다. 이런 두려움을 이용하여 그들은 우리가 건축법을 더 많이 사용하고 시스템을 더 많이 도입하게 만든다. 우리는 우리 안에 있는 혼돈이 드러날까봐 갈수록 더 많은 건축법을 도입하려 한다. 하지만 그런 건축법들은 상황을 더 악화시킬 뿐이다.

이런 건축법들을 사용하도록 부추기는 생각과 두려움은 망상이다.
그런 망상이 우리 안에 만들어낸 것은 두려움이며, 그런 망상은 무력하고 생명력 없고 인공적인 공간들을 만들어낸다.

무엇보다 모순되는 것은, 우리를 난관에 빠뜨려 옴짝달싹 못하게 하는 건 두려움인데, 그 두려움에서 벗어나려고 고안한 것이 바로 무수한 건축법이라는 것이다.

사실 우리 안에서 혼돈처럼 보이는 그것은 풍요롭고, 순환하고, 팽창하고, 소멸하고, 경쾌하고, 노래하고, 웃고, 외치고, 울고, 잠자는 질서이다. 이런 질서가 우리의 건축 행위를 안내하도록 가만히 내버려두기만 하면 우리가 짓는 건물, 우리가 서로 도와 건설하는 마을은 인간의 마음이 담긴 숲과 초원이 될 것이다.

우리의 본성을 왜곡하는 망상을 떨치고 질서에 관한 모든 인공적인 이미지에서 벗어나기 위해서는 우선 우리 자신과 주변 환경이 진정한 관계를 맺도록 가르쳐주는 방식을 훈련해야 한다.
일단 그 훈련이 효과를 발휘하여 우리가 집착하고 있는 그 망상의 거품을 터트리면, 그때는 그 훈련을 그만두고 본성에 따라 행동하면 된다. 훈련법을 익히는 것 그리고 나서 그것을 벗어던지는 것, 이것이 다름 아닌 영원의 방식이다.

영원의 방식을
찾으려면
먼저
무명의 특성을
알아야 한다.

특성

THE QUALITY

인간의 삶과 정신, 한 마을과 건물
그리고 자연 상태의 중심에는
어떤 특성이 깊이 자리 잡고 있다.
이 특성은 분명히 존재하고 있지만
이름을 붙일 수는 없다.

2

무명의 특성

*The Quality
without
A Name*

●

 우리는 지금까지 좋은 건물과 나쁜 건물, 좋은 마을과 나쁜 마을을 구분하는 객관적인 기준이란 없다고 배웠다.
 하지만 사실 좋은 건물과 나쁜 건물, 좋은 마을과 나쁜 마을을 구분하는 객관적인 기준은 존재한다. 그것은 건강함과 병든 것, 통합과 분열, 자기 보존과 자기 파괴처럼 엄연히 구별된다. 건강하고 완전하고 활력 있고 자기 보존적인 세계에서는 사람들도 생기 넘치고 창조적이다. 반면 불완전하고 자기 파괴적인 세계에서는 사람들도 활기가 없다. 그들은 끝내 자기를 파괴하고 비참한 처지로 전락한다.
 그런데도 사람들이 좋은 건물과 나쁜 건물을 구별하는 유일하고 확고한 기준이 없다고 철석같이 믿고 있는 이유는 분명하다.
 그것은 그 두 부류의 건물을 구분 짓는 단 하나의 핵심적인 특성에 이름을 붙일 수 없기 때문이다.

이 특성에 관해 설명할 때, 나는 영국 시골의 어느 정원 모퉁이에서 담을 등지고 자라고 있는 복숭아나무를 예로 든다.
 그 담은 동서 방향으로 서 있다. 복숭아나무는 담의 남쪽 면에 바싹 붙어서 자란다. 햇볕이 나무 위에 비치고 나무 뒤에 있는 담의 벽돌도 데운다. 따뜻해진 벽돌은 나무에 열린 복숭아들을 따뜻하게 한다. 이 풍경을 떠올리면 나른해진다. 담에 가까이 붙어 자라도록 사려 깊게 심은 나무, 햇볕이 데운 벽돌, 태양 아래서 커가는 복숭아, 땅과 뿌리와 담이 한데 만나는 나무뿌리 주위에서 자라는 잡초들.

이런 특성은 어느 곳에서나 찾아볼 수 있는 가장 근원적인 특성이다.

이런 특성은 항상 주어진 장소에 따라 특정한 형태를 띠기 때문에 절대 똑같은 모습으로 나타나지 않는다.

어떤 장소에서는 고요함으로, 어떤 장소에서는 격렬함으로 나타난다. 어떤 사람에게는 깔끔함으로 나타나고, 어떤 사람에게는 털털함으로 나타난다. 어떤 집에서는 밝음으로 나타나고, 어떤 집에서는 어둠으로 나타난다. 어떤 방에서는 부드러움과 고요함으로 나타나고, 어떤 집에서는 시끌벅적함으로 나타난다. 어떤 집에서는 소풍을 좋아하는 것으로 나타나고, 어떤 집에서는 춤추기를 좋아하는 것으로 나타난다. 또 어떤 집에서는 카드놀이를 즐기는 것으로 나타나기도 한다. 한편 어떤 집단의 사람들에서는 가족과 전혀 상관없는 생활로 나타나기도 한다.

이 특성은 내부의 충돌이 없는, 보이지 않는 자유라고 할 수 있다.

스스로 하나로 통일되어 있는 시스템에는 이 특성이 있지만, 분열되어 있는 시스템에는 이 특성이 없다.

내부의 힘에 충실한 시스템에는 이 특성이 있지만, 그렇지 않은 시스템에는 이 특성이 없다. 평화를 간직하고 있는 시스템에는 이 특성이 있지만, 전쟁이 벌어지고 있는 시스템에는 이 특성이 없다.

우리는 이미 이 특성을 알고 있다. 이 특성에 대한 느낌은 사람이든 동물이든 모두 가지고 있는 가장 원초적인 것이다. 이 느낌은 우리 자신의 행복과 건강에 대한 느낌처럼 원초적이고, 진짜와 가짜를 구별하는 본능처럼 원초적이다.

하지만 이 특성을 완전히 파악하려면 모든 사물이 똑같이 살아 있고 똑같이 실재한다고 가르치는 물리학의 편견을 극복해야 한다.

물리학이나 화학에서는 각각의 시스템이 그 자체로 완벽하지, 다른 시스템에 비해 뭔가가 더 낫다는 개념을 인정하지 않는다.

그리고 어떤 시스템이 '현 상태'에서 '바람직한 상태'로 자연스럽게 성장해야 한다는 사고도 용납하지 않는다. 예를 들어 물리학자들이 다루는 원자를 생각해보자. 원자는 너무 단순해서 자신의 본성에 충실한가 하는 질문을 던질 수 없다. 원자는 정확히 원자의 본성대로 활동한다. 그것들은 모두 똑같이 진짜이며, 그저 존재할 뿐이다. 본성에 더 충실한 원자나 덜 충실한 원자가 있는 것이 아니다. 그리고 물리학자들은 원자처럼 아주 단순한 시스템에 집중하기 때문에, 우리는 그들이 가르친 대로 어떤 것이 '존재'하면 하는 것이지 '어떻게 존재해야 하는가'라는 의문은 한 번도 품어보지 않았다. 과학과 윤리학은 서로 섞일 수 없다는 신념을 갖고서 말이다.

그런데 물리학에서 가르치는 세상은 확실해서 멋지기는 하지만 바로 이런 맹목성 때문에 한계가 있다.

복잡한 체계로 이루어진 이 세계는 물리학의 세계와 상황이 다르다. 대부분의 사람들은 내면의 본성과 완전히 일치한 삶을 살아가지 않는다. 즉 '진짜' 모습으로 살아가지 않는다. 하지만 사실 자신의 본성에 충실하게 살아가려는 노력은 많은 사람들의 삶에서 가장 중요한 문제이다. 본성과 일치하는 삶을 살아가는 사람을 만났다면 우리는 즉시 그가 다른 사람들과는 달리 '진짜'라고 느끼게 될 것이다. 그렇다면 인간 정도의 복잡함을 고려할 때 '내면의 본성'과 일치하는 시스템과 그렇지 않은 시스템 사이에는 차이가 있다고 할 수 있다. 모든 사람이 똑같이 내면의 본성에 충실하거나 똑같이 진짜이거나 똑같이 완전한 것은 아니라는 것이다.

또한 우리 외부에 있는 더 큰 시스템, 즉 우리가 세계라고 부르는 시스템도 전혀 다를 바 없다. 이 세계의 모든 부분이 똑같이 그것들의 본성에 충실하고 똑같이 진짜이고 똑같이 완전한 것은 아니다. 물리학의 세계라면 자기 파괴적인 시스템은 어떤 것이든 그냥 사라져 버리지만, 시스템이 복잡한 이 세계에서는 사정이 다르다.

사실, 내면의 모순이 없는 미묘하고 복잡한 이 자유가 모든 것을 살아 있게 만드는 바로 그 특성이다.

생물이 살아가는 세계에서는 어느 시스템이든 더 진짜이거나 덜 진짜이거나, 본성에 더 가깝거나 덜 가깝다. 그것이 어떠해야 한다는 외부의 기준을 흉내 낸다고 해서 본성에 더 가까워지는 것은 아니다. 하지만 그 시스템이 본성에 더 가까워지도록 도와주는 방식은 있다. 다시 말하면, 본성에 맞는 '바람직한 변화'를 알려주는 방식이 있다.

본성과의 일체성은 모든 존재의 근본적인 특성이다. 시詩든 사람이든 사람들로 가득 찬 건물이든 숲이든 도시든 중요한 것은 모두 그것에서 나온다. 모든 것은 그 일체성을 통해 구체적으로 드러난다.

무명의 특성

그렇지만 이 특성에는 여전히 이름을 붙일 수 없다.

이 특성에 이름을 붙일 수 없다고 해서 그것이 애매하거나 부정확하다는 뜻은 아니다. 오히려 그것이 조금도 틀리지 않고 정확하기 때문에 이름을 붙일 수 없는 것이다. 이 특성은 지극히 정밀하기 때문에 어떤 단어도 그것을 제대로 표현하지 못한다. 이 특성 자체는 예리하고 정확하며 어떤 허술함도 없다. 하지만 그것을 표현하기 위해 우리가 고르는 단어 하나하나는 경계가 모호하고 범위가 넓어져 그 특성이 지닌 핵심적인 의미를 흐릿하게 만들어버린다.

그렇다면 왜 다른 단어들은 이 특성을 정확히 표현하지 못하는지, 여섯 개의 단어를 이용하여 간접적으로 설명해보겠다.

이 무명의 특성을 설명하기 위해 가장 많이 사용하는 단어는 '생명력 alive'이다.

생명력이 있다는 것과 생명력이 없다는 것의 차이는 '생물과 무생물' 또는 '삶과 죽음'에서 느껴지는 차이보다 훨씬 더 광범위하고 심오하다. 생물도 생명력이 없어 보일 수 있고, 무생물도 생명력이 있어 보일 수 있다. 사람은 걷고 말할 수 있지만 때에 따라 생명력이 있어 보일 수도 있고 없어 보일 수도 있다. 마찬가지로 무생물인 베토벤의 마지막 현악 4중주곡도 생명력이 있다고 말할 수 있다. 바닷가의 파도나 촛불도 마찬가지다. 내면의 힘과 조응한다는 점에서 볼 때 사자는 인간보다 더 생명력이 있다고 볼 수 있다.

잘 쌓은 장작불에도 생명력이 있다. 되는 대로 잔뜩 쌓아놓은 장작불과 불의 속성을 잘 아는 사람이 쌓아놓은 장작불 사이에는 큰 차이가 있다. 그런 사람은 공기가 잘 통하도록 장작 하나하나를 정확하게 쌓는다. 그는 부지깽이로 장작을 함부로 쑤시지 않고, 원래의 자리에서 하나씩 집어 조금만 움직여서 다시 놓는다. 그 장작들은 바람이 지나는 통로를 만들며 정확한 자리에 놓인다. 액체처럼 매끄러운 노란 불꽃의 파도는 바람을 타고 통나무를 감싸며 타오른다. 지켜보는 동안 장작불은 격렬하면서도 일정하게 타서, 불꽃이 사그라지고 나면 아무것도 남지 않는다. 마지막 불꽃이 사라진 후 난로에 남는 것은 재 한 줌뿐이다.

하지만 '생명력'이라는 단어에서 느껴지는 아름다움이 바로 그것의 약점이기도 하다.

불꽃에 생명력이 있다는 말에 깊은 인상을 받았을 것이다. 하지만 그것은 비유이다. 문자 그대로 따지면 식물과 동물은 살아 있지만 불꽃이나 음악은 살아 있지 않다는 것을 우리는 알고 있다. 그래서 누군가 왜 어떤 불꽃은 살아 있고 어떤 불꽃은 죽어 있는지 설명해보라고 하면 곤혹스러울 것이다. 불꽃으로 생명력을 비유한 사람은 무명의 그 특성을 표현할 단어를 찾아냈다고 생각할 것이다. 하지만 '생명력'이라는 단어는 그 특성을 이미 깨달은 후에 그것을 설명하기 위해 쓸 수 있을 뿐이다.

무명의 특성에 대해 얘기할 때 많이 쓰는 다른 단어로 '완전함 whole' 이 있다.

완전하다는 것은 내부의 모순이 어느 정도인가에 따라 결정된다. 내부에서 충돌이 일어나고 그것이 자체 시스템을 무너뜨릴 수 있다면 그것은 완전하지 않은 시스템이다. 내부의 모순이 사라져야 완전함과 건강함과 진실함이 생겨난다.

바람이 거세게 부는 호숫가에 서 있는 나무들과 침식된 협곡을 비교해보자. 호숫가의 나무들은 바람이 불면 휘어지게 되어 있다. 그리고 사나운 바람의 힘을 포함하여 그 시스템 안의 모든 힘들은 나무가 구부러진 상태에서도 균형을 이룬다. 균형을 이루기 때문에 그 힘들은 아무런 해를 끼치지 않고 폭력도 가하지 않는다. 구부러진 나무는 그 외형 덕분에 자신을 그대로 보존할 수 있다.

반면 기울기가 몹시 가팔라서 침식이 일어나고 있는 땅덩어리를 생각해보자. 거기에는 땅을 굳게 뭉쳐주는 나무뿌리가 충분치 않다. 그래서 억수같이 비가 쏟아지면 빗물은 흙을 쓸어내리며 개울을 만들고, 이것은 점차 협곡이 된다. 나무가 별로 없어서 흙이 굳게 뭉치지 못하기 때문에 바람이 불면 침식은 더 심해진다. 또 비가 내리면 빗물이 협곡을 따라 흐르면서 협곡은 더 깊고 넓어진다. 이런 구조는 시스템이 낳은 힘이 결국 그 시스템을 파괴하는 경우이다. 이것이 자기 파괴적인 시스템이다. 이런 시스템은 내부에서 일어나는 힘을 담고 있을 능력이 없다.

나무와 바람이 이루는 시스템은 완전하지만 협곡과 비가 이루는 시스템은 불완전하다.

하지만 '완전함'이라는 말은 지나치게 폐쇄적이다.

이 말은 닫혀 있고, 구속하고, 제한한다는 인상을 준다. 어떤 것을 일컬어 완전하다고 하면 그것은 주변 세계와 동떨어진 채 그 자체로 완벽하다는 인상을 준다. 하지만 폐는 외부의 공기로부터 산소를 취할 수 있을 때만 완전한 것이다. 사람은 어떤 집단의 일원으로서 활동할 때만 완전하고, 한 마을은 주변에 있는 다른 마을과 균형을 이룰 때만 완전하다.

'완전함'이라는 말에는 어느 정도 자기 만족이라는 의미가 들어 있다. 그리고 자기 만족은 항상 무명의 특성이 지닌 의미를 훼손한다. 이런 점에서 '완전함'은 그 특성을 완벽하게 설명하는 말이 아니다.

무명의 특성을 달리 표현하는 말로 '편안함 comfortable'이 있다.

'편안함'이라는 단어는 우리가 보통 생각하는 것보다 더 심오하다. 진정한 편안함에서 오는 신비함은 그 단어의 일차적인 의미보다 훨씬 깊은 뜻을 담고 있다. 편안한 장소는 그 안에서 서로 충돌하는 힘이 없기 때문에, 그리고 그곳을 어지럽히는 불안함이 조금도 없기 때문에 편안한 것이다.

차 한 주전자와 책 한 권, 독서등, 그리고 큼직한 쿠션 두어 개가 있는 겨울날의 오후를 떠올려 보라. 그리고 편안한 자세를 취해보라. 여러분이 얼마나 편안한가를 다른 사람에게 보여주기 위한 자세가 아니라 스스로 정말로 편안한 그런 자세 말이다.

손이 닿는 곳에 차를 놓는다. 하지만 자칫 손에 걸려 엎지를 정도로 가까운 곳은 아니다. 그리고 책을 비추도록 전등을 끌어당긴다. 하지만 전구가 보이도록 가까워 눈이 부실 정도는 아니다. 쿠션은 등과 목과 팔을 받치도록 하나씩 원하는 자리에 정확하게 놓는다. 그렇게 해서 여러분은 차를 마시고 책을 읽고 꿈꾸기에 가장 편안한 자세로 몸을 맡긴다.

이 모든 것들을 세심하고 조심스럽게 공들여 준비할 때, 그때부터 무명의 그 특성이 발현되기 시작할 것이다.

하지만 '편안함'이라는 말은 잘못 사용되기 쉬울 뿐 아니라 의미도 너무 광범위하다.

편안함 중에는 구태의연하고 둔감한 편안함이 있다. 너무 많은 보호막에 둘러싸여 있어서 생명력이 없는 상황을 가리켜 편안하다고 하는 경우도 많다.

주체할 수 없이 돈이 많은 집, 지나치게 푹신한 침대, 항상 일정한 온도로 조절되는 방, 밖으로 나가도 비를 맞지 않도록 어디든 지붕이 씌워져 있는 길, 이런 것들은 다소 무감각한 느낌의 '편안함'이며 그래서 이 단어의 핵심적인 의미를 왜곡한다.

'완전함'과 '편안함'이라는 말에서 느껴지는 폐쇄성을 보완해줄 단어는 '자유로움free'이다.

무명의 그 특성은 전혀 계획적이지 않고 완벽하지도 않다. 그 미묘한 힘의 균형은 여러 가지 관념과 이미지를 잊어버린 자유분방한 상태에서 이루어진다.

시멘트 포대를 가득 실은 트럭을 생각해보자. 포대들이 한 치의 오차도 없이 줄맞춰 쌓여 있다면 그것은 빈틈없고 지능적이고 아주 정확하다고 말할 수는 있을 것이다. 하지만 거기에 모종의 자유가 없다면 무명의 그 특성은 구현되지 못할 것이다. 예를 들어, 부대를 지고 달리고 던져서 쌓는 동안 오직 그 일에만 집중하여 자신을 잊고, 자신을 던지는 사람들에게서 느껴지는 자유 말이다.

대장간에서도 이런 특성을 발견할 수 있다. 밤을 불태우는 그곳에는 자유와 야성이 있기 때문이다.

특성

하지만 어쩔 수 없이 이러한 자유도 그 태도와 형식과 방법에서 너무 작위적일 수 있다.

형태가 '자유로운' 건물, 즉 재료나 내재한 힘과 전혀 관련이 없는 형태를 띠고 있는 건물은 자신의 본성과 전혀 다르게 행동하는 사람과 다를 바 없다. 그것의 형태는 내면의 힘에 의해 생겨난 것이 아니라 다른 건물을 흉내 낸 것이라 인위적이고 억지스럽고 부자연스럽다.

그런 종류의 거짓 자유는 무명의 그 특성과 정반대되는 것이다.

'자유로움'이라는 단어에서 잃은 균형을 찾기 위해 필요한 말은 '정확함exact'이다.

'정확함'은 '편안함'과 '자유로움'이라는 말에서 풍기는 미흡함을 보완하는 데 도움이 된다. '편안함'과 '자유로움'이라는 말은 무명의 그 특성이 어쩐지 부정확할 것이라는 느낌을 준다. 그 특성이 어디에 얽매어 있지 않고 유연하며 마음을 편하게 하는 것은 사실이다. 하지만 절대 부정확한 것은 아니다. 어떤 상황 안에 있는 힘은 실제로 존재하는 힘이다. 그것을 피할 방법은 없다. 이 힘에 완벽하게 부응하지 않으면 거기에는 어떤 편안함이나 자유로움도 있을 수 없다. 아무리 작은 힘이라도 빠뜨린다면 그로 인해 시스템이 실패로 돌아가기 때문이다.

찌르레기를 위해 정원에 받침대를 만든다고 해보자. 겨울에 눈이 내려 대지를 뒤덮으면 찌르레기들의 먹이가 부족해질 것이고, 그러면 받침대에 먹이를 갖다놓으려 할 것이다. 그래서 받침대를 만들며 찌르레기 무리들이 받침대를 향해 몰려오는 장면을 그려본다.

하지만 받침대가 제구실을 하도록 만드는 것은 그렇게 만만치 않다. 새들에게도 나름의 법칙이 있기 때문이다. 그 법칙들을 이해하지 못하면 새들은 받침대 근처로 오지 않을 것이다. 찌르레기는 땅바닥에 너무 가까이 내려오는 걸 싫어하기 때문에 받침대가 너무 낮으면 거기에 내려앉지 않을 것이다. 반대로 공중에 너무 높게 매달거나 지나치게 노출되어 있으면 바람 때문에 거기에 앉지 못할 것이다. 빨랫줄에 가까우면 바람이 불 때마다 줄이 휘청거려 겁을 먹을 것이다. 이렇게 보면 대부분의 위치는 제구실을 못한다고 할 수 있다.

이런 과정에서 찌르레기의 행동을 좌우하는 보이지 않는 힘이 무수히 있음을 알게 된다. 그 힘들을 이해하지 못하면 받침대에 생명을 주기 위해 할 수 있는 일은 아무것도 없다. 받침대의 위치가 정확하지 않은 한 찌르레기가 받침대로 몰려와 먹이를 쪼는 광경은 공상으로 끝나는 것이다. 그러므로 받침대가 살아 있게 하려면 이 힘들을 진지하게 받아들여 받침대를 아주 정확한 위치에 설치해야 한다.

그런데 '정확함'이라는 말도 그 특성을 제대로 표현하지 못한다.
이 말에는 자유라는 의미가 없을 뿐 아니라 완전히 다른 의미의 정확함을 떠올리게 한다.

보통 뭔가가 정확하다고 말할 때, 우리는 추상적인 이미지에 딱 들어맞는 어떤 것을 상상하게 된다. 널판지를 정확히 정사각형으로 자른다는 말은 그 널판지를 한 치도 어긋나지 않게 완벽한 정사각형이 되게 만든다는 뜻이다. 네 변의 길이가 똑같고, 네 각은 정확히 직각이 되도록 말이다. 머릿속의 이미지와 똑같이 만드는 것이다. 하지만 여기에서 말하는 '정확함'의 의미는 이 경우와는 정반대이다.

무명의 특성을 품고 있는 존재는 결코 어떤 이미지와 딱 들어맞지 않는다. 정확하다는 것은 그 안에 내재된 힘에 부응한다는 뜻이지만, 이때의 정확함에는 형태상 느슨함과 유연함이 필요하다.

'정확함'이라는 말보다 더 깊은 의미를 담고 있는 말은 '무아egoless'이다.

어떤 건물이 활기가 없고 공허하다면, 그 배후에는 항상 주동자가 있다. 말하자면 그 건물에는 그것을 지은 사람의 의지가 가득 차 있어 건물의 본성이 드러날 여지가 없는 것이다.

이와 대조되는 경우로, 오래된 벤치의 장식을 생각해보자. 나무에 새겨진 작은 하트 모양, 짜맞출 때 파낸 단순한 모양의 구멍, 우리는 이런 데서 무아를 발견할 수 있다.

이런 장식은 어떤 계획에 따라 새긴 것이 아니라 어디든 빈틈이 있는 곳이면 별 생각 없이 새긴 것이다. 미리 궁리한 것이 결코 아니고, 어떤 노력도 들어가 있지 않다. 그것을 새긴 사람의 개성을 드러내려는 의도도 보이지 않는다. 마치 벤치가 그렇게 새겨달라고 간절히 부탁해서 그저 그 부탁을 들어준 것처럼 더할 나위 없이 자연스럽다.

그런데 오래된 벤치와 그 장식에서 무아가 느껴지긴 하지만, 이 말도 무명의 그 특성에 딱 들어맞는 것은 아니다.

예를 들면, 그 벤치에 문양을 새긴 사람은 자신의 개성을 완전히 버린 것이 아니다. 그 벤치를 좋아해서 그 안에 하트 모양을 새긴 것도 그의 개성의 일부이다. 어쩌면 자신이 좋아하는 소녀를 위해 그것을 팠을지도 모른다.

무명의 특성을 구현하면서도 자신의 개성을 표현하는 것이 결코 불가능한 것은 아니다. 그 사람의 개성이나 그 사람의 일부인 호불호

같은 것들도 그의 정원에 존재하는 힘이다. 그래서 그 정원에서는 잎이 자라고 새들이 노래하게 하는 힘들처럼 주인의 개성을 반영한 힘들이 나타나게 마련이다.

하지만 만일 '자아'라는 말을 어떤 사람의 핵심적인 성격이라는 의미로 사용한다면, 뭔가를 '무아'의 상태로 만든다는 표현은 그것을 만든 사람의 흔적을 지워버린다는 말로 들릴 수 있다. '무아'라는 말은 그런 뜻이 아니다. 그렇기 때문에 이 단어도 정확한 것은 아니다.

무명의 그 특성을 표현하는 데 도움을 줄 수 있는 마지막 단어는 '영원함eternal**'이다.**

그 특성을 품고 있는 모든 사물과 인간과 건물은 영원의 영역에 있다.

문자 그대로 거의 영원한 것들도 있다. 그것들은 강하고 균형 있고 굳건하게 자신을 보존하기 때문에 쉽게 무너지지 않고 거의 불멸의 상태로 존재한다. 하지만 그렇지 못한 존재는 한순간 무명의 그 특성을 얻었다가 곧 내부의 모순에 좌우되는 불안정 상태로 돌아가 버린다.

'영원함'이라는 말에는 불멸성과 순간성이 모두 포함되어 있다. 이 특성을 얻는 순간, 그 존재는 영원한 진실의 영역에 도달한다. 내부의 모순에서 벗어나는 순간, 시간의 경계를 벗어난 삼라만상의 질서 속으로 편입하는 것이다.

예전에 일본의 어떤 마을에서 소박한 연못을 본 적이 있는데, 그 연못이 영원함을 잘 설명해줄 것 같다.

그 연못은 어떤 농부가 자신의 농장을 위해 만든 것이었다. 가로 세로 각각 1.8미터, 2.4미터인 단순한 직사각형 연못으로, 물이 약간 흘러나가도록 열려 있는 구조였다. 한쪽 끝에는 꽃 한 무더기가 물 위로 드리워져 있었고, 다른 쪽 끝에는 수면에서 30센티미터 정도 아래에 나무로 된 둥근 테두리가 있었다. 그리고 연못 안에는 길이가 50센티미터 정도 되는 커다란 잉어 여덟 마리가 오래전부터 살고 있었는데, 색깔은 오렌지색, 황금색, 자주색, 검은색 등이었다. 오래된 것은 거기서 80년이나 살았다고 한다. 잉어 여덟 마리는 원을 그리며 느릿느릿 헤엄쳐 다녔고, 때로는 나무 테두리 안에서 노닐기도 했다. 연못에는 완전한 세계가 있었다. 그 농부는 매일 몇 분씩이라도 연못 옆에 앉아 있었다. 하루뿐이었지만 나도 그곳에 오후 내내 앉아 있었다. 지금도 그곳만 생각하면 눈물이 난다. 그 오래된 잉어들은 한 연못 안을 천천히 유영하며 80년이나 살았다. 오랜 세월 동안 끊임없이 되풀이하되 항상 다르게 존재했던 그 연못은 잉어들과 꽃, 물, 농부의 본성과 딱 맞았다. 그 소박한 연못보다 더 완전하고 진실한 것은 없다.

하지만 '영원함'이라는 말도 다른 단어들과 마찬가지로 혼동을 일으킬 수 있다.

'영원함'이라는 말에서는 종교적인 특성이 떠오른다. 그 암시는 정확하지만, 연못이 담고 있는 특성을 신비로운 어떤 것으로 오해하게 만든다. 하지만 무명의 그 특성은 신비한 것이 아니다. 다른 무엇보다도 평범하다. 연못에 영원함을 부여하는 것은 평범함인데, '영원함'이라는 말은 그것을 담아내지 못한다.

이처럼 이 특성에 이름을 붙이려는 온갖 노력에도 그것에 딱 맞는 이름은 없다.

무명의 그 특성이 하나의 점이고, 지금까지 우리가 살펴보았던 단어들을 타원이라 하자. 각 타원은 이 점을 포함하지만 동시에 이 점과는 다소 거리가 있는 다른 의미까지 포함한다.

어떤 단어든 이러한 타원 같아서, 그 점이 갖고 있는 특성을 정확하게 표현하기에는 뜻이 너무 광범위하거나 모호하다. 어떤 단어도 무명의 그 특성을 정확히 표현할 수 없다. 그 특성은 너무 특별하고 단어들은 너무 광범위하기 때문이다. 그럼에도 그 특성은 인간과 그 밖의 만물에 깃들어 있는 가장 중요한 성질이다.

그 특성은 형태와 색으로 이루어진 단순한 아름다움이 아니다. 그런 아름다움은 자연이 아니어도 가능하다. 그것은 목적에 부합하는 것만을 의미하지 않는다. 자연이 아니어도 목적에 부합하게 할 수는 있다. 그것은 또한 아름다운 종교 음악이나 고요한 이슬람 사원의 영적인 특성을 의미하는 것만도 아니다. 그것들 또한 자연이 아니어도 얻을 수 있는 특성이다.

무명의 그 특성은 이러한 소박하고 매력적인 특성도 포함하고 있다. 하지만 그것은 또한 지극히 평범해서인지 우리 삶이 흘러가고 있음을 깨우쳐주기도 한다. 그래서 약간은 서글픈 특성이다.

우리가 살아가면서 이 특성을 추구하는 것은
인생에서 가장 중요한 탐색이며
삶의 여정에서 가장 중요한 과제이다.
그런 순간과 상황을 탐색하는 일이야말로
우리가 가장 진실하게 살아 있는 순간이다.

3

살
아
있
음

Being
Alive

이제 우리는 무명의 그 특성이 어떤 느낌을 주고 어떤 성질이 있는지 알게 되었다. 그런데 지금까지 구체적으로 본 것은 나무와 연못, 벤치일 뿐 그 이상의 시스템에서는 이 특징을 살펴보지 못했다. 하지만 그것은 어디에나 있다. 건물, 동물, 식물, 도시, 거리, 황무지에도, 그리고 우리 자신에게도 있다. 세상의 더 큰 대상에 존재하는 이 특성을 이해하려면 먼저 우리 안에 있는 그 특성을 이해해야 할 것이다.

예를 들면, 그것은 거리에서 춤추는 집시들의 자유로운 미소이다.

챙이 넓은 커다란 모자, 세상을 향해 두려움 없이 활짝 펼친 팔, 풀을 감싸안은 아이의 두 팔, 앉아서 담배를 피우는 노인에게서 보이는 안정되고 믿음직한 평온함. 그는 두 손을 무릎에 얹고 편안한 자세로 쉬거나 누군가를 기다리거나 다른 사람의 얘기를 듣고 있을 것이다.

무명의 그 특성은 우리 삶에서 무엇보다도 소중한 것이다.

우리는 내면에 이 특성을 갖고 있는 만큼만 자유로울 수 있다.

어떤 사람이 어느 누구도 의식하지 않고 지극히 편안한 마음으로 미소를 지었다면, 그 순간 그는 자유인이다. 특히 그가 챙 넓은 모자를 쓰고 두 팔을 활짝 벌린 채, 어느 순간 자신의 기분과 주변 분위기에 몰입하여 다른 것은 아무것도 의식하지 않고 노래를 흥얼거리는 모습을 상상해보라.

이 거침없는 자유, 이 열정을 우리가 해방시키는 순간 그것들은 우리 삶으로 들어온다.

우리 안에서 모든 힘이 자유롭게 움직일 수 있을 때가 그런 순간이다. 자연의 세계에서는 이 특성이 거의 저절로 발현된다. 만물의 자연스러운 활동 과정을 방해하는 이미지가 없기 때문이다. 반면 인간이 만든 세계에서는 자연스러우면서도 꼭 필요한 질서를 방해하는 이미지가 끼어들 수 있다. 우리가 만든 세계를 이런 이미지가 방해하는 현상은 우리 안에서 가장 흔히 일어난다. 우리 자신도 우리가 만들어 낸 사물처럼 우리가 창조한 결과물이기 때문이다. 그러므로 우리 삶을 좌우하는 그런 이미지들을 버려야만 우리 안에서 무명의 그 특성이 살아나고 우리가 자유로워질 수 있다.

하지만 우리는 모두 놓아주는 것을 두려워한다. 있는 그대로의 모습이 되는 것, 우리 안에 있는 힘을 자유롭게 해방시키는 것, 우리의 성향을 이 힘들과 일치시키는 것을 두려워하는 것이다.

우리 자신에 대해 어떤 관념과 의견이 생기면 살아가는 방식에 대한 이미지들에 굳게 갇혀, 그 이미지들에 집착하게 되기 때문에 내면에 있는 힘들을 자유롭게 놓아줄 수가 없다.

우리가 이런 식으로 억눌려 있으면 입은 굳게 닫히고, 눈에는 불안한 긴장이 감돌고, 걸음이나 몸짓이 경직되고 불안정해진다.

우리 내면의 힘을 해방시키지 않고는 절대 활기찬 삶을 살 수 없다. 틀에 박힌 양식은 한정되어 있지만, 세상에는 무수한 양식이 있다. 헤아릴 수 없이 많은 사람들이 제각기 다른 힘들을 가지고 있으며, 이들은 인생의 해답을 찾기 위해 위대한 것을 창조하고자 한다. 그리고 진정 이 해결책을 찾으려면 무엇보다 편견을 버려야 한다.

'살다'라는 뜻의 〈이키루生きる〉라는 훌륭한 일본 영화는 한 노인의 삶을 통해 이 과정을 보여준다.

그 노인은 사무실 책상에 앉아 현실에 안주하며 30년을 살아왔다. 그러다가 자신이 위암에 걸려 6개월밖에 못 산다는 사실을 알게 된다. 그는 살려고 노력한다. 즐길 만한 일을 찾아다니지만 별로 성에 차지 않는다. 그러다가 마침내 온갖 어려움을 이겨내고 도쿄의 지저분한 빈민가에 공원을 짓는 일에 힘을 보탠다. 그는 자신이 죽을 것이라는 것을 알고 있기 때문에 두려움을 잊은 것이다. 그는 일하고 일하고 또 일한다. 두려워하는 사람도, 두려워하는 일도 없기 때문에 그를 막을 것은 아무것도 없다. 그는 잃을 것이 없었고, 그래서 그렇게 짧은 시간에 모든 것을 얻었다. 그리고 눈 오는 날, 자신이 지은 공원에서 노래를 부르며 그네를 타다가 조용히 숨을 거둔다.

죽음을 무릅쓰고 '줄타기'를 하면서, 두려움 때문에 하지 못했던 일을 시도할 때 우리는 가장 완전하게 살아 있다.

몇 년 전 줄타기 묘기를 하던 일가족이 공연 중에 높은 줄에서 떨어지는 참사를 당했다. 다리가 부러진 아버지를 제외한 다른 가족은 모두 죽거나 불구나 되었다. 하지만 자식들을 추락사고로 잃었음에도 그는 몇 달 뒤 줄타기 공연을 다시 시작했다. 그런 끔찍한 사고를 당했으면서 어떻게 다시 그 일을 할 수가 있느냐는 질문을 받고 그는 이렇게 대답했다.

"줄 위에 있을 때, 그때만이 내가 살아 있을 때라오. 그 외에는 모두 줄타기를 기다리는 시간이지요."

물론, 모두가 진짜로 줄을 타야 한다는 건 아니다.

우리 자신이 되는 것을 막고, 세상에서 하나뿐인 사람이 되는 것을 막고, 활기 넘치는 삶을 살아가는 것을 막는 두려움. 어쩌면 그것은 어떤 직업이나 가족의 생활방식과 관련된 이미지를 포기하는 두려움일지도 모른다.

우리는 담뱃불을 붙이는 일에서도 앞에서 말한 노인이 줄 위에서 춤출 때처럼 자유로울 수 있다. 또 집시와 여행하면서도 그만큼 자유로울 수 있다. 머리에 두른 수건, 누런 포장마차를 끌고 다니다 들판에서 펼치는 숙영, 포장마차 밖의 장작불 위에서 부글부글 끓고 있는 토끼 스튜, 스튜를 숟가락 가득 떠먹은 뒤 손가락을 핥는 모습, 이 모든 것이 자유의 모습이다.

그것은 무엇보다 비바람과 함께해야 한다.

바람과 보슬비를 생각해보자. 비가 부슬부슬 내리는 가운데 옷과 소지품 바구니들을 실은 낡은 트럭 뒤에 앉아 있다. 비에 젖지 않으려고 숄을 둘러쓰고 웅크리지만 그래도 비에 젖으며 킬킬댄다. 빵 한 덩어리를 잘게 뜯어 먹고, 구석에 있던 손도끼로 큰 치즈덩어리를 되는 대로 잘라서 먹는다. 길가에는 빗속에 빨간 꽃들이 불타듯 피어 있다. 트럭 뒤에 탄 사람들은 트럭 유리창을 두드려 안에 탄 사람에게 큰 소리로 농담을 한다.

지켜야 할 것도 없고 잃을 것도 없다. 가진 것도 없고 보호장비도 없으니 가진 것에 대한 걱정도 보호장비에 대한 걱정도 없다. 바로 이런 분위기에서 의미 있는 일을 할 수 있는 것이다. 거기에는 감춰진 두려움도 없고 교훈도 없고 법규도 없고 압박도 없다. 주위 사람들이 어떤 행동을 할지 전혀 신경 쓰지 않고, 특히 자기 자신이 누구인지도 의식하지 않는다. 다른 사람이 놀릴지도 모른다는 두려움도 없고, 파산이나 실연, 우정의 상실, 죽음 같은 시시한 일에 대한 숨겨진 두려움도 없다. 넥타이도 없고 양복도 없고 위대한 자연의 힘도 관심 밖이다. 오직 웃음소리와 보슬비만 존재한다.

그런 상태는 우리 내부의 힘이 해소되었을 때만 일어난다.

내부의 힘이 해소되면 편안함이 느껴진다. 내부에 잠복된 힘이 없다는 것을 우리는 본능적으로 알 수 있기 때문이다. 그런 사람은 자신이 처해 있는 상황을 왜곡하지 않고 그에 따라 행동한다. 그의 행동에는 뭔가를 유도하는 이미지도 없고, 숨어 있는 힘도 없다. 그저 자유로울 뿐이다. 그래서 그런 사람과 함께 있으면 우리도 긴장이 풀리고 평온해진다.

물론, 실제로는 우리 자신도 내부의 힘이 도대체 무엇인지 모를 때가 많다. 우리는 우리가 자유로운지 그렇지 않은지, 내면의 힘이 언제 성공적으로 해소되고 언제 실패하는지도 모른 채 몇 달 동안, 아니 몇 년 동안 살아간다.

그래도 우리 삶에는 그런 특별하고 은밀한 순간이 있다. 자기도 모르

게 미소를 짓는 순간, 다시 말해 내면의 긴장이 일제히 해소되는 순간이 있다.

여성들은 이런 순간을 남성들보다 잘 포착하며, 심지어는 상대방도 모르는 사이에 그것을 발견한다. 우리가 그런 순간을 깨달을 때, 미소를 지을 때, 힘을 뺄 때, 경계심을 완전히 풀 때, 이런 때가 우리의 가장 중요한 힘이 저절로 드러나는 순간이다. 그 순간에 무엇을 하고 있었든, 그것을 붙잡고 반복해야 한다. 그 미소는 우리 안에 있는 힘이 무엇인지, 그것이 어디에 있는지, 그리고 그것이 어떻게 발산되는지를 가장 정확하게 알려주기 때문이다.

그런데 우리는 그런 일이 실제로 일어나는 가장 소중한 순간들을 의식하지 못한다.

사실 이런 특성을 얻기 위해, 또는 자유로워지기 위해, 또는 그 특성이 낳은 무엇이라도 되기 위해 의식적으로 노력한다면 그것은 틀림없이 실패로 돌아간다.

오히려 자기 자신을 완전히 잊을 때, 즉 친구들 중 한 명을 놀려먹거나 바다에서 수영을 하거나 무심히 걷거나 어떤 일을 마무리하기 위해 밤늦게까지 동료들과 모여앉아 아랫입술에 담배를 매단 채 충혈된 눈으로 일에 몰두할 때가 그런 순간이다.

내 삶에서 일어난 이런 순간들, 나는 이제야 돌이켜보며 깨닫는다.

우리는 경험상 이 특성이 우리 안에 불러일으키는 느낌을 알 수 있다.

그때가 우리가 가장 옳고 가장 정당하고 슬프고 유쾌한 순간이다.

살아 있음

이런 이유로, 이 특성이 건물에서 나타난다면 누구나 그것을 깨달을 수 있다.

마을과 건물, 도로, 뜰, 화단, 의자, 탁자, 식탁보, 포도주병, 정원 벤치, 부엌 싱크대에 그런 특성이 살아 있다면 우리는 그것을 알아볼 수 있다. 자유로울 때의 우리와 그것들이 닮아 있는지만 보면 되기 때문이다.

마을, 건물, 방 등 어떤 장소가 그런 느낌을 주는지, 어떤 것이 예기치 않은 열정의 숨결을 품고 있는지, 어떤 것이 우리에게 속삭이며 우리가 편안함을 느끼던 순간을 떠오르게 하는지를 스스로에게 물어보기만 하면 된다.

우리 삶에 스며 있는 이 특성과 주변 환경에 스며 있는 이 특성의 연관성은 단순한 유사함이나 비슷함이 아니다. 그 두 가지는 서로를 낳는 관계다.

이 특성이 구현된 장소는 이 특성을 우리 삶으로 끌어들인다. 그리고 우리 내면에 이 특성이 있다면 우리는 건물과 마을을 지으면서 그것을 불어넣게 된다. 이것은 자신을 떠받치고 자신을 보존하고 뭔가를 생성하는 특성이다. 이것은 생명에 내재된 특성이다. 우리는 우리 자신을 위해 주위 환경에서 이 특성을 추구해야 한다. 그래야 우리 자신이 살아 있을 수 있기 때문이다.

다음에 나오는 내용에서 이것이야말로 가장 핵심이 되는 엄밀한 진실이다.

건물과 마을에 내재된 이 특성을 정의하려면
먼저 모든 장소는 그곳에서 지속적으로 일어나는
사건들의 패턴에 따라 고유한 성격이
형성된다는 것을 알아야 한다.

4

사건의 패턴

Patterns
of
Events

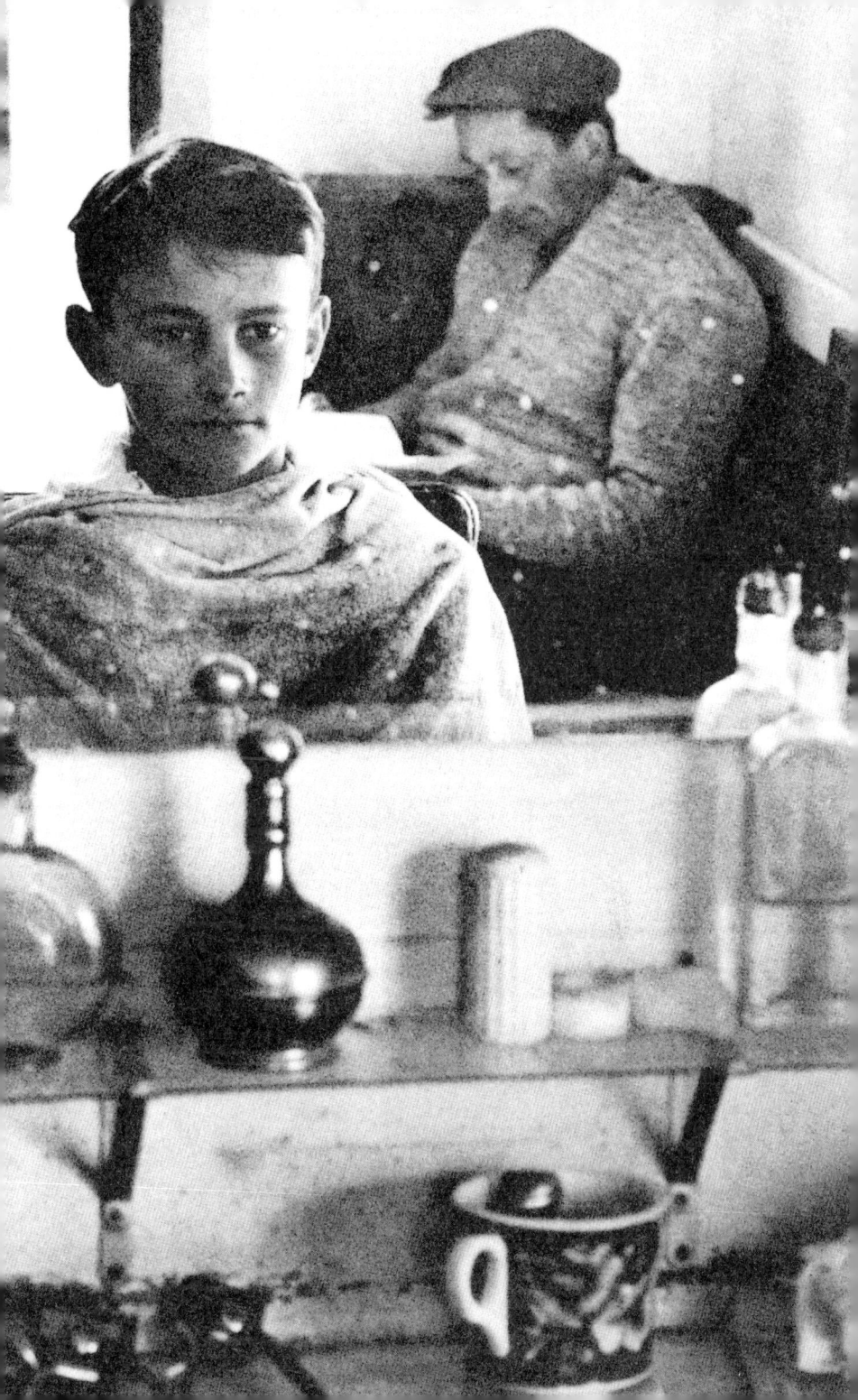

●

 우리는 이제 무명의 그 특성이 우리의 삶과 닮아 있다는 것을 알게 되었다. 뒤에서 설명하겠지만, 이 특성이 우리 삶에 들어오려면 우선 그것이 우리가 살고 있는 세상에 존재해야 한다. 우리가 살고 있는 건물과 마을이 얼마나 살아 있느냐에 따라 딱 그만큼만 우리 삶도 살아 있을 수 있다. 무명의 그 특성은 순환한다. 우리가 사는 건물에 그것이 깃들어 있어야 우리 안에도 깃들 수 있고, 우리 안에 그것이 깃들어 있어야 우리가 사는 건물에도 깃들 수 있는 것이다.
 이것을 명확하게 이해하려면, 마을이나 건물은 특히 그 안에서 어떤 일이 일어나느냐에 따라 성격이 크게 달라진다는 사실을 깨달아야 한다.

나는 이 말을 아주 폭넓은 의미로 사용하고 있다.
 세상에는 여러 가지 활동과 사건, 힘, 상황이 있다. 번개가 치고, 물고기가 죽고, 물이 흘러가고, 연인들이 싸우고, 케이크가 타고, 고양이가 서로를 쫓아다니고, 벌새가 창문 밖에 앉고, 친구들이 찾아오고, 차에 고장이 나고, 연인들이 재회하고, 아이들이 태어나고, 조부모님이 파산한다.

나의 삶은 이런 사건들로 이루어진다.

사람이나 동물, 식물 같은 생물의 일생은 비슷한 사건들의 반복으로 이루어진다.

그렇다면 한 장소의 특성은 거기에서 일어나는 사건들에 따라 결정될 것이다.

건물에 관심이 있는 사람들이 종종 잊는 일인데, 한 장소의 생명과 영혼 그리고 그곳에서 우리가 하는 모든 경험은 물리적인 환경뿐 아니라 그곳에서 일어나는 사건들의 패턴에 따라서도 달라진다.

리마(페루의 수도)는 무엇일까? 즉 거기에서 가장 기억할 만한 일은 무엇일까? 길거리에서 꼬챙이에 꿴 소고기 조각을 숯불에 구운 다음 그 위에 매운 소스를 끼얹어 먹는 안티쿠초스를 먹는 것, 가로등이 엉망인 어두침침한 거리들, 뜨거운 숯불이 깜빡거리는 조그만 수레들, 포장마차 강수들의 얼굴들, 소고기 꼬치를 먹으며 모여선 사람들의 희미한 실루엣 같은 것들이 바로 리마이다.

주네브는 무엇일까? 작은 종이봉지에 담아서 파는, 손가락을 따뜻하게 데워주는 뜨거운 군밤을 가을 안개 속에서 먹는 것이다.

캘리포니아 해변은 무엇일까? 파도의 충격, 부서지는 파도소리, 하얀 물결이 쏴 하는 소리와 함께 밀려오는 동안 바위에 서 있는 것, 파도를 따라 달려나갔다가 파도가 다시 밀려오기 전에 젖은 모래밭을 내달려 바위까지 되돌아오는 것이다.

실내도 마찬가지다. 커다란 방을 떠올려보라. 널따란 유리창, 텅 빈 큰 벽난로, 가구는 하나도 없고 이젤과 의자 하나만 덩그러니 놓여 있는 방. 바로 피카소의 작업실이다. 이것이 바로 사건의 구성에 의해 힘이 해방된, 전적으로 상황만으로 이루어진 공간이 아니고 무엇인가.

부엌 식탁을 중심으로 둘러앉은 일행들은 어떤가. 사람들은 함께 마시고 요리하고 포도주를 마시고, 포도를 먹고, 마늘과 토마토를 손질해서 네 시간이나 걸리는 쇠고기 스튜를 요리한다. 그 요리가 익기를 기다리면서 사람들은 포도주를 마시고 마지막에는 그것을 먹는다.

우리는 어떤 종류의 순간을 가장 선명하게 기억할까? 크리스마스 트리에서 깜빡거리는 양초, 작은 종이 울리는 소리, 문틈으로 엿보며 몇 시간이고 기다리다가 짤랑짤랑 울리는 작은 종소리를 듣고 몰려들어와서는 트리 아래 쉰 개의 희고 붉은 촛불을 바라보는 아이들, 촛불을 켜다가 실수로 불이 붙었던 작은 솔가지, 그리고 거기에서 나는 그슬린 냄새…….

마룻바닥을 문질러서 청소하는 과정은 어떤가? 물 한 양동이를 부드러운 마룻바닥 위에 부어 나무를 불린 다음 거친 솔로 문지른다. 청소가 끝나면 나무와 바닥에 비누 향기가 남아 있다.

혹은 기차역에서 작별하는 장면을 떠올려보자. 기차 안에서 유리창 밖으로 몸을 내밀고 손을 흔들거나 입을 맞추는 모습, 기차가 천천히 미끄러져 갈 때 플랫폼을 따라 달리는 모습…….

혹은 일요일의 산책을 생각해보자. 한 가족이 두 명이나 세 명씩 나란히 길을 따라 걷는다. 아마 가장 어린 아이를 앞세웠을 것이고, 다른 아이들은 조금 뒤떨어져서 개구리를 구경하거나 버려진 신발을 쳐다보고 있을지도 모른다.

장소의 성격을 결정하는 사건 패턴이 꼭 사람들 사이에서 일어나는

것만을 가리키지는 않는다.

창턱에 비치는 햇살, 풀밭에 부는 바람도 사건이다. 그것도 사람들 사이에서 벌어지는 일처럼 우리에게 영향을 미치기 때문이다.

어떤 사건들이 섞이든 그것들은 우리의 삶과 연결되어 있고, 실제로 물리적인 영향을 미친다.

예를 들어, 집 밖의 개울 바닥이 바위로 되어 있고, 그곳은 비가 올 때만 물이 찬다고 하자. 그곳에서는 인간의 활동이 일어나지 않지만 그런 상황은 환경의 성격을 만드는 데 강력한 영향을 준다.

이런 사건들의 힘과 중요성을 전적으로 기하학적인 측면, 즉 주로 건축가들이 관여하는 측면과 비교해보자.

예를 들면, 건물과 물이 관련된 두 가지 방식을 비교해보자.

먼저 어떤 건물 옆에는 얕은 콘크리트 연못이 있고, 이 콘크리트 연못은 온송일 하늘을 비출 뿐이다. 반면 어떤 건물 근처에는 강이 있다. 강 위에는 보트가 있어 노를 저어 갈 수도 있고, 물 위에 떠운 채 누워 있을 수도 있고, 힘겹게 물살을 거슬러 올라가다가 배가 뒤집힐 수도 있다.

이 둘 중 어느 쪽이 건물에 더 많은 영향을 주겠는가? 물론, 보트가 있는 강이다. 그것은 건물의 경험을 완전히 바꿔놓기 때문이다.

우리의 삶에 인상을 남기는 것은 이런 순간들의 작용, 우리 삶과 관계를 맺고 사는 사람들 그리고 독특한 상황들이다.

집이나 마을의 생명은 그 건물의 형태 혹은 장식이나 평면에 의해 생기는 것이 아니라, 거기에서 우리가 마주치는 사건들의 속성과 상황에 의해 생기는 것이다. 우리가 우리 자신으로 살아갈 수 있는 것은 우리가 처한 상황들 때문이다.

우리를 살아 있게 만드는 것은 우리 주변의 사람들이고, 그들과 접촉하고 함께 지내는 가장 일상적인 방식들이다. 간단히 말하면, 이 세상을 구성하는 요소들의 존재 방식 덕에 우리는 살아 있는 것이다.

이제 우리는 한 건물이나 한 마을에서 중요한 것은 겉모습이나 물리적 형태가 아니라 거기에서 일어나는 사건들이라는 것을 알았다.

거기에서 일어나는 모든 사건들, 즉 주어진 환경에서 인간과 관련되어 있되 인간의 의도와 상관없이 반복적으로 일어나는 사건들이 중요한 것이다. 기차가 질주하고 물이 떨어지고 건물이 서서히 낡아가고 풀이 자라고 쌓인 눈이 녹고 철이 녹슬고 장미가 피고 여름날이 열기를 내뿜고 요리를 하고 사랑을 하고 놀고 죽는 것이 모두 그런 사건들이다. 우리 자신뿐 아니라 동물과 식물들, 심지어는 이 세상을 이루고 있는 무기물의 변화 과정도 여기에 포함된다.

물론, 평생 한 번만 일어나는 일도 있고, 그보다 자주 일어나는 일도 있고, 아주 빈번하게 일어나는 일도 있다. 또 어쩌다 하나의 사건이 우리의 삶을 송두리째 바꿔놓기도 하고 선명한 흔적을 남기기도 한다. 하지만 일반적으로 볼 때 우리 삶의 전반적인 성격은 계속해서 되풀이되는 사건들에 따라 규정된다고 해도 무리는 아닐 것이다.

같은 이유로 이 세상에 존재하는 모든 조직이나 생명체는 본질적으로 주변에서 끊임없이 지속되는 환경의 영향을 받는다. 그것이 인간의 활동이든 자연의 작용이든 말이다.

사건의 패턴

한 건물이나 마을의 특성은 본질적으로 그 안에서 가장 자주 일어나는 사건들에 의해 형성된다.

풀밭의 속성은 풀밭에서 거의 무한한 세월 동안 반복해서 일어나는 사건들에서 생겨난다. 그 사건들이란 풀씨가 싹을 틔우고 바람이 불고 풀꽃이 피고 벌레가 기어다니고 곤충이 부화하는 것이다.

   자동차의 특성도 자동차에게 반복적으로 일어나는 사건에서 생겨난다. 바퀴가 굴러가고, 실린더에서 피스톤 운동이 일어나고, 방향을 바꿀 때 운전대와 차축이 일정한 각도 안에서 움직이는 그런 사건들 말이다.

   한 가족의 특성도 그 가족에서 일어나는 특정 사건들에 의해 형성된다. 가벼운 애정 표현, 키스, 아침식사, 비슷한 일로 종종 벌이는 언쟁들, 이 언쟁을 해소하는 방식 등이 이런 사건에 해당한다. 또한 함께 있을 때든 혼자 있을 때든 애정을 불러일으키는 특이한 버릇들도 가족의 특성을 형성하는 데 일조한다.

개인의 삶도 이와 똑같다.

찬찬히 생각해보면 내 삶을 이끌어가는 것도 반복해서 일어나는 몇 가지 사건들의 패턴이다.

   잠자기, 샤워하기, 식당에서 아침 먹기, 서재에서 글쓰기, 정원 거닐기, 사무실에서 동료들과 매일 점심 만들어 먹기, 영화 보기, 가족들과 외식하러 가기, 친구 집에서 술 한 잔 하기, 차를 운전해서 고속도로 달리기, 다시 잠자리에 들기. 그 밖에 몇 가지가 더 있을 뿐이다.

   일상에서 나타나는 사건 패턴의 수는 의외로 적다. 아마 열 가지 남짓일 것이다. 각자 자신의 생활을 떠올려보면 내 말에 공감할 것이다. 나를 둘러싼 사건의 패턴 수가 그것밖에 안 된다는 것을 처음 알고 나는 깜짝 놀랐다.

패턴이 더 많기를 바랐다는 뜻이 아니다. 그렇게 적은 수의 패턴이 내 인생에, 내 삶의 역량에 얼마나 엄청난 영향을 주는지 이해하기 시작했다는 것이다. 이 몇 가지 패턴들이 내게 맞으면 잘 살지만, 맞지 않으면 삶이 삐걱거린다.

물론, 사건들의 표준 패턴은 개인이나 문화에 따라 천차만별이다.

로스앤젤레스의 고등학교에 다니는 10대 소년이라면 그를 둘러싼 상황은 다른 친구들과 복도에서 노는 것, 텔레비전을 보는 것, 드라이브인 레스토랑 앞에 차를 세워두고 차 안에서 여자친구랑 콜라와 햄버거를 먹는 것을 의미할 것이다. 유럽 산간 마을에 사는 노부인이라면 그녀를 둘러싼 상황은 현관 앞 계단을 문질러 청소하는 것, 마을 교회에서 촛불을 켜는 것, 시장에서 신선한 채소를 사는 것, 5마일을 걸어 산 너머 동네에 사는 손자를 보러 가는 것을 의미할 것이다.

하지만 각 지역이나 도시, 건물에는 그곳의 지배적인 문화에 따른 특유의 사건 패턴이 있다.

우리는 우리를 둘러싼 직접적인 환경에 변화를 줄 수 있다. 이사를 가거나 생활방식을 바꾸는 것도 한 방법이다. 드물기는 하지만 환경을 완전히 바꿀 수도 있다. 하지만 우리가 속한 문화권에서 일어나는 사건들과 사건 패턴의 영향에서 완전히 벗어나는 것은 불가능하다.

그리고 우리는 이 세상이 모종의 구조를 갖추고 있다는 것을 어렴풋이나마 알고 있다. 사람이 일으키는 사건이든 아니든 어떤 사건 패턴은 계속 반복되는데, 본질적으로 볼 때 그런 사건 패턴은 더 큰 사건들의 원인이 된다는 단순한 사실만 생각해봐도 알 수 있다.

우리 개인들의 삶은 패턴들로 이루어져 있다. 공동체 구성원으로서의 삶도 마찬가지다. 그것들은 규칙이다. 그것을 통해 우리 문화가 유지되고 살아 있다. 우리가 문화의 구성원으로 존재할 수 있는 것도 이러한 사건 패턴들을 통해 삶을 구성하기 때문이다.

우리 삶의 면면은 모두 이런 사건 패턴들의 영향을 받는다. 그리고 만일 무명의 그 특성이 조금이라도 우리 삶에 깃들 수 있다면, 그 특성은 분명히 우리의 세계를 만든 이러한 사건 패턴들의 구체적 성질에 따라 달라질 것이다.

사건 패턴들이 정해진 공간에 정착하듯 항상 그곳에서 반복된다는 점도 이 세상이 일정한 구조로 이루어져 있다는 사실을 뒷받침해준다.

나는 어떤 사건 패턴을 생각하면 그것이 일어나는 장소가 동시에 떠오른다. 잠을 자야겠다고 생각하면 어쩔 수 없이 내가 잠자는 장소가 떠오르는 식이다. 물론, 내가 잠을 잘 수 있는 곳으로 생각하는 곳이 한두 군데만은 아니다. 하지만 그런 장소들은 적어도 물리적인 형태에서 공통점이 있다. 마찬가지로 어떤 장소를 생각하면 항상 거기에서 일어나는 일이 생각나거나 상상이 된다. 그래서 침실을 침대와 섹스와 잠자는 것과 옷 갈아입는 것과 잠에서 깨는 것과 침대에서 밥을 먹는 것 등과 떼어놓고 생각할 수 없다.

예를 들어, '세상 구경하기 Watching the World Go by**'라고 할 만한 사건 패**

턴을 생각해보자.

우리는 현관이나 공원 계단, 카페 테라스 등 다소 방어적이고 안전한 공간에서, 어느 정도는 사적인 공간을 뒤에 둔 채 아마 바깥보다 약간 높은 자리에서 고개를 빼고 사람이 많이 지나다니는 열린 장소를 내다볼 것이다.

나는 '세상 구경하기' 패턴을 그것이 일어나는 현관과 떼어놓고 생각할 수가 없다.

행동과 공간은 분리할 수 없다. 행동은 이런 종류의 공간에 의해 뒷받침되고, 공간은 그런 종류의 행동을 뒷받침한다. 그 두 가지는 하나의 단위 즉 공간과 사건으로 구성된 패턴이라는 단위를 구성한다.

이발소의 경우도 마찬가지다. 안에는 이발사가 있고, 한쪽에 나란히 앉아 기다리는 손님들이 있고, 다른 쪽에는 이발용 의자가 일정한 간격으로 거울 앞에 놓여 있다. 이발사는 손님의 머리카락을 자르는 동안 이런저런 한담을 한다. 근처에는 포마드 병이 놓여 있고, 탁자 위에는 드라이어가 놓여 있고, 머리를 헹구기 위한 대야가 앞에 있고, 벽에는 칼을 가는 가죽이 걸려 있다. 다시 말하면 행동과 물리적 공간은 하나다. 그것들을 분리하는 건 불가능하다.

사실 문화는 그 문화에서 '표준'이 되는 물리적 공간 요소의 이름을 통해 사건의 패턴을 규정한다.

내가 앞에서 예로 든 사건 패턴들을 돌이켜본다면, 각 사건 패턴에 압도적인 영향을 미치는 것은 그것이 일어나는 장소의 공간적인 특징이라는 것을 알 수 있다.

이발소, 현관, 샤워실, 책상이 있는 서재, 좁은 길이 있는 정원, 침대, 공용 식탁, 극장, 고속도로, 고등학교의 복도, 텔레비전, 드라이브인 레스토랑, 현관 앞 계단, 본당 뒤편의 촛대, 야채 가판대가 있는 시장, 산길 등의 요소들이 사건 패턴을 규정한다.

한 마을의 전형적인 활동 영역만 나열해도 우리는 그곳 사람들의 삶의 방식을 짐작할 수 있다.

로스앤젤레스를 생각할 때 떠오르는 것은 고속도로와 드라이브인 레스토랑, 교외 주택지역, 공항, 주유소, 쇼핑센터, 수영장, 햄버거 가게, 주차장, 해변, 광고판, 슈퍼마켓, 단독주택, 앞뜰, 교통신호등 같은 것들이다.

중세의 유럽 마을을 생각해보자. 교회, 시장, 광장, 마을을 둘러싼 담, 성문, 좁고 구불구불한 거리와 골목, 한 줄로 늘어선 집들, 그 안에 살고 있는 대가족, 지붕, 골목길, 대장간, 선술집 같은 것들이 떠오를 것이다.

각각의 경우 활동 영역의 종류만 봐도 수많은 사건을 생각해낼 수 있다. 그 영역들은 단지 건축과 건물이라는 죽어 있는 파편들이 아니라 그것과 관련된 완전한 생명을 품고 있다.

활동 영역의 명칭을 들은 우리들은 그 장소에서 사람들이 어떤 일을 할지, 그리고 그런 활동 영역이 포함된 환경에서는 어떤 풍경의 삶이 펼쳐질지 상상해보고 그것을 기억하게 된다.

이것은 공간이 사건을 창출하거나 사건의 원인이 된다는 뜻은 아니다.

예를 들면, 오늘날 도시의 인도sidewalk에서는 여러 가지 행동이 일어나지만 그것을 '일으키는' 것은 인도가 아니다.

거기서 일어나는 일은 훨씬 복잡하다. 인도를 걷는 사람들은 문화의 영향을 받기 때문에, 그들이 속한 공간이 인도라는 것을 알고 있고, 인도의 패턴이 문화의 일부로서 그들 머릿속에 들어 있다. 콘크리트와 담과 경계석이라는 순수하게 공간적인 관점에서가 아니라, 그들 머릿속에 들어있는 이 패턴 때문에 그들은 다른 사람들이 인도에서 하는 것과 똑같은 행동을 하는 것이다.

이 말은 당연히 다른 문화에 사는 사람들은 인도를 다른 식으로 볼 수도 있다는 말이다. 즉 그들은 인도에 대한 패턴을 다르게 생각할 수도 있고, 그래서 다른 행동을 보일 수도 있는 것이다. 예를 들면, 뉴욕에서 인도는 주로 걷고 밀고 나아가고 빨리 움직이는 공간이다. 하지만, 자메이카나 인도에서 인도는 앉아 있거나 얘기하거나 음악을 연주하는 곳, 심지어는 잠을 자기도 하는 공간이다.

그러므로 이 두 나라의 인도가 같다고 하는 것은 무리가 있다.

이는 간단히 말해서 사건 패턴은 그것이 일어나는 공간과 분리할 수 없다는 의미이다.

인도에서는 구체적인 외형을 규정하는 지리적 영역과 인간의 행동과 사건을 구성하는 영역 두 가지가 영향을 주고받는데, 이 두 가지를 모두 포함하는 하나의 시스템이 인도이다.

그러므로 뭄바이의 인도는 사람들이 잠자고 차를 세워놓는 공간으로 사용되고, 뉴욕의 인도는 걷는 데만 사용된다는 것을 감안해서 인도라는 것을 두 가지 용도로 사용되는 하나의 패턴이라고 주장할 수는 없다. 뭄바이의 인도(공간+사건)가 하나의 패턴이고 뉴욕의 인도(공간+사건)도 또 하나의 패턴이기 때문에 그 둘은 완전히 별개인 패턴인 것이다.

사건 패턴과 공간의 밀접한 관련은 자연계에서 흔히 볼 수 있는 일이다.

'개울'이라는 말은 물리적 공간 패턴과 사건 패턴을 동시에 나타낸다.

우리는 강바닥과 강을 분리해서 생각하지 않는다. 우리 머릿속에서 강바닥과 강변, 대지를 구불구불 흘러가는 형태, 그리고 물의 빠른 흐름, 근처에서 자라는 식물, 헤엄치는 물고기들을 따로 떼어놓고 생각할 수 없는 것이다.

마찬가지로 한 건물과 마을의 생명을 좌우하는 사건 패턴들도 그것들이 일어나는 장소와 떼어놓고 생각할 수 없다.

각각의 사건 패턴은 개울, 폭포, 불, 폭풍처럼 어떤 공간에서 끊임없이 반복해서 일어나는 생명체이며, 이 세상을 구성하는 핵심적인 요소이다.

그러므로 이런 사건 패턴들을 공간의 살아 있는 요소로 보아야만 그것들을 제대로 이해할 수 있다.

살아 숨쉬는 것이 바로 공간이다. 걸어다니고 사람들을 밀치며 나아가는 뉴욕의 인도가 그런 공간이며, 우리가 현관이라고 부르는 곳이 그런 공간이다. 그것은 또한 우리가 '세상 구경하기'라고 이름붙인 사건 패턴이기도 하다.

건물과 마을에서 일어나는 삶은 공간과 밀접한 관련이 있을 뿐 아니라 공간 그 자체에서 만들어지기도 한다.

공간은 이런 살아 있는 요소, 즉 공간 내의 사건 패턴으로 구성된다. 그래서 처음에 건물이나 마을이라는 이름의 생명 없는 구조로 보였던 것들이 사실은 예민하고 살아 숨쉬는 시스템이며 밀접한 상호작용을 하는 공간 내 사건 패턴의 집합이라는 것 그리고 각 패턴은 일정한 사건들을 수없이 반복하면서 항상 그 장소와 하나로 결합되어 있다는 것도 알게 된다. 그러므로 건물이나 마을에서 일어나는 삶을 이해하고 싶다면 공간 그 자체의 구조를 이해해야 한다.

우리는 이제 사건 패턴과 공간을 하나로 보기 위해 과연 어떤 공간에서 지극히 자연스러운 사건 패턴이 형성되는지를 알아볼 것이다.

이런 사건 패턴들은 공간상 항상
기하학적 패턴과 맞물려 있게 마련이다.
뒤에서 살펴보겠지만 사실 각각의 건물과
마을은 궁극적으로 공간상의 이러한
기하학적 패턴을 통해 만들어진다.
다른 것은 아무것도 없다. 그것들이 건물과
마을을 구성하는 원자와 분자이다.

5

공간의 패턴

Patterns
of
Space

우리는 이제 건물과 마을에 관한 가장 기본적인 문제에 직면해 있다. 그것은 무엇으로 만들어지는가? 그것은 어떤 구조로 만들어지는가? 그것의 물리적 본질은 무엇인가? 공간을 만들어내는 구성 요소들은 무엇인가?

4장을 통해 우리는 한 건물이나 마을의 특징은 그곳에서 가장 지속적으로 일어나는 사건과 사건 패턴들에 의해 형성된다는 것, 그리고 그 사건 패턴들은 어떤 식으로든 공간과 결부되어 있다는 것을 알게 되었다.

하지만 정확히 공간의 어떤 점이 사건과 연관되어 있는지는 아직 모르고 있다. 외적인 구조, 다시 말해 외형과 그 사건들이 어떤 식으로 관계를 맺고 있는지 뚜렷하게 보여주는 건물과 마을이 쉽게 떠오르지 않는 것이다.

내가 어떤 사물의 '구조'를 이해하려 한다고 해보자. 그것이 정확히 무슨 의미인가?

무엇보다 그것은 그 사물을 전체적으로 파악할 수 있도록 간단한 형상을 보고 싶다는 뜻이다.

또한 그것은 최소한의 요소를 이용하여 그것의 간단한 형태를 그려보고 싶다는 뜻이기도 하다. 구성 요소의 수가 더 적을수록 그것들이 맺는 관계는 풍성해지고, 이 관계의 '구조' 안에 더 많은 그림을 담을 수 있다.

마지막으로, 자신이 알고 있는 구조물 안에서 지속적으로 일어나는 사건 패턴들을 이해하게 해주는 그림을 그리고 싶다는 뜻이다. 쉽게 말해서 그 외형과 자신이 알고 싶은 사건 패턴들을 설명해줄 수 있는 그림이나 구조를 찾고 싶다는 뜻이다.

그렇다면 건물이나 마을의 바탕이 되는 '구조 structure'는 무엇일까?

앞장에서 우리는 대략적이나마 건물이나 마을의 구조가 무엇인지를 살펴보았다.

그것은 구체적인 활동 영역들로 이루어져 있고, 각 활동 영역은 일정한 사건 패턴과 관련을 맺고 있다.

기하학적인 관점에서 볼 때, 물리적 요소들은 거의 무한하게 조합되고 반복되면서 결합해 있다는 것을 알 수 있다.

도시는 주택, 공원, 거리, 보도, 쇼핑센터, 상점, 직장, 공장으로 이루어져 있고 거기에 강이나 운동장, 주차장이 있을 수도 있다.

하나의 건물은 벽, 창문, 출입문, 방, 천장, 구석, 계단, 계단의 디딤판, 문손잡이, 테라스, 주방의 조리대, 화분 같은 것들로 이루어져 있다. 그리고 이런 요소들은 계속 반복된다.

고딕 성당은 본당, 측랑, 서측 문, 수랑, 내진, 후진, 보회랑, 기둥, 창문, 버팀벽, 아치형 천장, 리브, 석조 창문 등으로 이루어져 있다.

미국의 대도시는 공업지역, 고속도로, 중심업무지구, 슈퍼마켓, 공원, 단독주택, 공원, 아파트, 도로, 간선도로, 교통신호등, 인도 등으로 이루어져 있다.

그리고 이런 공간 요소들에는 그와 관련된 사건 패턴이 있다.

가족들은 집에서 살고, 자동차와 버스는 도로를 달리고, 꽃은 화분에서 자라고, 사람들은 문을 여닫으며 드나들고, 교통신호는 바뀌고, 사람들은 일요일마다 성당의 본당에 모이고, 바람이 건물을 흔들면 아치형 천장에는 힘이 가해지고, 햇빛은 창문을 통해 비쳐들고, 사람들은 거실 창가에 앉아 바깥 풍경을 바라보는 것이다.

하지만 이렇게 공간을 설명해서는 그 공간들이 아주 구체적이고 일정한 사건들의 패턴과 어떤 식으로, 그리고 왜 연관되어 있는지를 알 수 없다.

이를테면 교회라는 공간과 거기에서 일어나는 사건 패턴이 무슨 관계라는 말인가? 그것들이 연관되어 있다는 것은 분명하다. 하지만 상식적인 수준에서 그 연관성의 유형을 아는 것일 뿐 그 자체가 설명해주는 것은 아무것도 없다.

어느 사건 패턴이든 모종의 공간에서 일어나는 게 당연하지 않느냐고 말하는 것은 무성의한 답변일 뿐이다. 그것은 빤한 사실이라 귀기울일 가치가 전혀 없다. 우리가 알고 싶은 것은 건물의 구조가 그곳에서 일어나는 사건의 패턴을 정확히 어떤 식으로 뒷받침해주는가 하는 것이다. 공간의 구조를 바꾸면 그에 따라 사건 패턴이 어떤 식으로 바뀔 것인지 예측할 수 있도록 말이다.

특성

한마디로 우리는 공간과 사건의 상호작용을 명료하고 정확하게 밝혀주는 원리를 알고 싶은 것이다.

그뿐 아니라 건물의 기본적인 구성물로 보이는 '구성 요소element'가 계속 변화하고 상황에 따라 매번 달라진다는 사실도 무슨 말인지 이해하기 힘들다.

구성 요소들이 수없이 반복되는 와중에도 우리는 그것들이 끊임없이 변화하는 것을 본다. 교회마다 본당도 약간씩 다르고, 측랑도 약간 다르고, 서측 문도 약간 다르다. 그리고 본당에서 기둥 사이도 약간씩 차이가 있고, 각각의 기둥도 다르다. 각각의 아치형 천장에 있는 리브도 조금씩 다르고, 창문의 장식 무늬와 유리 역시 조금씩 차이가 있다.

도심 지역도 마찬가지다. 공업 지역마다 서로 다르고 공원마다 차이가 있다. 각 슈퍼마켓도 다르다. 교통신호등이나 정지신호처럼 더 작은 구성 요소는 아주 흡사하지만 그래도 똑같지는 않다. 이처럼 모든 요소에는 항상 다양한 형태가 있다.

만일 건축의 구성 요소들이 구현될 때마다 달라진다면, 그 구성 요소들은 결국 건물이나 마을에서 반복되는 요소가 아니라는 것이다. 소위 구성 요소라고 하는 이것들이 궁극적으로 공간의 '원자' 성분이 될 수 없다는 말이다.

각각의 교회는 다르기 때문에 우리가 '교회'라고 부르는 소위 구성 요소는 절대 일정하지 않다. 그것에 이름을 붙이는 것은 혼란만 가중시킬 뿐이다. 각각의 교회가 다르다면, 우리가 '교회'라고 부를 때 모든 교회에 공통적으로 존재하는, 변하지 않고 남아 있는 것은 무엇인가?

모든 물질이 전자와 양자 등으로 이루어져 있다는 말도 사물을 이해하는 정확한 방식이라 할 수 있다. 전자는 실제로 항상 같은 상태로 보이고, 그래서 물질이 그런 '구성 요소'들의 결합으로 이루어진다는 것이 논리적으로 옳기 때문이다. 구성 요소가 정말로 그것을 구성하는 것이다.

하지만 주택, 거리, 창문 등 건물이나 마을을 이루는 소위 구성 요소들은 이름만 구성 요소일 뿐 계속해서 변하고 있기 때문에 우리 머릿속에 어떤 불변의 요소란 떠오르지 않는다. 그러므로 우리는 그런 변화가 일어나고 있더라도 진정으로 변하지 않는 다른 요소를 찾아야 한다. 어떤 건물이나 마을을 구조로서 이해하려 할 때 그 구조를 조합해내는 요소를 말이다.

그러면 건물이나 마을을 만들어내는 공간 구조를 주의 깊게 살펴보자. 그리고 거기에서 정말로 반복되는 것이 무엇인지 찾아보자.

우리는 각 구성 요소보다 중요하게 구성 요소들 간의 관계가 존재하며, 요소들이 개별적으로 반복되듯이 그 관계들도 반복된다는 것을 알아챌지 모른다.

각 건물은 구성 요소 외에 그 요소들 사이에 존재하는 관계들의 패턴에 의해서도 결정된다.

고딕 성당에서 본당nave 양쪽에는 측랑aisle이 '나란히 뻗어 있다.' 수랑transept은 본당, 측랑과 '직각을 이룬다.' 보회랑ambulatory은 후진에 '둘러싸여' 있고, 기둥은 본당과 측랑을 '분리하며 일정한 간격으로 줄지어 서 있다.' 아치형 천장은 기둥 '네 개'를 연결하는데, 그 형태상의 특징은 평면적으로는 '십자형'이고 입체적으로는 '오목하다.' 버팀벽buttresses은 측랑 밖에서 아래쪽을 향해 기둥들과 동일선상에 자리 잡은 채 천장의 하중을 떠받치고 있다. 본당은 언제나 '길고 가는 직사각형으로, 비율은 1 대 3에서 1 대 6 사이이지, 1 대 2나 1 대 20이 되는 경우는 없다.' 그리고 측랑의 폭은 항상 본당보다 좁다.

도시 지역도 그 안에 있는 구성 요소들 사이의 관계 패턴에 의해 분명히 규정된다.

전형적인 20세기 중반의 미국 대도시 지역을 생각해보자.

그 도시의 '중심부'에는 고층 사무용 건물이 '빽빽하게 들어서 있는' 중심업무지구가 자리 잡고 있다. 그곳에서 멀지 않은 곳에는 아파트가 '빽빽하게 들어서 있을' 것이다. 도시의 전반적인 밀도는 '기하학 법칙에 따라 중심부에서 멀어질수록 급격히 낮아진다.' 밀도가 높아지는 곳이 '간간이 나타나겠지만' 그래도 중심부보다는 덜하다. 그 소규모 밀집지역에서 멀어지면 '좀 더 작은' 중심부가 나타날 것이다. 이 각각의 밀집지역에도 상점과 사무실이 '몰려 있고,' 그 주변을 주택 밀집지역이 '둘러싸고' 있을 것이다. '도심의 경계선 바깥으로' 갈수록 '외떨어진' 단독주택 지역이 '넓게' 펼쳐진다. '도심의 중심부에서 멀어질수록' 주택의 정원은 '넓어진다.' 도심지역은 고속도로'망'으로 연결되어 있다. 이 고속도로들은 '중심부로 갈수록' 촘촘해진다. 고속도로와 별개로, '조금 덜 규칙적인 2차원의 도로망'이 있다. 이런 도로 '다섯 또는 열' 개당 간선도로 역할을 하는 더 큰 도로가 나타난다. 간선도로 중에서도 다른 도로보다 더 넓은 것들이 있다. 이것들은 중심부에서부터 '별모양을 이루며' 중심에서부터 '방사형으로 뻗어나가는' 경향이 있다. 간선도로가 고속도로를 만나는 지점에는 '연결된 도로가 배열된 입체교차로'가 있다. 간선도로 두 개가 '교차하는 곳'에는 신호등이 있다. 지방도로와 간선도로가 '만나는' 곳에는 정지 표시가 있다. 도시에서 건물의 밀도가 가장 높은 중심업무지구는 모두 주요 간선도로를 끼고 있다. 공업지역은 모두 고속도로에서 '0.5마일 내에' 있고, 오래된 곳은 '부근에' 적어도 하나의 주요 간선도로가 있다.

이것으로 보아 건물이나 마을의 '구조'는 대부분 관계의 패턴으로 이루어져 있음을 분명히 알 수 있다.

로스앤젤레스라는 도시와 중세의 교회는 각각의 구성 요소 못지않게 이렇게 반복되는 관계 패턴에 의해서도 그 특성이 형성되는 것이다.

처음에는 이러한 관계 패턴이 구성 요소들과는 아무 관련이 없는 것처럼 보인다.

본당의 측랑을 생각해보자. 그것은 본당과 나란히 뻗어 있고, 그 옆에 서 있는 기둥을 본당과 공유하고 있으며, 동서로 뻗어 있다. 교회 건물과 마찬가지로, 안쪽 벽에는 기둥이 있고, 바깥쪽 벽에는 창문이 있다. 언뜻 보면 이런 관계들은 '부수적'인 것이고 무엇보다 중요한 것은 그것이 측랑이라는 사실인 것 같다.

하지만 자세히 살펴보면, 이런 관계들은 부수적인 것이 아니라 구성 요소에 필수적이며 사실상 구성 요소의 일부라는 것을 깨닫게 된다.

예를 들어, 만일 측랑이 본당과 평행하지 않으면, 그것 옆에 붙어 있지 않으면, 본당보다 폭이 좁지 않으면, 기둥을 신랑과 공유하지 않으면, 동서로 뻗어 있지 않으면 …… 그것은 결코 '측랑'이 아니다. 그것은 고딕 양식의 건축물 안에서 제멋대로 부유하는 직사각형 공간에 지나지 않을 것이다. 그러므로 측랑을 측랑으로 만드는 것은 구체적으로 말해서, 그것이 본당이나 주변의 다른 구성 요소들과 맺는 관계의 패턴인 것이다.

그런데 더 자세히 들여다보면 이러한 관점도 정확하지 않다는 것을 깨닫게 된다. 관계라는 것은 단순히 구성 요소에 붙어다니는 것이 아니기 때문이다. 사실 구성 요소 그 자체도 관계 패턴인 것이다.

우리는 '구성 요소'라고 생각했던 것들의 대부분이 사실은 그것과 그것 주변의 관계 패턴에 있다는 것을 알게 되었는데, 그다음에는 다시 구성 요소가 관계 패턴 안에 포함된 것이 아니라 그것 자체가 관계 패턴이라는 더 중요한 사실을 깨닫게 된다.

쉽게 말해 측랑을 정의하려면 본당과 동쪽 창이라는 관계 패턴이 필요하지만, 동시에 측랑 자체도 그것의 길이와 폭의 비율, 본당 경계에 있는 기둥과의 관계, 외부와의 경계가 되는 창문들과의 관계로 이루어진 패턴이라는 것이다.

결국 구성 요소처럼 보였던 것들은 관계의 체제^{fabric}를 남긴 채 사라진다. 그 체제란 사실 반복되는 것의 실체이며, 건물이나 마을에 구조를 부여한다.

간단히 말하면, 건물이 순전히 구성 요소로 이루어져 있다는 생각은 아예 버리는 것이 좋다. 대신 더 심오한 사실을 알아야 한다. 소위 구성 요소로 불리는 이런 것들은 관계 패턴에 붙인 명칭일 뿐이고, 실제로 반복되는 것은 이 관계 패턴이라는 것을 말이다.

고속도로 전체가 반복되는 것은 아니다. 다만 이따금 고속도로와 일반도로가 만나는 곳에는 입체교차로가 있다. 바로 이 사실이 반복되는 것이다. 고속도로와 그것과 교차하는 간선도로 그리고 입체교차로 사이에는 어떤 관계가 있고, 반복되는 것은 바로 그 관계이다.

하지만 다시, 그 입체교차로 자체는 반복되지 않는다. 각각의 입체교차로는 다르기 때문이다. 반복되는 것은 고속도로에서 오른쪽으로 휘어져 빠져나가는 출구가 계속해서 나타난다는 사실이다. 그리고 정말로 반복되는 것은 출구의 반경과 접선 상태, 출구가 횡경사라는 사실 사이의 관계이다.

하지만 다시, 이 관계 패턴에서 '차선'이 반복되는 것은 아니다. 우리가 차선이라고 부르는 것은 그 자체가 구성 요소라 불리는 더 작은 것들, 즉 차선의 가장자리, 표면, 경계선 사이의 관계이다. 그리고 이런 것들도 일시적으로는 구성 요소의 역할을 하지만, 이 관계를 명확히 하기 위해 가까이 들여다보는 순간 그것들은 흔적도 없이 사라져 버린다.

이런 각각의 패턴들은 형태상의 규칙이고, 그것들은 공간 내에서 일단의 관계를 정립한다.

이 형태학적 규칙은 일정한 식으로 나타낼 수 있다.

X → r (A, B, ……)는 다음과 같은 의미이다.

X라는 정황에서 A, B, ……라는 부분은 r이라는 관계에 의해 연관되어 있다. 그러므로 예를 들면 다음과 같다.

고딕성당에서 → 본당은 양쪽에 측랑을 두고 있다.

또는

고속도로가 간선도로를 만날 때 → 입체교차로의 진입로는
클로버 모양을 띤다.

각각의 규칙이나 패턴은 그 자체로 다른 규칙들 사이의 관계를 나타내는 패턴이다. 그런데 이 규칙들도 다름 아닌 관계 패턴들이다.

각각의 패턴은 분명히 그것의 일부처럼 보이는 더 작은 것들로 이루어져 있지만, 그것들을 가까이 들여다보면 분명히 '일부'로 보였던 그것들 또한 패턴이라는 것을 알게 된다.

예를 들어, 우리가 문이라고 부르는 패턴을 살펴보자. 이 패턴은 문틀과 경첩과 문짝으로 이루어진 관계이다. 그리고 이 부분들은 더 작은 부분들로 이루어져 있다. 문틀은 세로대와 가로대, 그리고 접합부분을 덮는 몰딩으로 이루어져 있다. 문짝은 세로대, 가로대 그리고 나무판 들로 이루어져 있다. 경첩은 금속판과 핀으로 이루어져 있다. 그런데 우리가 '부분part'이라고 부르는 이런 것들도 사실 그것 자체로 패턴이며, 각 패턴은 그것을 규정하는 관계의 본질적 영역을 전혀 잃지 않으면서 형태, 색깔, 정확한 크기를 거의 무한대로 변화시킬 수 있다.

패턴은 단지 관계의 패턴일 뿐 아니라, 고리처럼 연결된 더 작은

패턴들 사이에 존재하는 관계의 패턴이기도 하다. 결국 우리는 세상이 온통 이렇게 서로 고리로 연결되고 맞물려 있는 무형의 패턴들로 이루어져 있다는 것을 알게 된다.

더 나아가 공간 내의 각 패턴에는 그것과 연관된 사건 패턴이 있다.

예를 들어 고속도로의 패턴에는 규칙에 의해 정의되는 사건의 체계가 담겨 있다. 운전자들이 일정한 속도로 운전한다는 것, 차선을 바꾸는 규칙이 있다는 것, 차들은 모두 같은 방향으로 달린다는 것, 추월할 때의 규칙이 있다는 것, 고속도로 진입로와 출구에서 속도를 약간 줄인다는 것 등이다.

또한 어느 문화에서나 부엌의 패턴에는 아주 명확한 사건 패턴이 있다. 부엌을 사용하는 방식, 음식을 준비하는 방식, 거기에서 식사를 하거나 하지 않는다는 사실, 싱크대 앞에서 그릇을 씻는다는 사실 등이 그것이다.

물론, 공간 패턴이 사건 패턴의 '원인'은 아니다.

마찬가지로 사건 패턴도 공간 패턴의 '원인'이 아니다. 공간과 사건이 결합된 전체 패턴은 인간 문화의 한 요소이다. 그것은 문화에 의해 발명되고 문화를 통해 전승되었으며, 다만 공간과 밀접한 관계를 맺고 있을 뿐이다.

하지만 각 사건 패턴과 그것이 일어나는 공간 패턴 사이에는 근원적인 연관성이 있다.

왜냐하면 정확히 말해 공간 패턴은 사건 패턴이 일어나기 위한 필수

조건이자 전제조건이기 때문이다. 이런 의미에서, 공간 패턴은 사실상 그 사건 패턴을 공간을 통해서 계속 반복시키는 역할을 한다. 따라서 공간 패턴은 어떤 건물이나 마을에 특징을 부여하는 요소 중 하나라고 할 수 있다.

예를 들면, 4장의 현관 얘기로 돌아가서, '세상 구경하기'라고 이름 붙였던 사건 패턴을 생각해보자.

사건 패턴과 연관된 것은 공간의 어떤 성격인가? 그것이 현관 전체가 아니라는 것은 분명하다. 그것은 어떤 구체적인 관계들이다.

예를 들면, '세상 구경하기'라는 사건 패턴이 일어나려면 그 현관이 거리보다 약간 높아야 한다는 것이 핵심 조건이다. 그 현관은 한 무리의 사람이 편하게 앉을 수 있을 정도로 파여 있어야 한다. 또한 당연히 현관 앞은 트여 있고 기둥으로 지탱되는 지붕이 있어야 한다.

본질적인 것은 이런 몇 가지 관계들이다. 이런 관계들이 사건 패턴과 직접 호응하기 때문이다.

반면 현관의 길이, 높이, 색깔, 건축 재료, 측벽의 높이, 집 내부와 연결된 방식은 덜 본질적이다. 그러므로 그것들이 바뀌더라도 기본적이고 본질적인 현관의 본성은 바뀌지 않는다.

그리고 같은 의미에서 공간 내에서 각각의 관계 패턴은 특정한 사건 패턴과 호응한다.

'고속도로'라는 관계 패턴은 제한속도를 넘지 않는 선에서 빠르게 운전하되 정해진 규칙을 통해서만 일반도로로 빠져나가거나 일반도로에서 진입할 수 있는 관계 패턴이다. 즉 사건들의 패턴인 것이다.

우리가 중국식 '부엌'이라고 부르는 관계 패턴은 중국 음식을 요리하는 데 필요한 관계 패턴이다. 다시 말하면 사건들의 패턴이 잠재되어 있는 것이다.

그리고 여러 '종류'의 부엌이 있는 한 그만큼의 관계 패턴이 있으며, 이로 인해 다양한 요리 패턴을 보이는 다양한 문화마다 약간씩 다른 사건 패턴을 만들어낸다.

어느 경우에나 공간 내의 관계 패턴은 특정 사건 패턴과 함께 반복되어야 하는 불변의 것이다. 그 사건 패턴을 유지하기 위해 필요한 것이 다름 아닌 이런 관계들이기 때문이다.

그렇다면 우리는 건물이나 마을에서 반복되고 있는 것은 다름 아닌 공간 내의 사건 패턴이라는 것을 깨닫게 된다.

한 건물이나 마을에서 일어나는 일 중 의미있는 것은 반복되는 패턴 내에서 규정되는 것들뿐이다. 패턴은 겉으로 드러나는 물리적 형태 뿐 아니라 안에서 일어나는 일을 동시에 포착하게 해준다. 외적인 구조를 결정하는 것은 순전히 패턴이다. 패턴은 눈으로 볼 수 있고, 지속적으로 반복되며, 그 자리에서 일관성을 유지한다. 또한 각각의 구체적인 요소를 약간 다르게 만드는 변화의 바탕이다.

그뿐 아니라 패턴은 거기에서 계속 반복되는 사건들의 원인이 되며, 따라서 건물과 마을에 개성을 부여하는 가장 중요한 역할을 한다.

모든 건물의 특성은 거기에서 끊임없이 반복되는 바로 그 패턴에서 생긴다.

특성

이 말은 건물의 전체적인 패턴뿐 아니라 건물 구석구석의 세부 요소에도 모두 해당한다. 방의 형태, 장식의 특징, 창유리의 종류, 마룻바닥의 재료, 문손잡이, 조명, 높이, 천장의 변화 방식, 창문과 천장의 관계, 건물이 정원과 도로·빈터·샛길과 연결된 방식, 그리고 집 밖의 앉을 자리와 그것을 둘러싼 담과 연결된 방식이 모두 그 세부 요소이다.

도시의 어떤 구역이든 중요한 특성은 그곳에서 지속적으로 반복되는 패턴에 의해 규정된다.

다시 말하면, 패턴에 의해 규정되는 구역에 '개성'을 주는 것은 바로 그러한 세부 요소들이다. 그 세부 요소들이란 주변의 거리들, 집터의 종류, 주택들의 규모와 그 주택들이 서로 연결되어 있거나 따로 떨어져 있는 방식 등을 말한다.

우리가 어떤 장소를 기억할 때 그것은 희귀한 것이 아니라 전형적이고 반복되는 것, 그곳만이 가진 개성들 아닌가? 예를 들면, 베네치아의 운하, 모로코 마을의 평평한 지붕들, 과수원에 일정한 간격으로 심어져 있는 나무들, 경사진 해변, 이탈리아 해변의 파라솔들, 널따란 보도, 노천카페, 파리의 원통형 포스터와 공중화장실, 지붕이 있는 현관이 집 전체를 빙 두르고 있는 루이지애나 대농장 지대의 농가처럼 말이다.

파리에 독특한 분위기를 주고, 브로드웨이와 타임스 광장에 역동성을 주는 속성, 베네치아를 특별한 도시로 만들고, 18세기의 런던 광장을 그토록 평화로우면서도 참신하게 해주는 속성은 패턴이다. 이런 속성은 어느 장소에나 있으며 사람들은 이런 속성 때문에 그곳을 좋아한다.

우사^{牛舍}도 패턴에서 그 구조가 나온다.

우사는 전체적으로 긴 직사각형이다. 중심부에는 건초가 쌓여 있고, 측면을 따라 소들이 서 있는 복도가 있다. 그리고 중심부와 복도 사이에는 기둥이 줄지어 서 있다. 이 기둥들을 따라 여물통이 있다. 한쪽 끝에는 하나로 된 널찍한 문이나 양쪽으로 여닫는 문이 있다. 다른 쪽 끝에는 그보다 좀더 작은 문이 있을 것이다. 소들은 복도를 따라 걷다가 그 작은 문을 따라 밖으로 나갈 것이다.

고급 레스토랑도 그곳의 고유한 패턴에서 구조와 특징이 생긴다.

작은 식탁들, 식탁에 딸린 의자들, 식탁 위에 놓인 작은 개별 조명, 입구에 위치한 선임 웨이터의 안내석과 조명, 예약 장부를 두는 적당한 자리. 내부는 아마 어둑할 것이고, 색조는 붉은색이나 다른 짙은 색일 것이고, 창문은 없을 가능성이 많다. 그리고 객실과 주방은 반회전문으로 연결되어 있을 것이다.

베네치아도 그곳의 패턴에서 생명력과 구조가 나온다.

보통 직경 300미터 남짓 되는 수많은 섬이 있고, 각 섬은 3층에서 5층짜리 집들로 꽉 차 있고, 그 집들은 운하에 가까이 지어져 있다. 섬마다 중심부에 작은 광장이 있고, 그 광장 옆에는 흔히 교회가 있다. 섬을 가로질러 좁고 구불구불한 길이 나 있는데, 이 길들이 운하를 만나는 곳에는 홍예다리가 있다. 집들은 운하와 거리를 향해 서 있고, 운하 입구에는 계단들(수면의 높이가 변하는 때를 대비해서)이 있다.

베네치아라는 장소가 특별한 것은 그 안에서 일어나는 사건 패턴이 있기 때문이며, 그 사건들이 베네치아라는 공간에 있는 패턴들과 호응하기 때문이다.

런던의 생명력과 구조도 그것의 패턴에서 나온다.

먼저 런던을 전반적으로 살펴보자. 여러 자치구가 독특한 형세로 모여 있고, 시내 중심부에 위치한 기차역, 방사형으로 뻗어나간 기찻길, 교외에 자리 잡은 산업지역의 위치가 모두 특색이 있다. 조금 자세히 들여다보면, 한쪽 벽을 옆집과 공유하며 줄지어 서 있는 독특한 '빌라들', 기차역 내부의 개성있는 세부 요소들, 중심부에 타원형이나 직사각형의 녹지 공원이 있는 특이한 광장들, 차량이 좌측 방향으로 돌게 되어 있는 원형교차로 같은 것들이 있다. 좀더 작은 요소로는 전형적인 연립주택의 내부 구조, 영국만의 독특한 주유소, 런던 클럽, 라이온즈, 막스 앤 스펜서, 다리와 기차역 바깥에 부착한 광고판의 모양과 높이와 위치 등이 있다. 그리고 더 작은 세부 요소들로는 특이한 종류의 계단 난간동자, 조지 왕조풍 건물에 쓰인 5센티미터짜리 벽돌, 미국과 다른 주택 전체에 대한 욕실의 비율, 보도에 사용한 판석 등이 있다. 가장 세세한 요소를 들여다보면 영국의 독특한 수도꼭지 모양, 영국식 쇠창문에 달린 손잡이 종류, 전신주에 달린 절연재의 모양 같은 것을 발견할 수 있다.

다시 말하지만 각각의 경우 패턴들은 그곳에서 일어나는 모든 전형적인 사건들을 규정한다. 그래서 삶의 방식으로서의 '런던'은 런던 사람들이 창출했고, 그 패턴과 정확하게 부합하는 사건들로 가득 찬 패턴 안에 완전히 존재한다.

그리고 무엇보다 놀라운 것은, 건물과 도시를 만들어내는 패턴의 수

가 의외로 적다는 것이다.

사람들은 한 건물에는 1,000가지 정도의 패턴이 있고, 한 도시에는 수만 가지의 패턴이 있을 거라고 추측할 것이다.

하지만 사실 건물을 만드는 패턴은 본질적으로 열 가지 남짓밖에 안 된다. 그리고 런던이나 파리 같은 대도시를 이루는 패턴도 사실상 몇 백 가지에 지나지 않는다.

간단히 말해서, 패턴에는 무한한 힘과 깊이가 있어 거의 무한대의 변화형을 창조해낼 수 있다. 그것들은 헤아리기 힘들 정도로 심오하고 광범위해서 백만의 백만 가지 방식으로 조합할 수 있다. 그렇기 때문에 우리가 파리의 거리를 거닐 때 그 끝없는 변화에 압도되는 것이다. 그런데 이런 무한한 변화의 내면에 그것들을 만들어내는 심오한 불변의 요소가 있다는 것은 정말 놀라운 사실이다.

이런 의미에서 패턴은 지금까지 설명한 것보다 훨씬 더 깊고 강력한 힘을 가졌는지도 모른다.

몇 가지 안 되는 패턴으로도 우리는 막대한, 거의 헤아릴 수 없을 정도로 많은 변화형을 만들어낼 수 있다. 그래서 아무리 복잡하고 다양한 방식으로 지은 건물도 실제로 사용된 패턴은 몇 가지밖에 안 된다.

패턴은 인간이 만들어낸 세계의 원자^{atom}이다.

우리는 화학 수업 시간에 이 세계가 아무리 복잡하더라도 이를 구성하는 요소는 92가지에 불과하다고 배웠다. 화학을 처음 배우는 사람들에게는 이것이 놀라운 사실일 것이다. 그런데 원자의 개념은 계속해서 바뀌었다. 예전에는 원자가 당구공처럼 생겼을 것이라고 생각했지만, 지금은 입자와 파동의 특성을 모두 지니는 것으로 알려져 있다. 가장 '기본적인' 입자인 전자도 그 자체로 어떤 '물질'이 아니라 우주를 구성하는 물질 속의 잔물결ripple이라는 것도 알려져 있다.

하지만 이 모든 관점의 변화에도 원자의 활동 영역을 볼 때 그것들이 동일한 활동을 반복하는 존재라는 사실은 변함이 없다. 그리고 물리학에서 큰 변화가 온다고 해도, 미래의 어느 날 우리가 원자라고 불렀던 존재가 단지 더 깊은 영역에서의 잔물결에 불과하다는 사실을 깨닫게 된다 해도, 모종의 존재가 있다는 사실은 변함이 없을 것이다. 우리가 한때 원자라고 불렀던 존재에 해당하는 존재 말이다.

이와 마찬가지로, 이제 우리는 도시나 건물 같은 더 큰 규모를 생각할 때도 이 세상이 어떤 근원적인 '원자'로 이루어져 있다는 것, 그리고 각각의 장소는 몇 백 가지 패턴으로 만들어진다는 것, 그리고 아무리 어지러울 정도로 복잡한 것이라 해도 결국은 이런 몇 가지 패턴의 조합일 뿐이라는 것을 알게 되었다.

물론, 패턴은 장소와 문화, 시대에 따라 달라진다. 그것들은 모두 사람이 만든 것이기 때문에 문화의 영향을 받을 것이다. 그렇다 해도 우리가 사는 세계는 시대와 장소를 막론하고 본질적으로 수없이 반복되는 몇 가지 패턴들의 조합으로 이루어져 있다.

이런 패턴들은 벽돌이나 문 같은 구체적인 요소가 아니라 훨씬 더 심오하고 훨씬 더 유연하다. 그 패턴들은 표면 아래에서 변치 않고 존재하며, 건물이나 도시는 그것들을 통해서 비로소 만들어진다.

건물과 도시를 만들어내는 구체적인 패턴은
살아 있을 수도, 죽어 있을 수도 있다.
패턴들이 활기차게 살아 있다면 우리 내면의
긴장이 누그러져 우리는 자유로워진다.
하지만 패턴들이 죽어 있다면
우리는 내면의 충돌에서 벗어나지 못한다.

6

살아 있는 패턴

Patterns which are Alive

●

이제 우리는 모든 건물과 모든 도시는 패턴으로 만들어지고, 그 패턴은 구조 전반을 통해 반복되며, 그 구조에 특징을 부여하는 것도 바로 패턴이라는 것을 배웠다.

어떤 도시와 건물은 생명력으로 가득 차 있지만 어떤 건물과 도시는 그렇지 않다는 것을 우리는 직관적으로 느낀다.

만일 건물과 도시의 특징이 모두 패턴에서 나온다면 어떤 곳에서는 충만해 있고 어떤 곳에서는 결핍되어 있는 생명력이라는 깃도 패턴에 의해 결정된다고 할 수 있을 것이다.

이 장과 다음 장에서 우리는 패턴이 어떤 식으로 생명력이라는 특별한 의미를 창조하는지 살펴볼 것이다.

패턴들은 무엇보다 인간을 자유롭게 함으로써 생명력을 창조한다. 살아 있는 패턴은 사람들이 에너지를 발산함으로써, 그리고 스스로 활력을 찾게 함으로써 생명력을 창조한다. 반대로 죽어 있는 패턴들은 사람들이 절대 자유로워질 수 없는 환경을 만듦으로써 생명력을 질식시키고, 생명력의 의미를 파괴하고, 생명력의 싹을 짓밟아버린다. 이제 이런 결과가 어떤 원리를 통해 작동되는지 살펴보자.

사람이 살아 있다는 것은 의욕에 넘치고 자신을 있는 그대로 인정하고 내면의 힘에 부응하고 처해 있는 상황이 어떠하든 자유롭게 행동할 수 있다는 뜻이다.

이것이 3장에서 설명한 내용의 핵심이다.

이런 의미에서, 행복하다는 것과 살아 있다는 것은 거의 같은 의미이다. 물론, 살아 있는 사람이 항상 행복한 것은 아니다. 행복을 '유쾌한 기분을 느낀다'는 의미로 쓴다면 말이다. 기쁨의 경험은 슬픔의 경험으로 상쇄되는 법이다. 하지만 행복한 사람은 모든 경험을 깊이 있게 체험한다. 무엇보다 그 사람은 정서적으로 건강하다. 그리고 자신이 실재한다는 것을 의식하고 있다.

이런 의미에서 본다면 살아 있다는 것은 다른 것을 희생시킴으로써 어떤 힘이나 성향을 억압하는 것이 아니라, 인간 내면에서 일어나는 모든 힘들이 분출될 출구를 찾을 수 있는 상태이다. 이런 상태에 있는 사람은 자기 안에서 일어나는 여러 힘들 사이에서 균형을 이루며 살아간다. 내면에서 일어나는 그 힘들이 남들과 다르기 때문에 그도 남들과 다르다. 안에서 혼란스럽게 들끓으며 배출되지 못하는 힘들이 없기 때문에, 그리고 자신과 자신을 둘러싼 환경이 하나 되어 있기 때문에 그는 평화롭다.

이런 상태는 내면의 노력만으로는 도달할 수 없다.

널리 퍼져 있는 착각이 있다. 내면의 태도만 바꾸면 그렇게 살 수 있다는 생각이다. 이 주장에 따르면 어떤 사람에게 문제가 있다면 그 책임은 전적으로 그 사람 자신에게 있으므로 치료를 하려면 그 사람이 마음만 바꾸면 된다.

보통 사람들은 자신의 문제를 '다른 사람들' 때문이라고 쉽게 생각하기 때문에 이런 가르침도 어느 정도는 일리가 있다. 하지만 이런 생각은 일면만 보는 잘못된 시각이며, 인간은 환경의 영향을 거의 받지 않고 독립적으로 살아갈 수 있다는 오만한 신념을 강화하기도 한다.

사실 인간은 자신을 둘러싼 환경의 영향을 받아 형성되며, 심신의 조화는 전적으로 환경과 얼마나 조화를 이루느냐에 달려 있다.

어떤 물리적 환경이나 사회적 환경은 사람이 활력을 얻을 수 있게 도와주는 반면 어떤 환경은 그것을 매우 어렵게 만든다.

예를 들면, 어떤 도시에서는 일터와 가족들의 관계가 사람들을 살아 있게 만든다.

그런 곳에서는 일터가 주택들과 섞여 있고, 아이들은 어른들이 일하는 곳 부근을 뛰어다닌다. 가족 구성원들은 일터에서 일을 돕기도 하고, 일터로 가서 그곳에서 일하는 사람들과 점심을 같이 먹기도 한다.

사실 가족과 놀이는 일관된 흐름의 일부이고, 서로 좋은 영향을

일과 가족이 섞여 있다.

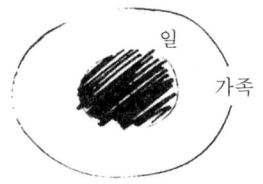

주고받는다. 아이들은 일하는 광경을 보며 어른들의 세계가 어떻게 돌아가는지를 이해하고, 주변 환경에 대해 전체적으로 일관된 시각을 갖게 된다. 어른들은 머릿속에서 노동과 다른 일들을 엄격하게 구분하지 않으면서도 놀고 웃으며 아이도 돌볼 수 있다는 것을 알게 된다. 남자들이나 여자들이나 마음만 먹으면 일을 하면서도 가족들에게 어느 정도 공평하게 관심을 쏟을 수 있다. 그런 곳에서 사는 사람들은 사랑과 일이 연결되어 하나가 될 수 있고, 그것들이 일맥상통하다는 것을 이해하고 느낄 수 있다.

반면 직장과 가정이 뚜렷하게 구분되어 있는 도시에서는 사람들이 내면의 충돌을 피할 수 없어 괴로움에 시달린다.

남자는 일도 하고 싶고 가족과 가깝게 지내고 싶기도 하다. 하지만 일과 가족이 분명하게 나뉜 도시에서는 이 두 가지 욕구 중 하나만 선택해야 하는 불가능한 선택을 강요받는다. 그는 가장 피곤할 때, 즉 퇴근해서 막 집에 돌아왔을 때 가족들로부터 엄청난 감정적 압박을 받는다. 그의 내면에서 부인과 아이들은 일상적인 삶의 일부가 아니라 '여가'나 '주말'이라는 단어와 동일시된다.

여자는 아이를 키우면서도 사랑스러운 여자가 되고 싶어 한다. 동시에 바깥 활동에 참여하면서 '세상 돌아가는 일'과 관계를 맺고 싶어 한다. 하지만 일과 가족이 극단적으로 분리되어 있는 도시에서 그녀도 불가능한 선택을 할 수밖에 없다. 전형적인 '주부'가 되든지 전형적인 남자처럼 '일하는 여성'이 되어야 하는 것이다. 여성으로서의 본성을 인식하면서도 바깥 세계에서 자신의 위치를 확보하는 것은 불가능한 일이 되어 버린다.

어린 소년은 가족들과 가깝게 지내면서 세상 돌아가는 이치를 알고 그곳을 탐험하고 싶어 한다. 하지만 일과 가족이 엄격히 분리되어 있는 도시에서는 그 아이도 불가능한 선택을 해야 한다. 가족에게 사랑스러운 아이로 남든가 세상을 경험하려는 무단결석자가 되어야 하는 것이다. 그 아이가 두 가지 상반된 욕구를 충족시킬 방도는 없다. 그래서 그는 결국 문제 청소년이 되어 스스로 가족들의 사랑을 완전히 팽개치거나 엄마 치맛자락에 매달리는 아이가 될 것이다.

마찬가지로 잘 가꾼 정원은 그 안에 있는 사람들을 살아 있게 만든다.
정원에서 발생하는 힘들을 살펴보자. 무엇보다, 사람들은 하늘 아래 앉아 별을 보고 햇볕을 즐기며 꽃을 심을 수 있는 사적인 실외 공간을 찾는다. 이것은 누구나 수긍하는 사실이다. 하지만 쉽게 알아채기 어려운 힘들도 있다. 예를 들어, 정원이 바깥을 내다볼 수도 없을 정도로 폐쇄적이면 사람들은 불편함을 느껴 그곳에 가지 않으려고 한다. 좀더 넓고 먼 공간을 내다보고 싶기 때문이다. 한편 사람은 습관의 동물이다. 일상생활을 하면서 날마다 정원을 지나다니면, 그 정원은 친숙하고 자연스러운 장소가 되어 사람들이 자주 이용하는 장소가 된다. 하지만 정원으로 가는 길이 하나밖에 없어서 거기에 '가고 싶을' 때만 갈 수 있다면 그곳은 친숙하지 않은 공간이 되어 자주 이용하지 않게 된다. 사람들은 친숙한 장소에 더 자주 가는 법이다. 또는 이런 면도 있다. 실내에서 나갔을 때 곧바로 바깥으로 이어지면 다소 당혹스러운 느낌을 받는다. 그것은 설명하기 힘든 느낌이지만 분명히 우리를 머뭇거리게 한다. 이럴 때 그 두 장소를 이어주는 공간, 예를 들어 지붕은 있지만 바깥으로 트여 있는 현관이나 베란다가 있다면, 이런 곳들은 심리적으로 실내와 실외의 중간적인 공간이어서 정원으로 가는 발걸음을 훨씬 쉽고 부담없게 만들어준다.

정원에서 바깥의 더 넓은 공간을 볼 수 있으면, 각자의 방에서 정원으로 곧바로 갈 수 있다면, 그리고 베란다나 현관이 있다면, 앞에서 말한 이런 힘들은 저절로 해소된다. 바깥을 바라보는 것은 바깥으로 나가는 일을 더 부담 없게 해주고, 정원으로 난 작은 길들은 그곳을 습관적으로 드나들게 해주고, 현관은 가벼운 마음으로 바깥으로 나가게 도와준다. 그래서 점차 그 정원은 기분 좋게 머물 수 있는 일상공간이 된다.

하지만 정원의 패턴이 밖으로 트여 있는 구조가 아니고 베란다와 작은 길도 없다면 그곳에서는 내부의 힘들이 충돌하여 누구도 혼자 힘으로 그것을 해소할 수 없다.

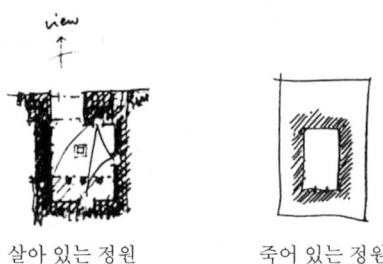

살아 있는 정원　　죽어 있는 정원

예를 들어 사방이 모두 담으로 둘러싸인 죽어 있는 정원을 생각해보자. 현관도 없고 실내와 실외를 이어주는 중간 공간도 없고 실내에서 정원으로 통하는 길도 오직 하나뿐이다.

그런 정원에서는 힘들이 서로 충돌한다. 사람들은 밖으로 나가고 싶어 하지만 소심함 때문에 쉽게 나가지 못한다. 바깥과 연결해주는 중간 공간이 있어야 하는데 그것이 없기 때문이다. 또한 정원에 계속 있고 싶어도 폐쇄적이고 답답한 구조 때문에 다시 집 안으로 들어가 버린다. 정원에 있고 싶지만 그곳을 가로지르는 작은 길도 거의 없어 그곳은 죽어 있는, 그래서 거의 발길이 닿지 않는 공간이 된다. 그런 곳은 사람들을 불러들이지 못하고, 죽은 나뭇잎과 돌보지 않는 화초로 가득 차게 된다. 이러한 정원은 사람들을 활기차게 만드는 것이 아니라 긴장을 유발하고 의욕을 꺾으며 계속해서 내면의 충돌을 불러일으킨다.

창문에서도 똑같은 현상이 일어난다. '창가'라는 패턴에서는 창문이 사람들을 살아 있게 만든다.

퇴창bay window이 딸려 있거나 창 옆에 앉을 공간이 있거나 선반이 있거나 통유리로 된 작은 알코브alcove가 있는 방이 얼마나 아름다운지는 누구나 알고 있다. 이런 종류의 방을 특히 아름답다고 느끼는 것은 그저 별난 취향이 아니다. 그런 느낌에는 근원적이고 체계적인 근거가 있다.

어떤 거실에 한동안 있다 보면 여러 가지 힘 중에서 다음 두 가지가 영향을 미칠 것이다.

첫째, 우리에게는 빛을 향해 가고 싶은 성향이 있다. 인간은 향광성向光性이기 때문에 빛이 드는 곳에 자리 잡고 있을 때 편안함을 느끼는 것이다.

둘째, 우리가 어떤 방에 조금이라도 오래 있어야 한다면 틀림없이

특성

편안하게 앉고 싶을 것이다.

어떤 방에 하나의 '장소'라 할 수 있는 창문이 있다면 그리고 창가의 의자, 퇴창, 좋아하는 의자를 끌고가 바깥을 내다보고 싶게 만드는 넓고 낮은 창턱, 창문 옆의 선반, 또는 통유리로 된 알코브가 있다면 우리는 위의 두 가지 힘에 부응하여 우리 내면에 있는 힘의 충돌을 해소할 수 있다. 간단히 말해 마음이 편안해진다.

하지만 '창가'가 없는 방, 즉 창문이 그저 '구멍'일 뿐인 방에 들어간다면 우리 내면에는 해소할 길 없는 절망적인 충돌만 일어난다.

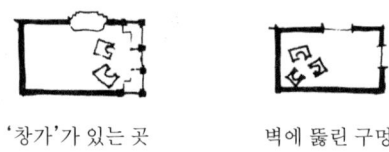

'창가'가 있는 곳   벽에 뚫린 구멍

만일 창문이 벽에 뚫린 구멍에 지나지 않는다면, 그리고 창문 부근에 어떤 공간도 없다면, 하나의 힘은 우리를 창문으로 끌고 가려 하고 다른 하나의 힘은 우리를 편안한 의자와 탁자가 있는 방 안의 보통 '공간'으로 끌고 가려 할 것이다. 그 방에 있는 한 이 두 가지 힘은 계속 우리를 밀고 당긴다. 우리로서는 그 힘들이 우리 안에 일으킨 충돌을 막을 방도가 없다. 이것으로 보아 '창가'를 갖춘 방이 아름답다는 본능적인 지식을 희한한 미적 취향으로 치부할 수 없을 것이다.

그러한 지식은 '창가'를 갖추지 않은 방은 실제로 명백한 구조적 긴장으로 가득 차 있고, '창가' 덕분에 이런 긴장이 없는 방은 단순히 구조적 관점에서 보더라도 더 살기 좋은 공간이라는 사실을 본능적으로 드러낸 것이다.

몇 가지 예를 통해 우리 내부의 충돌을 해소하는 패턴과 그 해소를 가로막는 패턴을 살펴봤다.

각 사례에서 첫 번째 패턴은 우리 스스로 내부의 긴장을 해소하게 만든다. 우리에게 아무것도 강요하지 않고, 있는 그대로의 모습으로 우리 내부의 힘을 해소하게 해주는 것이다.

반면, 두 번째 패턴은 우리 내부의 힘을 스스로 해소하는 것을 가로막는다. 우리는 편안해지기 위해 내부의 힘을 해소하려 하지만, 패턴이 그것을 불가능하게 만드는 것이다. 우리는 불편함을 조금이라도 덜어보려고 덫에 걸린 쥐처럼 이리저리 몸을 뒤척인다. 하지만 아무런 방법이 없다. 그래서 일과 가족을 하나로 만들 방도를 찾지 못하고, 정원을 즐겁게 거닐지 못하고, '창가'가 없는 방에서 마음 편히 앉아 있을 수도 없다. 이런 환경에서는 쉽게 발걸음을 떼지 못하고 평온함을 누리지 못한다. 그래서 지속적인 스트레스에 시달린다.

물론, 스트레스와 갈등은 정상적이고 건강한 삶의 일부이다.

살아가면서 우리는 늘 문제에 부닥치거나 갈등을 겪는다. 그리고 그때마다 몸은 그 갈등에 대처하고 그것을 해결하기 위해 '스트레스' 상태에 돌입한다.

이 효과는 생리학적인 것이다. 우리 몸 안에는 스트레스를 만들어내는 독특한 생리학적 메커니즘이 있다는 말이다. 이 메커니즘에 따라 우리 내부에서는 고도로 치밀한 준비 상태가 이루어진다. 즉 아드레날린 분비량이 늘어나고, 신경이 더 날카로워지고, 심장박동이 빨라지고, 근육이 더 긴장하고, 뇌로 유입되는 혈액량이 증가하고, 정신적 경계 상태가 된다. 난관이나 갈등에 부딪히게 되면 이렇게 고도로 예민해지는 상태, 즉 우리가 '스트레스'라고 부르는 상태가 된다. 우리가 문제를 풀거나 어려운 난관을 헤쳐나가기 위해 반응해야 하는 상황이 모두 여기에 해당한다.

보통 상황이라면, 어려움을 해결하고 위협에 대처하고 갈등을 해결하면 스트레스는 사라지고 모든 것이 정상적인 상태로 돌아간다. 이런 일반적인 의미에서 본다면 스트레스와 갈등은 일상적이고 건강한 삶의 일부이다. 어떤 생명체가 스트레스를 받지 않으려면 갈등이나 어려움이 전혀 없는 환경에서 살아야 하는데, 그런 환경에서라면 어떤 생명체든 기능이 쇠퇴하여 죽어버릴 것이다.

하지만 충돌하는 힘들을 해소하지 못하게 하는 패턴은 우리를 끝없는 갈등상태에 가둬둔다.

일과 가정생활이 분리된 세계에 살고 있다면, 또는 정원에 접근하기가 꺼려지는 집이나 창문이 벽에 뚫린 구멍에 불과한 집에 살고 있다면, 우리는 늘 내부의 힘이 충돌하면서 생기는 스트레스에 시달린다. 절대 편히 쉴 수가 없는 것이다. 그렇게 되면 우리는 어떤 방법으로도 그 긴장을 해소할 수 없고 문제와 갈등을 해결할 수 없는 세계에 살게 된다. 이런 세계에서는 갈등이 사라지지 않는다. 그것들은 우리한테 달라붙어 들볶고 긴장시킨다. 스트레스는 아무리 작은 것이라도 계속 커지면서 우리 안에 남아 있다. 그래서 우리는 항상 날카로운 마음과 심한 스트레스와 더 많은 아드레날린에 시달리게 된다.

이런 스트레스는 아무 쓸모도 없이 우리 몸의 에너지를 고갈시킬 뿐이다. 항상 스트레스 상태에 있는 몸이 새로운 스트레스 상태에 돌입하려 할 때는 이미 힘이 어느 정도 '소진'된 상태이다. 그래서 실제로 새로운 문제나 위험, 갈등에 대처하는 능력이 떨어진다. 평상시에도 몸이 늘 스트레스를 받고 있어 끊임없이 에너지를 소모하고 있기 때문이다.

그래서 아무 기능을 하지 못하는 창문, 죽은 정원, 위치 선정이 잘못된 일터 등의 '나쁜' 패턴들은 끊임없이 우리에게 스트레스를 주고 우리를 갉아먹고 해악을 끼친다. 실제로 이런 패턴들은 끊임없이 우리를 위축시키고 넘어뜨리고 새로운 문제에 대처하는 능력을 떨어뜨리고 살아갈 힘을 빼앗으며 우리를 죽어가게 만든다.

반면에 정확하게 지어진 '좋은' 패턴은 우리를 살아 있게 만든다. 우리 안의 갈등을 우리 힘으로 해소하도록 도와주기 때문이다. 좋은 패턴을 만나면, 새로운 난관과 문제에 부딪히더라도 항상 기운이 넘친다. 또한 우리 자신도 끊임없이 새로워지고 삶의 활기를 얻는다.

결국 분명한 사실은 주어진 공간에서 우리가 얼마나 활력을 얻을 수 있는지를 패턴들이 구체적이고 실질적으로 결정한다는 것이다.

어떤 패턴은 사람들이 갈등을 스스로 해결할 수 있는 환경을 조성함으로써, 내면의 충돌을 감소시켜 새로운 문제를 해결할 힘을 얻고 좀 더 활기 있게 살아가게 한다.

반면에 어떤 패턴은 사람들이 제 힘으로 해결하지 못할 갈등에 부딪치는 환경을 조성함으로써 스트레스를 증가시키고 여러 가지 갈등과 문제 해결 능력을 앗아간다. 그래서 사람들은 생기를 잃고 무기

력해진다.

그런데 패턴은 우리에게 활기를 주는 도구일 뿐 아니라 그 자체로 살아 있거나 죽어 있을 수 있다.

활기를 주거나 활기를 앗아가는 존재로서의 패턴이라는 개념도 중요하긴 하지만 그것만으로는 부족하다. 앞 몇 페이지의 설명만 보면 좋은 패턴이라는 것이 단지 '우리'에게 좋은 것을 의미하는 것처럼 느껴질 수도 있다. 하지만 이런 단순한 시각으로 보면, 과거에 그토록 많은 해악을 가져온 인간 중심의 관점으로 귀결된다. 그리고 무엇보다 그런 생각은 결국 다음과 같은 잘못된 생각을 불러일으킨다. '흠, 그것이 우리에게 이익을 줘야 한다면, 우리에게 필요한 건 우리가 결정해야겠군.' 이렇게 되면 온갖 독단적인 행태가 벌어질 것이다.

이제 우리를 둘러싸고 있으면서 우리를 편안하게 해주는 무명의 그 특성이 인간을 '위해서' 존재하는 것이 아니며, 의도적인 노력으로도 그렇게 만들 수 없다는 것을 깨달아야 할 때다.

좋은 패턴이 좋은 것은 그 패턴들이 어느 정도 무명의 그 특성에 가까운 성질을 갖고 있기 때문이다.

'우리'에게 좋은 것이라는 기준은 결코 패턴의 일반적인 기준이 될 수 없다. 분명히 바다나 사막, 숲의 생명을 조화롭게 이어나가는 데 핵심적인 역할을 하는 패턴이 수없이 존재하는데, 그 패턴들이 우리들에게 직접적인 이익을 주는 것은 아니지 않은가.

만일 좋은 패턴의 유일한 기준이 '인간'에게 좋은 것이라면, 우리는 호수에 이는 잔물결이나 바다에서 밀려와 부서지는 파도를 보면서 잔물결이 먹을 만한 물고기를 낚는 데 도움이 되는지 또는 파도소리가 마음에 드는지의 여부에 따라 그 패턴이 좋은지 나쁜지를 판단해야 한다. 이것은 정말 말도 안 되는 기준이다.

어떤 패턴들은 적절한 조건, 즉 패턴들이 본질적으로 살아 있다는 조건 안에서 쉽게 긴장을 해소하며, 이런 점 때문에 그 패턴들이 훌륭하다고 하는 것이다. 그리고 이는 집의 정원뿐 아니라 파도라는 패턴에도 해당하는 말이다.

바람 부는 사막에서 볼 수 있는 물결 모양의 모래언덕을 생각해보자.

풍속이 어느 정도든 바람이 불면 모래알갱이들은 공중에 떠서 몇 인치쯤 옮겨간다. 가는 모래는 다소 멀리까지 날리고 좀 굵은 모래는 조금밖에 가지 못할 것이다. 사막에서는 어디든 주위보다 약간 높은 울퉁불퉁한 지대가 있기 마련이다. 그리고 바람이 모래를 휩쓸어갈 때 허공에 떠서 날아가는 것은 그 작은 언덕 꼭대기의 알갱이들이다. 그러므로 어떤 속도로 불더라도 바람은 모래들을 대충 비슷한 거리만큼 옮겨놓는다. 그래서 바람은 첫 번째 언덕에서 일정한 거리를 두고 그것과 평행한 두 번째 언덕을 만들어놓을 것이다. 마찬가지로 새로 생긴 모래언덕도 바람에 굳게 버티지 못하고, 꼭대기에 있는 모래들이 다시 바람에 날려 다른 모래언덕을 만든다. 이 모래언덕도 비슷한 거리만큼 떨어지고, 이 과정은 계속 되풀이된다.

이런 패턴은 우리가 식별할 수 있으며 지속적으로 발생한다. 모래와 바람을 관장하는 법칙에 충실히 따르기 때문이다.

적절한 환경만 주어지면, 이 패턴은 모래사막에 바람이 불 때마다 계속해서 똑같이 반복된다.

 이 패턴의 미덕은 특정한 목적의식을 따르는 것이 아니라 내부의 힘에 충실하게 부응한다는 사실에 있다.

꽃과 바람, 동물이 완벽한 조화를 이루는 정원도 마찬가지다.

예를 들어 이런 과수원을 떠올려보라. 햇볕을 받아 땅이 따뜻해지고, 호박이 자라고, 벌들은 사과 꽃에 수분受粉을 하고, 지렁이들은 땅속에서 공기를 순환시키고, 사과나무의 낙엽은 땅을 기름지게 하는 곳. 이런 패턴은 수천 개의 다른 과수원에서도 수백 번 반복된다. 그리고 이것은 영원한 생명의 원천이다.

 하지만 이 패턴의 생명은 '우리'에게 주는 어떤 이로움이 아니라 자신을 영속시키는 조화로움에 있다. 그 조화로움 안에서 각 과정은 다른 과정이 지속되도록 뒷받침해주고, 다양한 힘과 과정의 전반적인 시스템은 자신을 무너뜨릴 불필요한 힘을 전혀 만들어내지 않으면서 끊임없이 반복된다.

간단히 말해 패턴이 살아 있다는 것은 패턴이 안정적이라는 말과 비슷하다.

2장에서 예로 든 침식하는 골짜기와 이 과수원의 패턴을 비교해보자. 그 골짜기는 안정적이지 않다. 그곳에서 일어나는 작용이 골짜기 자체를 서서히 파괴하기 때문이다. 하지만 위의 과수원 패턴에는 무명의 그 특성이 있어서 그곳에서 일어나는 작용이 과수원을 계속 살아 있게 만든다.

 여러분은 이런 의문이 들 것이다. 그렇다면 암癌은 어떤가? 암도 자체의 힘으로 유지되니 안정적이지 않은가? '일부'만 생각하면 이것은 사실이다. 하지만 암은 오직 '자기 자신'만 유지한다. 그리고 자기 자신을 유지하기 위해 결국 주변에 있는 것들, 심지어 자신이 의지하고 있는 바로 그 생명체까지 파괴해야 한다. 그리고 그 주변을 파괴함으로써 끝내 자기 자신까지 파괴한다.

영원히 안정적인 것은 없다는 것이 사실이라 할지라도, 그리고 만물은 결국 변화한다는 것이 진리라 할지라도 정도의 차이는 엄청나다. 살아 있는 패턴이 장구한 세월 동안 유지되는 이유는, 짧게 보면 자기 자신을 파괴하는 작용을 하지 않기 때문이고, 길게 보면 자기 주변을 파괴하는 작용을 하지 않기 때문이다. 그렇게 유지되는 패턴에는 생명력이 있다. 자신의 내부 구조를 통해 스스로를 지탱하고 생명을 유지할 만큼 지극히 조화롭기 때문이다.

이런 원리는 인간 영역의 패턴에서도 나타나는데, 이 패턴들의 특성은 목적이 아니라 본질적인 안정성에 있다.

인간 사회의 두 가지 패턴을 살펴보자. 우선 그리스의 한 마을을 생각해보자. 이 거리의 모든 집들은 바깥에 1.2-1.5미터 폭으로 흰색 도료가 칠해져 있다. 반쯤은 집주인의 영역이고 나머지 반은 도로에 속하는데, 사람들은 이 공간에 의자를 내놓고 앉아 주변의 세상살이에 참여한다.

다음으로 로스앤젤레스에 있는 실내 카페를 생각해보자. 이 카페는 인도에서 떨어져 안쪽에 자리 잡고 있다. 음식이 오염되는 것을 막기 위해서다.

이 두 가지 패턴에는 모두 목적이 있다. 하나는 사람들을 거리의 삶에 참여시켜 그곳의 일부가 되게 하는 것이다. 활동 영역을 표시함으로써 그들은 원하는 만큼만 참여할 수 있다. 다른 하나는 음식이 먼지에 오염되는 것을 막음으로써 사람들의 건강을 지키는 것이다. 하지만 이 두 패턴 중 하나는 살아 있고 다른 하나는 죽어 있다.

하나는 물결 모양의 모래언덕처럼 자신을 유지하고 치유한다. 패턴이 내부의 힘과 호응하고 있기 때문이다. 하지만 다른 하나는 규칙의 힘에 의해서만 유지될 수 있다.

흰색 도료를 칠한 영역은 사람들의 삶에 내재된 힘과 조화를 이루고, 사람들의 감정과도 조화를 이루기 때문에 계속 유지된다. 회칠을 한 부분이 더러워지고 지워지더라도 사람들은 변함없이 그 자리를 지킨다. 그 패턴이 자신들의 생활과 깊은 연관을 맺어왔기 때문이다. 외부 사람들이 보면, 회칠을 한 부분이 마치 보이지 않는 힘에 의해 유지되는 것 같다.

로스앤젤레스에 있는 실내 카페는 정반대다. 그것은 사람들 내부의 힘에 전혀 호응하지 않고, 규칙의 힘에 의해서만 지속될 수 있다. 카페 내부의 힘에 호응하면 카페 자체가 서서히 쇠퇴하여 사라질 것이기 때문이다. 사람들은 봄에는 바깥에 나가 있기를 원하고, 트인 장소에서 지나가는 사람들을 바라보면서 맥주나 커피를 마시고 싶어 한다. 하지만 그들은 공중위생이라는 규칙에 의해 카페 안에 갇혀 있다. 그런 상황은 자기 존재를 파괴한다. 그 상황을 유지하고 있는 규칙이 사라지는 순간 상황이 변하기 때문이기도 하지만, 좀더 정확히 말하면 그 상황이 끊임없이 내부의 갈등을 만들어내고 (앞에서 말한) 스트레스의 저장고를 만들어내기 때문이다. 이 저장고는 불안정해서 곧 거대한 종기처럼 부풀어 오르거나 파괴 또는 불협화음을 초래하게 마련이다.

간단히 말해서, 패턴은 자기 내부의 힘이 저절로 해소될 때 생명력을 가진다.

그리고 자기 내부의 힘을 해소할 수 있는 구조를 만들지 못할 때, 그래서 해소되지 않은 그 힘의 공격을 받을 때 그 패턴은 결국 죽는다.

   이것이 앞에서 예로 든 두 패턴의 차이점이다. 두 가지 모두 인간의 '목적'과는 아무 관련이 없다.

   사람의 발길을 끄는 정원의 패턴이 중요한 이유가 여기에 있다.

살아 있는 정원의 특성은 자기 보존 능력이며, 이것이 그 정원을 살아 있게 만드는 핵심 요인이다.

시간이 흐름에 따라 살아 있는 그 정원도 성장한다. 그리고 점점 더 많은 변화가 일어난다. 사람들이 그 정원에 있는 것을 좋아하기 때문에, 그들은 그곳에 꽃을 심고 돌본다. 정원 벤치에 정기적으로 페인트도 칠해준다. 정원에 아무도 없을 때 가더라도 우리는 그곳에서 어떤 생명을 '느낀다.' 누군가가 그 정원을 돌보고 있다는 것을 감지할 수 있기 때문이다.

   하지만 생명이 없는 정원은 시간이 지남에 따라 점점 더 잊힌다. 아무도 그곳으로 나가려 하지 않는다. 그래서 벤치의 칠은 벗겨지고 자갈길에는 잡초가 돋는다. 그곳에 조각상이 서 있더라도 왠지 방치됐다는 인상을 준다. 완전한 정원은 점점 더 풍요롭고 완전해지지만, 불완전한 정원은 갈수록 퇴색하여 결국 생명을 잃고 만다.

이제 우리는 살아 있는 정원의 완전함이 정원 외적인 요인인 여러분이나 나 혹은 그곳에 사는 사람들이 만들어낸 인간 중심의 가치와는 무관하다는 것을 알게 되었다. 정원이 완전한 것은 정원 자체의 본질에 충실하기 때문이다.

이제 우리는 이 논의가 어떻게 마무리될 것인지를 알게 되었다.

삶에서 가장 몰입하고 가장 행복하고 가장 열정적일 때는 우리가 무명의 그 특성을 지닌 때이다.

그 힘이 우리 내부에서 자유롭게 흐를 때, 서로를 지나쳐 돌아다닐 때, 안에 갇혀 충돌하는 힘을 해방시킬 때 우리에게 무명의 그 특성이 발현된다.

하지만 이런 자유, 이런 투명함이 우리 안에서 일어나려면 우리가 사는 환경도 그 내부의 힘을 느슨하게 풀어주는 패턴이어야 한다. 우리가 우리 내면의 힘을 풀어줄 때 자유로워지는 것처럼, 우리가 머무는 장소도 그 내부의 힘(여기에는 우리 내면에서 일어나는 힘도 포함된다.)이 억압되지 않고 해소될 때 자유로워지기 때문이다.

세상을 구성하는 패턴들이 무명의 그 특성을 얼마나 품고 있느냐에 따라 우리 안에 있는 무명의 그 특성, 활력, 삶에 대한 갈망도 그만큼 달라진다.

살아 있는 패턴은 우리 안에 있는 이 무명의 특성을 해방시킨다.

그런데 우리 안에 있는 무명의 특성을 해방시킬 수 있는 것은 본질적으로 패턴들 그 자체에 이 무명의 특성이 있기 때문이다.

하나의 방, 하나의 건물, 하나의 도시에
살아 있는 패턴이 많이 있을수록
그곳은 완전한 장소가 되어 활력이 더 넘치고,
더 빛나고, 자기 보존 능력이 더 견고해진다.
이것이 무명의 그 특성이다.

7

살아 있는 패턴의 다양성

The Multiplicity of Living Patterns

●

 살아 있는 패턴은 스스로의 긴장을 해소하고 자신을 보존하며 자체의 힘으로 새로워진다. 그리고 그 패턴 내부의 힘들은 지속적으로 그 패턴을 떠받친다.
 이제 우리는 이것이 더 총체적인 효과의 특별한 한 가지 사례에 불과하다는 것을 알게 될 것이다. 이 효과 덕분에 도시와 건물의 패턴들은 서로를 뒷받침해주고, 그러면서도 각각의 패턴은 살아 있으며, 자신의 생명력을 주위에 퍼뜨린다.
 여러 패턴들이 공존하는 '건축물architecture'이라는 시스템을 생각해보자.

예를 들어 어떤 건물이 50가지 패턴으로 이루어져 있다고 하자.

이 패턴들은 전체적으로 그 건물을 규정한다. 전체적인 구조, 방들의 배치, 천장을 이루는 방식, 창문의 전반적인 위치, 건물을 세우는 방식, 기초, 지붕, 창문, 장식 등이 그 패턴들에 따라 정해진다.
 이 50가지 패턴은 사실상 모든 점에서 건물의 물리적 구조를 규정하는데, 사람들 사이에서 일어나는 사건이든 사람과 무관하게 일어나는 사건이든 그 건물에서 반복적으로 일어나는 사건들도 그 패턴들에서 나온다.

이 50가지 패턴들은 하나하나가 살아 있을 수도 있고 죽어 있을 수도 있다.

더 정확히 말하면, 패턴들 각각은 상대적으로 좀더 활기가 있거나 활기가 없다고 하는 것이 맞을 것이다. 정도의 차이인 것이다. 하지만 어쨌든 이 50가지 패턴 중 어떤 것은 상대적으로 안정적이면서 자기 보존 능력이 있을 수 있고, 어떤 것은 상대적으로 불안정하고 자기 파괴적일 수 있다.

이 50가지 패턴 중 몇 가지가 '죽어 있는' 패턴에 가깝다면 어떤 일이 벌어질지 생각해보자.

'죽어 있는' 패턴들은 자기 내부의 힘을 균형있게 유지하고 보존할 수 없다. 그러면 어떤 일이 벌어질까? 이 힘들이 그 패턴들의 경계 밖으로 새어나와 다른 패턴에까지 해를 끼치기 시작한다.

예를 들어, 기둥과 보의 구조 특히 이 둘이 만나는 곳에 버팀대나 기둥머리가 없는 구조라는 패턴을 생각해보자.

어느 구조에서나 하중이 있는 패턴에는 압력이 다른 지점이 몇 군데 있다. 어떤 지점은 구조상 아주 높은 압력을 받는다. 기둥과 보가 직각으로 만나는 지점도 여기에 속한다. 이런 구조에서 압력의 크기가 그 재질이 견딜 수 있는 한도를 넘어서면 작은 틈이 생기기 시작한다. 그 틈은 한 지점에서 점차 퍼져나가며 주변 다른 지점의 구조까지 약화시킨다. 그때까지는 그 시스템의 자기 파괴적 특성이 순전히 물리적인 면에서만 일어난다. 하지만 점차 다른 유형의 부작용이 나타나기 시작한다. 그 작은 틈은 모세관 작용에 따라 수분을 흡수하고 속으로 스며든 수분은 하중을 떠받치는 능력을 더욱 약화시킨다. 기온이 떨어져 얼음이 얼면 부피가 팽창하면서 틈이 더 벌어진다. 약해진 지점에 하중이 집중되면서 손상은 더 심해지고, 그에 따라 구조물은 점점 허물어진다.

지나치게 폐쇄적인 정원 패턴도 생각해보자.

살아 있는 정원에서는 우리가 건강해진다. 우리는 밖으로 나가고 싶을 때 나가고, 정원은 보살핌을 받고, 그에 따라 우리는 거기에 더 있고 싶어진다. 우리는 정원에 있든 실내에 있든 편안하고 자유롭다.

죽어 있는 정원에서는 이런 일이 전혀 일어나지 않는다. 밖으로 나가려고 해도 그 정원이 거부하기 때문에 의욕은 꺾이고 만다. 우리 내면에는 밖으로 나가려는 힘이 남아 있기 때문에 어떻게든 나가야 하는데, 죽은 정원에서는 그것을 해소할 방도를 찾지 못한다. 우리 힘으로 그 상황을 해결할 수 없는 것이다. 해결하지 못한 갈등은 보이지 않는 곳에 숨어서 스트레스를 계속 증가시킨다. 우선, 이런 상황은 다른 갈등을 해결할 수 있는 우리의 능력을 약화시키고, 해결되지 않은 힘이 다른 상황에까지 악영향을 끼친다. 둘째, 해결되지 않은 그 힘이 넘쳐흐를 경우 그것은 배출구가 전혀 없는 다른 상황에 더 큰 긴장을 불러일으킬 수 있다.

예를 들어 밖으로 나가고 싶은 사람들이 정원 대신 트럭이 지나다니는 길가에 앉아 있다고 생각해보자. 그것도 나쁘지는 않다. 하지만 어린아이들은 다칠 우려가 있다. 행여 다치지 않는다 해도 아이의 어머니는 그럴까봐 걱정하면서 소리를 질러 아이에게 불안감을 계속 주입한다. 그래서 그 아이는 제대로 놀지 못하게 된다. 어떤 식으로든 그 효과는 퍼져나가게 마련인 것이다.

이렇게 말하는 사람도 있을지 모르겠다. 사람들은 상황에 적응하게 마련이라고. 하지만 사람은 적응하는 과정에서 일정한 부분을 희생하게 된다. 인간의 적응력이 아주 강한 것은 사실이다. 하지만 적응하면서 어쩔 수 없이 자신을 상하게 한다. 적응 과정에서 그만한 대가를 치러야 하는 것이다. 예를 들면, 그 아이는 책에 눈을 돌림으로써 상황에 적응할 수도 있다. 거리에서 놀고 싶은 욕구가 위험한 환경과 엄마의 야단치는 소리에 순응하게 된 것이다. 그럼으로써 그 아이는 밖에서 뛰어놀고 싶다는 생기발랄한 욕구를 어느 정도 잃어버리게 된다. 상황에는 적응했지만 그 과정에서 아이의 삶에서 풍요로움과 건강함이 줄어든 셈이다.

'나쁜' 패턴은 그 안에서 일어나는 힘들을 담고 있을 능력이 없다.

결국 이 힘들은 주변의 다른 시스템으로 흘러넘친다. 기둥과 보 연결부의 틈이 시간이 지남에 따라 벽에 수분으로 인한 피해를 입히는 식이다. 그리고 실패한 정원은 아이들을 길거리에서 뛰어놀게 만들어 스트레스와 위험에 노출시킨다.

그뿐 아니라 이런 힘들은 가까운 다른 패턴들까지 실패하게 만든다. 거리라는 패턴은 아이들이 뛰어놀 만한 장소로 보기는 힘들다. 그래서 이 힘이 아니었다면 균형을 이뤘을 거리의 패턴은 갑자기 불안정하고 부적절한 장소가 되어 버린다.

그리고 벽과 보의 연결 패턴은 원래는 보 위쪽에서 흘러내려 보로

스며드는 물과는 아무 관련이 없어 보였지만 돌연 불안정하고 부적절한 패턴이 되어버렸다. 상황이 변했고 균형을 맞춰야 하는 힘도 변했기 때문이다.

결국 전체 시스템은 붕괴한다.

처음 불안정한 패턴에서 나온 힘의 범람과 그로 인해 야기된 가벼운 스트레스는 먼저 가까운 패턴들로 전파된다. 그리고 이 가까운 패턴들까지 불안정하고 파괴적으로 변함에 따라 더 먼 데까지 퍼져간다.

자생적이면서 내부의 힘들과 균형을 이루고 있던 정교한 구조는 이런저런 이유로 방해를 받는다. 원래의 상태를 유지하는 것이 어려워지고, 그 구조가 더 이상 재생되기 힘든 상황에 놓이게 되는 것이다.

그러면 이 시스템 내의 힘들은 어떻게 되겠는가?

자생 능력이 있는 균형 잡힌 구조가 유지되는 한 그 힘들도 균형을 유지한다.

하지만 일단 그 구조가 균형을 잃게 되면, 이 긴장된 힘들은 걷잡을 수 없이 무질서해진 채 시스템 안에 남아 있기 때문에 결국 전체 시스템이 무너진다.

반대로 건물을 구성하는 50가지 패턴 하나하나가 살아 있고 자체적으로 내부의 힘을 해소한다고 생각해보자.

이런 경우에는 정반대의 상황이 벌어진다. 각각의 패턴은 내부의 힘들을 완전히 둘러싸서 그 안에 담고 있다. 그 시스템 안에 불필요한 힘은 전혀 없다. 이런 환경에서는, 일어나는 사건들이 모두 충돌 없이 조화를 이룬다. 패턴 내의 힘들이 제 역할을 하면서 스스로 긴장을 해소하기 때문이다.

각 패턴은 다른 패턴들이 제 역할을 하도록 도와준다.

무명의 그 특성은 외딴 패턴 하나가 존재한다고 해서 생기는 것이 아니라 전체 시스템 내의 패턴들이 여러 단계를 거치며 상호 의존함으로써 그 시스템이 안정적으로 살아 있을 때 생기는 것이다.

바람이 부는 곳에 모래를 자연스럽게 흩뿌려놓으면 어디서나 모래가 물결모양을 나타낸다.

하지만 바람이 바다를 건너고 내륙의 습지를 지나 모래의 물결이 바다와 육지 사이에 모래언덕을 만든 곳, 도요새가 걸어다니고 모래 벼룩이 뛰고 도요새가 살아가는 잔디에 모래언덕의 이동이 가로막힌다면, 이 세계의 어느 곳에선 동시에 여러 영역에서 활기가 넘치는 무명의 그 특성이 생기기 시작했다고 볼 수 있다.

한 패턴의 개별 구조가 살아 있으려면 그것을 보조해줄 다른 패턴들이 있어야 한다.

예를 들어, '창가'에 안정감과 생명력이 있으려면 이 패턴과 연관되어 있으면서 이를 뒷받침해줄 다른 수많은 패턴들도 살아 있어야 한다. 시선의 문제와 땅과의 연결 문제를 해결해줄 '낮은 창턱Low Windowsill', 바람이 들어오게 하고 사람들이 기대서 바깥바람을 쐴 수 있게 해줄 '여닫이창Casement Window', 창문이 실내와 바깥을 밀접하게 연결할 수 있게 해줄 '작은 창유리Small Panes' 등의 패턴이 필요하다는 것이다.

만일 작은 긴장을 해소하는 이런 소규모 패턴들이 존재하지 않다면 이 패턴은 제 역할을 하지 못한다. '창가'라는 패턴이 높은 창턱과 열 수 없게 만들어진 창 그리고 거대한 유리창으로 되어 있다고 생각해보라. 거기에는 수많은 하위의 힘들이 상충하고 있어 그 패턴이 제 역할을 하지 못한다. 해소해야 할 특정한 긴장 구조를 해결하지 못하기 때문이다. 어떤 상황이 균형을 찾으려면 그 상황이 속해 있는 더 큰 패턴과 그 상황을 구성하고 있는 더 작은 패턴이 모두 살아 있어야 한다.

건물의 입구가 완전해지는 데도 많은 패턴들이 서로 협력해야 한다.

완전한 입구를 상상해보라. 나는 웅장한 건물로 들어가는 입구를 이런 식으로 상상한다. 그것이 완전하려면 적어도 이런 요소를 갖추고 있어야 한다고 보는 것이다. 윗부분의 하중을 아래로 가져오는 아치나 보, 내리누르는 힘을 아래로 전달하고 입구의 가장자리를 표시하는 요소들에 깃든 무게감, 통로를 통해 실내로 들어가는 순간 빛이 변화한다는 것을 느낄 정도의 충분한 깊이감, 입구라는 것을 명확히 알려주면서 밝은 인상을 주는 아치 주변의 장식, 그리고 양쪽의 기단에 돌출된 '발' 같은 곳, 즉 걸터앉을 만한 곳이나 기둥의 받침돌처럼 입구의 양쪽 요소를 땅과 연결하여 하나로 만들어주는 곳이 그것이다. 이런 요소를 갖췄다면 이 입구는 완전하다고 할 수 있다. 여기에서 조금이라도 부족하다면 완전하다고 할 수 없다.

내가 대충 스케치한 이런 패턴 구조는 어느 정도 큰 건물의 입구에 필요한 토대이다. 그리고 이런 패턴들은 하나의 시스템을 이루며 서로 의존한다. 각각의 패턴을 나름대로 어떤 긴장을 해소하는 독립된 구조로 볼 수 있다는 것은 사실이다. 하지만 동시에 몇 개의 이런 패턴이 모여 하나의 완전한 구조를 만들고, 그것이 하나의 시스템으로 작용한다는 것도 사실이다.

동네도 마찬가지다.

이 경우 사람들 사이에서 일어나는 일들에 좀더 기인하고 있지만, 여기에도 대략 분류할 수 있는 몇 가지 패턴이 있다. 우리가 한 동네를 온전히 경험할 수 있으려면 이 패턴들은 반드시 함께 존재해야 한다.

동네의 경계는 다소 명확하다. 그리고 동네 입구는 그보다는 명확하지 않지만 자연스럽게 자리 잡고 있는데, 그곳에서는 동네의 안과 밖을 연결하는 통로가 경계선과 교차한다. 경계선 안쪽에는 아이들이 뛰어놀고 동물들이 풀을 뜯기도 하는 공유지가 있다. 나이든 사람들이 앉아서 마을에서 일어나는 일을 구경하는 자리도 있다. 동네 전체의 중심이 되는 지점도 있다. 어떤 형태로든 모여 있는 집들이 있는데, 이 그룹들은 동네 전체적으로 볼 때 너무 많지 않아서 그 수를 셀 수 있다. 어딘가에는 호수 같은 곳이 있을 것이다. 그리고 동네 가장자리 쪽으로는 일터나 공장이 있다. 주택도 물론 있겠지만 흩어져 있지 않고 모여 있을 것이다. 어딘가에는 숲이 있고, 다른 곳보다 햇빛이 강하게 비추는 지점이 있다. 이 정도는 되어야 그 동네는 온전한 구조를 이루기 시작한다.

이제 우리는 세상의 패턴이 서로 협조할 때 어떤 일이 벌어지는지를 알 수 있다.

살아 있는 패턴은 시스템 내의 힘들을 누그러뜨리거나 그 힘들이 스스로 누그러지게 만든다. 그래서 각 패턴이 만들어내는 조직은 이 세계에서 그 조직이 차지하는 부분만큼 균형을 유지한다.

그리고 모든 패턴이 살아 있는 건축물에는 내부에서 어지럽히는 힘이 전혀 없다. 사람들은 긴장이 풀리고 식물들은 잘 자라며 동물들은 자신의 본성에 따라 움직인다. 침식의 힘은 건물의 구조에 따라 수리하는 과정과 자연스럽게 균형을 이룬다. 중력의 힘은 보와 아치형 천장과 기둥의 구조 그리고 바람과 균형을 이룬다. 빗물은 자연스럽게 흘러 화초가 보도블록의 틈과 조화를 이루고 아름다운 입구와 조화를 이루고 저녁 마당의 장미향과도 조화를 이루게 해준다.

건물에 생기를 주는 패턴이 많을수록 그 건물은 더 아름다워진다.

그런 건물은 사소한 것들에까지 신경을 써서 세심하게 지어졌다는 것을 1,000가지도 넘는 방식으로 보여준다.

의자의 앉는 부분, 팔걸이, 잡기 편한 문손잡이, 차양이 있는 테라스, 몸을 숙여 향기를 맡을 수 있도록 정원으로 가는 길을 따라 심어 놓은 꽃, 어두울 때도 걸어 올라갈 수 있도록 계단 위쪽을 비추는 전등, 집에 돌아왔다는 설렘을 느끼게 해주는 문 색깔과 문 주위의 장식, 우유나 포도주를 차게 보관할 수 있는 반지하 저장고.

도시도 마찬가지다.

내가 보기에 생기 있고 아름다운 도시는 그 안의 시설들이 사람들을 편안하게 만들고, 그 시설들끼리도 서로를 존중하는 방식으로 만들어졌다는 것을 수천 가지 방식으로 보여준다.

사람들이 먹고 춤출 수 있는 야외가 있고 노인들이 거리에 앉아 세상 구경을 하는 장소가 있고 청소년들이 너무 먼 지역으로 돌아다니지 않으면서도 부모의 간섭을 벗어나 충분히 자유로움을 느낄 수 있는 장소가 있다. 차가 많더라도 사람들을 불안에 떨게 하지 않는 안전한 주차장이 있고, 여러 가족이 모여서 일하는 동안 아이들이 곁에서 놀며 세상을 배워가는 일터가 있다.

결국 패턴 하나만 단독으로 살아 있을 때가 아니라, 여러 패턴이 단계별로 서로 의존하여 전체 시스템이 안정적으로 살아 있을 때, 마침내 무명의 그 특성은 나타난다.

한 건물이나 도시는 패턴 하나하나가 모두 살아 있을 때 생명을 얻는다. 그 안에 살고 있는 사람들, 식물, 동물, 모든 강, 다리, 벽과 지붕, 그리고 모든 인간 집단, 모든 도로가 본성을 간직한 채 살아 있을 때 그 도시도 살아나는 것이다.

도시 전체가 그런 상태가 되어야만 그곳에 사는 사람들이 때때로 행복의 절정을 맛볼 수 있고, 그 순간 그들은 가장 자유롭다.

앞에서 얘기했던, 담을 등지고 남쪽을 향해 서 있는 따뜻한 복숭아나무를 떠올려보자.

그런 상태가 되면 온 마을에도 그와 같은 특성이 나타날 것이다. 궤도를 따라 움직이는 태양 아래서 서서히 달아오르고 서서히 구워지면서.

그리고 건축물이 이런 활기를 띠게
되었을 때, 그것은 자연의 일부가 된다.
건물을 구성하는 요소들은 만물은
사라진다는 사실에도 바다의 물결이나
풀잎처럼 끊임없는 반복과 변주의 작용을
받으며 창조된다. 이것이 바로 특성 그 자체다.

8

특성 그 자체

The
Quality
Itself

●

이제 제1부의 마지막인 이 장에서 우리는 하나의 건물이나 도시가 살아 있는 패턴으로만 이루어졌을 때, 구체적으로 어떤 외형으로 나타나는지를 살펴볼 것이다.

 한 도시나 건물이 살아 있다면 우리는 항상 그것의 생명력을 느낄 수 있다. 그 안에서 분명히 일어나는 행복이나 자유, 편안함뿐이 아니라 순전히 물리저 외형에서도 느낄 수 있다. 무명의 특성에는 언제나 형태상으로 구별되는 특징이 있기 때문이다.

패턴들이 무명의 특성을 지니고 있고 살아 있다면, 그런 세계(건물이나 마을)에서는 어떤 일들이 일어날까?

 무엇보다 중요한 것은 각 부분이 각 단계에서 유일무이해진다는 것이다. 세상의 일부를 관리하는 패턴들은 그 자체로는 지극히 단순하다. 하지만 그 패턴들이 상호작용을 하게 되면 장소에 따라 전체적으로 약간 다른 외관을 만들어낸다. 이런 일이 일어나는 것은 지구상에서 완전히 똑같은 장소는 없기 때문이다. 그리고 장소에 따라 나타나는 작은 차이는 다른 패턴이 만나는 조건에까지 영향을 미친다.

이것은 자연의 특성이다.

'자연의 특성character of nature'이라는 말은 시적인 비유가 아니라 형태상의 구체적인 특징이자 기하학상의 특징이다. 인공적인 것이 아니라면 세상 모든 존재에 공통적으로 존재하는 기하학적인 특징이라는 말이다.

자연의 특징을 명확히 설명하기 위해, 이것을 오늘날 짓고 있는 건물들의 특징과 비교해보자. 현대식 건물의 특징은 '규격'에 따라 지어진다는 것이다. 어디든 똑같은 콘크리트 벽돌을 사용하고, 똑같은 방, 똑같은 집, 똑같은 아파트를 짓는다. 건물은 규격화된 요소로 만들 수 있고 또 그래야 한다는 생각은 20세기 건축에서 가장 보편적인 전제가 되었다.

하지만 자연은 결코 규격화되어 있지 않다. 거의 유사한 단위들(물결, 빗방울, 풀잎)로 가득 차 있는 자연세계에서, 같은 종류에 속하는 개체는 일반적인 구조는 모두 똑같지만 완전히 똑같은 것은 한 쌍도 없다.

1 대체로 똑같은 한 가지 형태는 계속해서 반복된다.
2 이 한 가지 형태를 자세히 들여다보면 모두 조금씩 다르다.

떡갈나무들은 언뜻 보면 모두 같은 모양에 뒤틀린 몸통도 굵기가 같고, 나무껍질은 주름져 있고, 나뭇잎 모양도 같고, 중간 나뭇가지에 대한 작은 나뭇가지의 비율도 같아 보인다. 하지만 완전히 똑같이 생긴 나무는 단 한 쌍도 없다. 높이와 폭, 곡률이 정확히 동일한 나무란 존재하지 않는다. 심지어는 똑같이 생긴 나뭇잎 두 장도 결코 찾을 수 없다.

바다의 파도에도 이 특성이 있다.

파도를 만드는 패턴은 항상 같다. 물결의 곡면, 떨어져 나오는 작은 물방울들, 파도와 파도 사이의 간격, 대체로 일곱 번에 한 번씩 큰 물결이 밀려온다는 사실 …… 이 패턴들을 만드는 요소는 그다지 많지 않다.

하지만 실제로 구체적인 파도를 들여다보면 그것들은 하나하나가 다르다. 그 이유는 각 지점에서 일어나는 패턴들의 상호작용이 다르기 때문이다. 파도끼리 서로 주고받는 작용이 다르다는 것이다. 그리고 주변의 세세한 요소들과도 다르게 상호작용을 한다. 그래서 파도를 구성하는 패턴은 서로 다를 게 없지만 실제로 나타나는 파도는 모두 조금씩 다르다.

파도가 담고 있는 물방울도 마찬가지다.

'전체적'인 패턴과 구체적인 세부 모양의 차이는 크기의 문제가 아니다. 파도에 작용되는 원리는 각각의 작은 물방울에도 그대로 적용된다. 일정한 크기의 물방울 하나하나는 대략 같은 모양이나. 하지만 이것도 좀더 세밀한 현미경으로 보면 모양이 모두 조금씩 다르다는 것을 알 수 있다. 크기에 상관없이 전반적으로 동일한 형태에 세부적인 변화형이 있는 것이다. 그런 시스템에서는 무한한 변화가 나타나는 동시에 무한한 동일함이 나타난다. 그렇기 때문에 우리는 몇 시간 동안이나 지치지 않고 파도를 바라볼 수 있고, 수백만 개의 풀잎을 봤음에도 또 다른 풀잎 하나에 여전히 마음이 끌리는 것이다. 이런 동일함에도 우리는 결코 그 동일함에 질리지 않는다. 이런 무수한 다양함에도 우리는 이해할 수 없는 다양함 속에서 전혀 어지럼증을 느끼지 못한다.

심지어는 원자에도 이런 특징이 있다.

원자에도 이런 규칙이 있다는 데에 놀라는 사람이 있을지 모르겠다. 하지만 어떤 원자도 다른 원자와 똑같은 경우는 없다. 각각의 원자는 바로 주변 환경에 따라서 조금씩 달라지기 때문이다.

원자에도 이런 특성이 있음을 언급하는 것은 특히 중요하다. 너무 많은 사람들이 '규격'에 따른 시공을 당연하게 생각하기 때문이다. 만약 규격화된 건물들은 잘못된 방식이고, 그래서 그런 건물들은 살아 있는 게 아니라고 시공자에게 이의를 제기한다면, 그 사람은 분명히 이렇게 반박할 것이다. 자연 자체도 원자라는 규격화된 요소로 이루어져 있고 자연에게 이로운 것은 인간에게도 이로운 거라고. 이런 점에서 원자는 규격화된 건축의 원형이 되어버렸다.

하지만 원자들도 빗방울이나 풀잎들처럼 하나하나가 다르다. 우리는 탄소 원자에 C라는 기호를 쓰기 때문에, 그리고 탄소 원자 하나에는 모두 똑같은 수의 양자와 전자가 있기 때문에 탄소 원자는 모두 똑같다고 간주한다. 그리고 똑같은 구성 요소가 배열된 것을 하나의 결정체라 생각한다. 하지만 사실, 전자의 궤도는 바로 옆에 있는 원자의 전자 궤도에 영향을 받으며, 그래서 각 원자가 결정체 내의 어떤 위치에 있는지에 따라 그 전자의 궤도도 달라진다. 원자 하나하나를 아주 자세히 들여다볼 수 있다면 다른 원자와 똑같은 원자는 단 하나도 없다는 것을 발견할 것이다. 각각의 원자는 물체에서 차지하는 위치에 따라서 포착하기 어려울 정도로 미세하게 다르다.

패턴들은 항상 반복된다.

패턴들이 반복되는 이유는, 주어진 여건에서 존재하는 힘들에 가장 잘 부응하는 관계 영역이 항상 형성되기 때문이다.

 파도의 형태는 물의 추진력에 의해 만들어지고 그 추진력이 생기는 곳에서는 언제든 그 파도의 형태가 반복된다. 빗방울의 형태는 떨어지는 빗방울에 작용하는 중력과 표면장력의 균형에 의해 만들어지며, 이 두 힘이 주요 요인으로 작용하는 환경에서는 빗방울의 형태가 항상 비슷하다. 또한 원자의 형태는 입자들 사이에 작용하는 내부의 힘이 결정하는데, 이것도 이 입자와 힘이 만나는 곳에서는 거의 항상 똑같이 반복된다.

하지만 패턴이 드러나는 방식에는 항상 다양성variation과 유일성uniqueness이 있다.

각각의 패턴은 세상에 작용하는 몇몇 힘의 시스템을 해결하는 일반적인 해결책이다. 하지만 그 힘들은 결코 똑같지 않다. 특정 장소와 시간에서 어떤 환경의 정확한 구조는 항상 유일무이하기 때문에, 하나의 시스템을 이루고 있는 힘의 구조 또한 유일무이하다. 힘의 구조가 정확히 똑같은 시스템이란 존재할 수 없다. 시스템을 구성하는 것이 그 내부의 힘들이라면, 당연히 그 시스템도 세상에 하나밖에 없다. 대체적으로 유사하더라도 두 시스템이 정확히 똑같다는 것은 있을 수 없는 일이다. 정확히 똑같을 수 없다는 것은 각 시스템의 유일성에서 나온 우연한 결과가 아니다. 생명과 완전함을 품고 있는 각 부분들의 핵심적인 성향이다.

간단히 말해 내부의 힘과 정확하게 조화를 이루도록 만들어진 자연물에는 한 가지 특성이 있다.

모든 단계에서 반복과 변화가 일어나기 때문에 전체적인 외형이 항상 느슨하고 유연하다는 것이다. 거기에는 자연에서 항상 느껴지는 뭐라 규정하기 어려운 투박함, 느슨함, 편안함이 있다. 그리고 이런 느슨한 형태는 바로 반복과 변화의 조화에서 나온다.

살아 있는 숲에서는 모든 나무가 제각각 다르다. 그리고 한 그루의 나무에 달린 잎들도 모두 다르다. 어떤 시스템의 구성 요소들이 자신들을 지배하는 힘에 호응하지 않는다면, 그 시스템은 제대로 존속할 수 없다. 살아 있을 수도 없고 온전할 수도 없다. 잎 하나하나가 조금씩 다른 것은 그 나무가 완전해지는 데 아주 중요한 조건이다. 이 원칙은 당연히 어디에나 적용되기 때문에 자연을 구성하는 요소는 어느 영역에서든 유일무이하다.

이 특성은 자기 내부의 힘에 호응하여 원래의 본성대로 존재하는 곳이라면 세상 어디에서나 나타난다.

우리가 뭉뚱그려서 '자연'이라고 부르는 것들, 풀, 나무, 겨울바람, 깊고 푸른 호수, 노란 크로커스 꽃, 여우, 비처럼 인간이 만들어내지 않은 모든 것이 바로 자신의 본성에 '충실한' 것들이다. 그것들은 내부의 힘과 완벽하게 조화를 이룬다. 그리고 '자연'이 아닌 것들은 내부의 힘과 조화를 이루지 못하는 것들을 말한다.

완전한 시스템이라면 자연의 이런 특성이 있어야 한다. 자연의 형상, 그 곡선의 부드러움, 무한에 가까운 변화형과 빈틈 없음 같은 이 모든 것들은 바로 자연이 완전하다는 사실에서 나온다. 산, 강, 숲, 동물, 바위, 꽃, 이 모든 것들이 이 특성을 지니고 있다. 하지만 그것이 우연의 산물은 아니다. 자연물들이 이 특성을 지니게 된 것은 그것들이 완전하기 때문에, 그리고 그것을 이루는 모든 요소들이 완전하기 때문이다. 완전한 시스템이라면 예외 없이 이 특성이 있다.

그러므로 어떤 건물이 완전하다면, 그것 역시 분명히 자연의 특성을 갖고 있을 것이다.

이 말은 한 건물이나 도시가 살아 있으려면 나무나 숲처럼 보여야 한다는 뜻이 아니다. 자연과 마찬가지로 반복과 변화가 조화를 이뤄야 한다는 것이다.

한편 완전한 건물에서는 패턴들이 자연에서처럼 스스로 반복될 것이다.

어떤 사물에 내재된 패턴이 살아 있으면 그 패턴은 반복해서 나타날 것이다. 그래야 이치에 맞기 때문이다. 만일 유리창이 나무를 향해 나 있는 방식이 합당하다면 우리는 여러 장소에서 볼 수 있을 것이다. 문과 문 사이의 관계가 합당하다면 우리는 거의 모든 문에서 그것을 볼 것이다. 타일이 벽에 붙어 있는 방식이 합당하다면 어떤 타일이든 그런 방식으로 붙어 있다는 것을 알게 될 것이다. 정돈된 부엌이 합당하다면 그것은 이웃집에서도 반복될 것이다.

한마디로 우리는 똑같은 요소들이 계속해서 반복되는 것을 발견할 것이다. 그리고 그 반복에 리듬이 있다는 것도 알게 될 것이다. 집 외벽에 댄 널빤지, 난간에 붙은 난간동자, 건물의 창, 창유리, 반복되는 비슷한 모양의 지붕, 비슷한 기둥, 비슷한 방, 비슷한 천장, 반복되는 장식, 패턴이 반복되는 나무와 나무줄기, 반복되는 의자, 반복되는 회반죽, 반복되는 색, 도로, 정원, 분수, 도로변의 공간, 격자, 아케이드, 포장석, 파란 타일 …… 주어진 장소와 조화를 이루는 것들은 모두 반복된다.

다른 한편 우리는 그 패턴들로 지어진 물리적 요소가 매번 조금씩 다른 모습으로 나타난다는 것도 알게 될 것이다.

패턴들이 상호작용을 하기 때문에 그리고 각 패턴이 처한 조건들이 조금씩 다르기 때문에, 아무리 그것들이 반복된다 하더라도 같은 아케이드의 기둥들이 약간씩 다른 것이고 집 외벽에 댄 판자들도 약간씩 다르고 창문도 약간씩 다르고 집도 다르고 나무들의 위치도 다르고 앉는 자리도 다른 것이다.

패턴이 반복된다는 것과 구성 요소가 반복된다는 것은 다른 얘기다.

두 창문이 물리적으로 똑같은 모양이라고 해도 그 두 창문이 처한 환경이 다르기 때문에 두 창문이 각자 주변 환경과 맺고 있는 관계 역시 다르다.

하지만 주변 환경과 맺는 관계, 즉 패턴이 똑같다면 그 창문들은 완전히 다를 것이다. 상황이 서로 다른데 패턴이 같으려면 창문이 달라질 수밖에 없기 때문이다.

실제로 각 구성 요소들이 각자 유일성을 갖게 되는 것은 패턴들이 똑같기 때문이다.

예를 들어, '볕이 드는 장소Sunny Place'라는 패턴을 생각해보자. 이 패턴을 따르면 건물의 남쪽 면을 따라 햇빛이 비치는 자리가 생기는데, 사람들은 이 자리에서 야외활동을 하고, 건물의 출입문도 이곳을 향해 낸다. 이 패턴은 길게 늘어선 집들의 남쪽 면을 따라 비슷한 지점들을 만들어낼 것이다. 그리고 그 집들의 모서리를 돌면 특정 장소가 있는데, 그곳은 거리 쪽으로 반쯤 내밀고 있고 측면을 보호하기 위해 낮은 담이 감싸고 있으며 아마도 천으로 된 차양이 있을 것이다. 이곳이 이웃사람들 누구나 기억하고 찾는 장소이다.

이 독특한 장소는 무조건 독특한 것만 찾는다고 해서 만들어지는 것이 아니다. 그것은 양지를 필요로 하는 패턴이 반복됨으로써, 그리고 이 패턴이 세상과 상호작용을 함으로써 만들어지는 것이다.

이와 같은 경우는 규모에 상관없이 어디에서든 찾아볼 수 있다. 집이 많은 곳을 보면 그 집들은 형태가 유사하면서도 그 안에 살고 있는 사람들의 성향에 따라서, 그리고 대지, 햇빛, 도로, 그 동네와의 관계에 따라서 제각각의 개성이 있을 것이다.

어떤 한 집의 창문들도 패턴을 보면 모두 비슷할 것이다. 하지만 여기서도 자세히 보면 똑같은 창문은 없다. 그 집에서 차지하는 정확한 위치에 따라, 빛의 각도에 따라, 방 크기에 따라, 방 밖에 있는 꽃이나 나무에 따라 모두 달라지기 때문이다.

패턴의 반복과 각 구성 요소의 유일성 때문에, 살아 있는 건물들은 자연의 세계처럼 유연하고 편안한 형태를 띤다.

다시 말하지만, 이 말은 건물들의 형태가 동물이나 식물을 닮아야 한다는 뜻이 아니다. 수직선, 수평선, 직각 같은 것들은 너무도 인간중심적인 공간의 특성들이라 유연하고 편안한 느낌을 주지 못한다. 살아 있는 공간에서는 이런 정확한 직각을 찾아보기 힘들다. 각 구성 요소의 간격도 완벽하게 균일하지는 않다. 기둥과 기둥의 두께가 약간 다르고, 어떤 부분의 각은 직각보다 조금 더 벌어져 있다. 어떤 출입구는 다른 출입구보다 조금 작게 만들어지고 각각의 지붕선도 수평선에서 2.5-5센티미터 정도 차이가 난다.

모서리가 모두 완벽하게 90도를 이루고, 모든 창문들의 크기가 똑같고, 모든 기둥들이 한 치의 오차도 없이 수직으로 서 있고, 모든 바닥이 완벽하게 수평을 이루는 건물은 주위 환경을 철저히 무시함으로써 가짜 완벽함에 이른 것뿐이다. 살아 있는 건물은 언뜻 보기에 불완전해 보일지라도 절대 불완전한 것이 아니다. 각각의 요소를 제 위치에 세심하게 맞추는 과정에서 그렇게 된 것이다.

이것이 자연의 특성이다. 하지만 그 건물이 곧 사라지리라는 사실을 모른 채 지어졌다면 그 유연함, 소박함, 불규칙성도 진실한 것이 아닐 것이다.

건물을 짓는 사람이 규칙성과 불규칙성의 리듬에 대해 아무리 많이 알고 있다 하더라도, 만일 그가 '이건 귀중하기 때문에 잘 보존해야 해.'라는 생각으로 건물을 지었다면 그의 노력은 물거품이 된다.

건물을 오래 보존하고 싶어 하는 사람은 오래 가는, 아니 영원히 변치 않을 재료를 사용하려고 할 것이다. 현재의 모습이 훼손되지 않고 영원히 보존되도록 하기 위해서이다. 그렇다면 천으로 된 차양은 나중에 갈아야 하기 때문에 쓸 수 없다. 타일은 절대 갈라지지 않는 단단한 것이어야 하고, 움직이지 않도록 그리고 빈틈으로 잡초가 자라지 않도록 콘크리트에 붙여야 한다. 의자도 절대 닳지 않고 색도 바래지 않는 재료로 만들어야 한다. 나무들은 보기에 좋아야 하지만, 과일이 열리는 종류는 안 된다. 땅에 떨어진 과일은 누군가의 비위를 상하게 할 수도 있기 때문이다.

하지만 무명의 그 특성에 도달하려면 건물은 세월이 흐를수록 부분적으로라도 낡고 부서지는 재료로 지어야 한다. 그러려면 덜 단단한 타일과 벽돌, 부드러운 회반죽, 색이 바래는 페인트, 약간 탈색되고 바람에 찢기기도 하는 차양을 써야 한다. 과일은 길가에 떨어져 지나가는 사람의 발에 으깨져도 좋다. 보도블록 틈에서는 풀이 자라게 두고, 낡은 의자는 고치고 페인트칠을 다시 해서 안락함을 더해야 한다.

이런 일은 처음의 형태가 영원히 보존되는 세계에서는 절대 일어나지 않는다.

자연의 특성은 죽음이 실재하고 그것을 의식하는 곳에서만 생겨난다.

인간이 만든 이미지들이 자연의 특성을 왜곡하는 것은 마음 깊은 곳에서 만물의 본성을 받아들이지 못하기 때문이다. 만물의 본성을 진심으로 받아들이지 못하면 차이를 과장하거나 유사성을 과장함으로써 자연을 왜곡하게 된다. 사람들이 자연을 왜곡하는 궁극적인 이유는 죽음이 실재한다는 사실과 죽음과 관련된 생각을 떨쳐버리기 위해서이다.

정리하자면 다음과 같다. 무명의 특성에 다다르려면, 자연의 특성을 지닌 건물을 지으려면, 그리고 내부의 모든 힘에 순응하려면, 자아를 배제하려면, 자신의 이미지가 만드는 자아의 방해 없이 만물을 있는 그대로 존재하게 하려면, 우리는 그 모든 것들이 덧없는 것임을, 모든 것은 사라지는 것임을 받아들여야 한다.

물론, 자연 그 자체도 원래 덧없는 것이다. 나무, 강, 윙윙거리는 곤충, 그것들은 모두 생명이 짧다. 그것들은 모두 사라질 것이다. 하지만 그렇다고 해서 슬픈 건 아니다. 아무리 덧없는 것이라 해도 그것들은 우리에게 즐거움과 행복을 준다.

하지만 우리를 둘러싼 세상에 애써 자연을 창조하려 하고 마침내 그것에 성공하더라도, 우리가 죽을 거라는 사실은 달라지지 않는다. 무명의 이 특성이 인간사에 발현되면 항상 서글프다. 그것은 우리를 슬프게 한다. 이렇게 말할 수도 있다. 어떤 장소를 무명의 특성이 존재하는 곳과 유사한 곳으로 만들었다 해도 우리가 그곳에서 서글픔을 느끼지 못한다면 그곳은 진실로 무명의 특성에 도달했다고 볼 수 없다. 서글픔을 느끼는 이유는 우리가 그곳을 좋아하면서도 그곳이 사라지리라는 것을 알고 있기 때문이다.

무명의 특성에

도달하려면

그 관문 역할을 할

살아 있는

패턴 언어를

만들어야 한다.

관문

THE GATE

건물과 도시에 내재하는 무명의 특성은
만들어지는 것이 아니라
사람들의 일상적인 활동에 의해
간접적으로 천천히 생성되는 것이다.
마치 꽃이 만들어지는 것이 아니라
씨앗에서 서서히 생성되는 것처럼.

9

꽃과 씨앗

The Flower
and
The Seed

●

우리는 막연하게나마 무명의 그 특성이 구현된 건물과 도시가 다른 것들과 어떻게 구별되는지를 알게 되었다.

지금부터 우리는 이런 특성이 생겨나는 데는 구체적이고도 명확한 방식이 있다는 것을 배우게 될 것이다.

사실 9장부터 17장까지 다룰 주요 내용은 무명의 이 특성은 만들어질 수 있는 것이 아니라 어떤 과정을 거쳐 점차 생성된다는 사실이다.

그것은 우리의 행동에서 흘러나올 수 있다. 더할 나위 없이 수월하게 흘러나올 수 있다. 하지만 만드는 것은 불가능하다. 발명해낼 수도 없고, 궁리해낼 수도 없고, 설계할 수도 없다. 그것은 생성의 과정에서 저절로 흘러나오는 것이기 때문이다.

그러므로 제도판 위에서 꼼꼼하게 설계도를 그린다고 그것을 포착할 수 있을 거라는 기대는 애초에 버려야 한다.

사모아인들이 나무를 베어 카누를 만드는 과정을 생각해보자.

그들은 나무를 베어 쓰러뜨린다. 몸통에서 가지를 친다. 그리고 나무껍질을 벗기고 속을 파낸다. 선체의 외형을 깎아내고 이물과 고물의 모양을 낸다. 그리고 이물에 장식을 새긴다.

이런 과정을 통해 만들어진 카누는 하나하나 모두 다르지만 각자의 개성대로 아름답다. 그 과정이 지극히 평범하고 단순하고 직접적이기 때문이다. 어떤 종류의 카누를 만들어야 할지, 선체는 어떤 모양으로 만들어야 할지, 내부에 앉을 자리를 만들어야 할지 말아야 할지를 생각하느라 낭비하는 시간이 없다. 이 모든 것들은 시작하기 전에 이미 결정되어 있기 때문이다. 그래서 카누를 만드는 사람의 에너지와 감정은 그 카누의 구체적인 개성을 창조하는 데 온전히 바쳐진다.

생명의 특성도 이와 마찬가지다. 그것은 만들어지는 것이 아니라 생성되는 것이다.

어떤 사물이 만들어질 때는 그 안에 만드는 사람의 의도가 들어가게 마련이다. 반면 그것이 생성될 때는 자아가 배제된 상태에서 자유롭게 주변 환경에 맞춰가면서 그 고유한 형태가 저절로 드러나게 된다.

붓질 역시 만드는 과정의 맨 끝에 이르러 볼 수 있게 되어야만 아름다워진다. 과정의 힘이 만드는 사람의 억압된 의도를 극복했을 때, 즉 만드는 사람이 자신의 의도를 포기하고 과정이 그 자리를 차지해야 가능한 일이다.

그렇게 해야 과정의 힘이 의도적인 창조 행위를 대신함으로써 최종적으로 살아 있는 결과물이 나올 수 있다.

오늘날에는 많은 사람들이 예술작품을 예술가의 머릿속에서 잉태된 '창작물'이라고 생각한다.

또한 건물들은 물론 심지어 도시도 '창작물'로 생각한다. 모든 것을 머릿속에서 궁리하여 생각해내고 설계했다고 여기는 것이다.

그 모든 걸 만들어내는 것은 위대한 작업 같다. 무無에서 시작하여 전체를 만들어낸 것으로 보이기 때문이다. 그것은 어마어마하고 엄청난 일이어서 우러러볼 만한 일이다. 우리는 그 일이 얼마나 힘든지 알고 있다. 우리의 내면에도 큰 힘이 있다는 것을 확신하지 않는다면 아마 그런 작업에 두려움을 느끼고 위축될 것이다.

이런 생각들 때문에 거대한 뭔가를 만들어내거나 설계하는 일을 단번에 이루어낸 것으로 여기게 된 것이다. 세세한 작업들은 설명할 수 없지만, 그 내용은 순전히 만들어낸 사람의 자아가 바탕이 되었을 거라 생각하면서 말이다.

무명의 특성은 그런 식으로 얻을 수 있는 것이 아니다.

반대로 단순한 규칙들로 이루어진 시스템을 생각해보자. 복잡하지 않고 끈기있게 적용하면 뭔가가 만들어지는 규칙 말이다. 그 결과물은 천천히 만들어지다가 어느 순간 완성된 형태로 나타날 수도 있고, 대충 형태가 잡힌 후 천천히 완성될 수도 있다. 여기서 중요한 것은 사모아인들이 카누를 만들 때처럼 전혀 복잡한 과정을 거치지 않고 만들어진다는 것이다.

거기에는 뭐라 이름붙일 수 없는 창의적인 전문지식도 필요 없다. 오직 장인의 인내심과 서두르지 않고 천천히 깎아내는 손질만이 필요할 뿐이다. 만들어지는 물건에 대한 전문지식은 이해할 수 없는 자아의 깊은 곳에 존재하는 것이 아니라, 과정을 단계별로 밟아가는 단순한 기술, 그리고 이런 단계들의 명확함에 있다.

이와 똑같은 원리가 생명체에도 적용된다.

생명체는 만들어지는 것이 아니다. 그것은 만드는 사람의 의도적인 창조 행위를 통해 고안되어 설계도에 따라 지어질 수 없다. 생명체는 사람의 머릿속에 번개처럼 떠오른 아이디어로 만들어지기에는 지나치게 복잡하고 신비하기 때문이다. 그것은 헤아릴 수 없이 많은 세포로 이루어져 있고, 각 세포는 주변 조건에 완벽하게 적응한다. 이렇게 될 수 있는 이유는 생명체가 '만들어지는' 것이 아니라 세포들이 시시각각 서서히 주변에 적응하는 방식으로 생성되기 때문이다.

생명체는 이런 과정을 통해 창조된다. 그리고 그래야만 한다. 살아 있는 어떤 존재도 다른 방식으로는 만들어질 수 없다.

진짜 꽃을 만들기 위해 핀셋으로 세포 하나하나를 조립하지는 않을 것이다. 씨앗을 키워야 꽃을 얻을 수 있다.

세상에 존재하지 않는 새로운 꽃 한 송이를 갖고 싶다고 생각해보자. 어떻게 해야 할까? 물론, 핀셋으로 세포 하나하나를 붙여서 만들어 내려고 하지는 않을 것이다. 우리는 무슨 수를 쓴다 해도 그런 복잡하고 섬세한 생명체를 만들어내려는 노력이 무위로 끝날 거라는 것을 알고 있다. 사람이 한 조각 한 조각 이어서 직접 만들 수 있는 꽃은 조화뿐이다. 생화를 만들고 싶다면 한 가지 방법밖에 없다. 그 꽃의 씨앗을 만들어 꽃을 피우게 하는 것이다.

이것은 분명한 과학적 명제에 입각한 것이다. 생명에 반드시 필요한 굉장히 복잡한 유기조직은 직접 만들어지는 것이 아니라 오직 간접적인 방식으로만 생성될 수 있다.

그 수많은 세포가 하나도 똑같지 않다는 사실이 이를 증명한다. 예를 들어, 꽃 한 송이에는 십억 개가 넘는 세포가 있는데 똑같은 것은 하나도 없다. 어떤 방식으로도 이렇게 복잡한 것을 직접 만들어내지 못한다는 것은 분명하다. 오직 위에서 말한 간접적인 성장 과정(그 안에도 질서가 있다.)과 성장 방식을 통해서만 이런 복잡한 생명체를 완성할 수 있다.

이런 일이 일어나려면 각 부분에 어떤 식으로든 자율성이 있어서 전체 내에서 각자의 환경과 조화를 이뤄야 한다.

완전한 유기체와 마찬가지로, 무명의 특성은 본질적으로 각 부분이 전체 내에서 얼마나 조화를 이루고 있느냐에 달려 있다.

자연의 성질과 유사한 하나의 시스템에서 각 부분들은 거의 무한대의 정교함에 적응해야 한다. 그리고 그 적응 방식은 시스템 전체를 통해 지속되어야 한다. 아무리 작더라도 각 단계에 있는 부분들은 필요한 과정에 스스로 적응해야 한다. 이런 일은 각 부분이 자율적이지 않으면 일어날 수 없는 일이다.

자연스러운 건물도 이와 마찬가지다.

건물에서 모든 창턱과 기둥은 자율적인 과정을 통해 형태가 만들어져야 전체 구조에 정확하게 적응할 수 있다.

벤치, 창턱, 타일은 누가 만들든 어떤 방식으로 만들든 저마다 그곳에 영향을 미치는 미묘하고 세심한 힘에 조응해야 한다. 그래야 길이를 따라 각 지점에서 차이가 생기고, 다른 벤치나 창턱, 타일과도 차이가 생기는 것이다.

도시를 건설할 때도 마찬가지다.

도시에서 각 건물과 공원은 자율적인 과정에 따라 형성되어야 한다. 그래야 그 도시의 고유한 개성에 맞춰 조화를 이루게 된다.

이런 무한한 다양성은 오직 그곳에 사는 사람들에 의해서만 창조된다. 길을 따라 서 있는 집들은 그 지역의 고유한 힘을 잘 알고 있는 사람들이 지어야 한다. 그리고 그 집의 창문들은 그곳에서 밖을 내다보고 그 창문이라는 영역에 무엇이 필요한지를 잘 알고 있는 사람들이 모양을 갖춰가야 한다.

이 말이 곧 모든 사람들이 자신이 살 집을 직접 설계해야 한다는 뜻은 아니다. 다만 그곳에 작용하고 있는 힘과 각 요소를 조율하려면 사랑과 애정과 인내심이 필요한데, 그것은 그 장소에 작용하는 힘을 이해할 만한 지식과 시간, 인내심을 갖고 있는 사람이 각 세부 요소에 관심을 갖고 형태를 정할 때에야 비로소 가능하다는 뜻이다. 모든 사람이 자신이 살거나 일할 공간을 스스로 설계하거나 형태를 정해야 할 필요는 없다. 이사를 갈 수도 있고, 오래된 집을 좋아할 수도 있고, 그 밖의 사정이 있을 수도 있기 때문이다.

중요한 것은 도시의 수많은 장소를 설계하는 사람은 건축 전문가들만이 아니라 그 사회의 모든 구성원들이라는 사실이다. 그렇게 될 때만이 구성원들의 다양하고 구체적인 삶의 현실이 그 장소의 구조와 호응할 수 있다.

물론, 각 부분이 제각각 자율적으로 창조된다면 혼란만 일으킬 것이다.
요소들이 자신의 단계에서만 조화를 이룰 뿐 더 상위에 있는 규칙을 따르지 않으면 그보다 큰 조직을 만들어내지 못할 것이다. 상위의 규칙이 하는 역할은 각 요소의 적응 방식을 그 단계에만 유용하게 하는 것이 아니라 전체 조직을 완성하는 데에도 기여하게 하는 것이다.

한 송이의 꽃을 이루는 모든 세포를 어느 정도 자율적이게 하면서도 그 꽃을 완전하게 하는 것은 유전자 정보인데, 이 유전자 정보는 각 부분들의 성장 과정을 이끌고 통합하여 전체를 완성한다.

서로 다른 세포들이 조화를 이루며 성장하는 것은 각 세포에 똑같은 유전자 정보가 들어 있기 때문이다. 각 요소(세포)들은 자신에게 필요한 과정에 자유롭게 적응하는 한편, 그 과정에서 성장 방향을 안내해주는 유전자 정보의 도움도 받는다.

그런데 똑같은 유전자 정보의 안내를 받으면서도 각 요소는 개별적이고 자율적일 뿐 아니라 전체를 이루는 데 필요한 더 큰 요소, 시스템, 패턴의 발달에 자연스럽게 기여한다.

꽃의 요소들을 통합하는 데 유전자 정보가 필요하듯이, 건물과 도시에도 그런 유전자 정보 같은 코드가 필요하다.

모든 건물에는 기둥과 창문이 개별적인 형태를 갖추면서도 건물의 전체 형태에 기여하게 하는 코드가 필요하다. 그것은 개별적인 시공자에게 매우 정확하면서도 유연한 지침 역할을 한다. 그 코드만 있으면 시공자는 자유롭게 건물의 각 요소를 위치에 따라 완벽하게 만들 수 있다.

도시도 다양한 사람들의 수많은 활동들을 모아 하나의 시스템으로 만들어줄 코드가 필요하다. 그 코드에는 도시의 형태를 만드는 데 구성원들이 모두 참여할 수 있도록 명확한 지시사항이 들어 있어야 한다. 꽃을 피우는 유전자 정보와 마찬가지로, 이 방식은 구성원들이 이 세계에서 자신의 영역을 형성하게 해줘야 한다. 그래서 개별 건물과 방, 계단 등이 전체에서 차지하는 위치에 맞게 고유한 형태를 갖춰야 한다. 하지만 그렇게 개별적인 활동으로 형성되었더라도 도시는 살아 숨 쉬어야 하고 완전해야 한다.

그래서 나는 인간의 건축 행위에 유전자 정보 같은 것이 존재하는지 의심하기 시작했다.

건물들에 무명의 특성을 부여하고 사물에 생명이 깃들게 해주는 유연한 코드가 존재할까? 살아 있는 건물이나 살아 있는 장소를 만들고 싶을 때 사람들의 머릿속에서 작동하는 방식이 있는 것일까? 그리고 그 도시의 구성원들이 모두 사용할 수 있을 만큼 단순해서 개별 건물뿐 아니라 마을 전체와 도시를 만들어낼 수 있는 방식이 과연 존재할까? 그렇다는 것이 밝혀질 것이다. 그리고 그것은 언어의 형태를 띠고 있다.

사람들은 내가 패턴 언어라고 부르는 언어를
이용해서 자신이 살 집의 형태를 구상할 수 있고,
또한 수백 년 동안 그렇게 해왔다. 패턴 언어는
그것을 사용하는 사람들에게 새롭고도 개성 있는
건물을 무한히 만들어낼 능력을 준다.
이것은 마치 일상적인 언어가 사람들에게
무한한 문장을 만들어낼 능력을 주는 것과 같다.

10

우리의 패턴 언어 (1)

Our
Pattern
Languages

●

우리는 9장에서 막연하고 개략적으로나마 생명이란 만들어지는 것이 아니라 정해진 과정을 따라 생성된다는 것을 배웠다.

이를 건물과 도시에 적용하면, 이 과정을 따르는 도시의 사람들은 자신의 방과 집, 도로, 교회를 스스로 지을 수 있다.

이제 우리는 어떤 과정이 이런 일을 가능하게 하는지 배울 것이다.

전통 사회에서 이런 방식은 상식이었다.

사람들은 누구나 집을 짓고 창문과 벤치를 만드는 방법을 정확히 알고 있었다.

각 건물은 대체로 비슷한 형태였지만 똑같은 형태는 하나도 없었다.

스위스 고산지대의 계곡에 비슷한 형태의 농가 100채가 있더라도, 그 집들은 모두 아름답고 지어진 자리와 더할 나위 없이 꼭 맞는다. 집을 이루는 요소는 똑같지만, 세상에 단 하나밖에 없는 조합이기 때문에 하나하나가 살아 숨 쉬는 것 같고 근사하다.

전망에 따라 각각의 방은 조금씩 다르다.

빛을 어떻게 받느냐에 따라 각각의 정원은 조금씩 다르다. 진입로도 큰길과 가장 적절하게 이어지기 위해 조금씩 다르게 나 있다. 방과 방 사이를 잇는 계단도 공간을 낭비하지 않도록 경사와 모양이 집집마다 다르다.

마당의 타일은 땅과 안정적으로 밀착되도록 조금씩 다르게 놓여 있다.

각각의 창유리는 나무의 수축 정도에 따라 크기가 약간씩 다르다. 창문은 내다보이는 풍경에 따라 모두 조금씩 다르다. 선반은 그 위에 놓일 물건에 따라, 벽에 고정시키는 방식에 따라 조금씩 다르다. 장식들도 그 주변 장식의 종류와 색깔에 따라 저마다 다른 색깔을 하고 있다. 기둥도 그것을 만든 조각가가 삶의 어떤 순간에 놓여 있었는지에 따라 기둥머리가 제각기 다르다. 계단들도 수많은 발이 어떤 식으로 그곳을 밟고 지나다녔는지에 따라 닳는 지점이 다르다. 문도 집에서 차지하고 있는 위치에 따라서 저마다 높이와 모양이 조금씩 다르다. 각각의 화초는 햇빛이 비추는 각도와 바람이 부는 방향에 따라 모양이 다르다. 각각의 화분도 주인의 취향에 따라 그 안에 담고 있는 꽃이 다르다. 각각의 난로도 방을 쓰는 인원에 따라, 방의 크기에 따라 달라진다. 판자들은 쓰이는 자리에 맞게 재단된다. 각각의 못은 나무의 탄력과 수축 정도에 따라 쓰임이 달라진다.

어떻게 그렇게 할 수 있었을까?

어떻게 일개 농부가 지난 50년 간 수많은 건축가들이 심혈을 기울인 것보다 1,000배는 더 아름답게 집을 지을 수 있었던 것일까?

더 간단한 예를 들어보자. 그는 어떻게 우사를 만들 수 있었을까? 우사를 만들기로 결정했을 때 그 농부가 했던 것은 무엇일까? 그의 우사를 우사라는 부류에 속하도록 수백 개의 다른 우사와 비슷하게 만들면서도 세상에 하나밖에 없는 우사가 되도록 만든 것은 과연 무엇이었을까?

언뜻 보면 농부들이 기능에만 충실함으로써 우사를 아름답게 만들었을 거라고 생각할 수도 있다.

모든 우사는 두 짝으로 된 문이 있어야 한다. 그래야 농부가 건초를 실은 마차를 곧바로 밀고 들어가 그곳에 부릴 수 있기 때문이다. 또한 우사에는 겨울 동안 소에게 먹일 건초를 저장할 만한 공간이 충분히 있어야 한다. 소들은 편하게 서서 여물을 먹을 수 있어야 하고, 한쪽에 쌓여 있는 건초를 소의 여물통으로 쉽게 옮길 수 있어야 한다. 소의 분뇨가 쌓이면 그것을 쉽게 물로 흘려보낼 수 있어야 한다. 지붕과 벽은 바람의 힘을 견딜 수 있어야 한다.

이런 시각에서 보면, 농부는 우사의 기능을 누구보다 잘 알고 있기 때문에 우사를 아름답게 지을 수 있었다.

하지만 이것만으로는 수많은 우사의 형태가 왜 그렇게 비슷한지를 설명할 수 없다.

만일 모든 우사들을 순전히 기능적인 측면만 생각해서 짓는다면, 실제로 존재하는 것보다 훨씬 더 다양한 형태를 생각해볼 수 있다. 왜 원형 우사는 없는 건가? 왜 저장 공간을 넓히기 위해 통로 양쪽으로 공간을 내는 우사는 없는가? 왜 이중 박공지붕이 있는 우사는 짓지 않는가? 이런 식으로 우사를 만들면 기존의 우사들보다 효용성이 떨어진다는 것이 사실일지도 모른다. 하지만 농부들은 해보지도 않고 그것을 어떻게 알았단 말인가?

사실 그들은 그런 시도를 하지 않는다. 그들은 이미 알고 있는 다른 우사들을 그대로 따라서 지을 뿐이다.

뭔가를 지어본 사람이라면 누구나 그런 식으로 한다. 만일 마루의 장선을 40센티미터 간격으로 정했다면 그 후에는 그것을 매번 계산하지 않는다. 일단 그렇게 마루를 놓기로 결정했다면 계속 그렇게 하는 것이다. 달리 생각해봐야 할 이유가 생기지 않는다면 말이다.

그렇다면 농부가 주변에 있는 다른 우사들을 모방하는 데 자신의 능력을 사용한 거라고 생각할 수도 있다.

잠깐 이렇게 생각해보자. 사실은 농부가 어떤 우사의 상세한 설계도를 가지고 있거나 치밀한 사항까지 담고 있는 구조 몇 가지를 외우고 있어서 자신의 우사를 지을 때 그중에서 하나를 골라 조금만 수정하는 것이다.

그렇게 생각하면, 순수하게 기능적인 측면만 따진다면, 그럴 필요가 없는데도 같은 산촌에 있는 우사들이 서로 닮아 보이는 이유를 설명할 수 있다.

하지만 이것만으로는 우사가 왜 그렇게 다양한 형태를 띠는지를 설명할 수 없다.

그리고 농부들이 어떻게 실수 없이 엄청나게 다양한 우사를 만들어내는지도 설명할 수 없다.

예를 들어, 캘리포니아에 있는 오래된 우사 두 곳은 '표준적'인 형태와 근본적으로 다르다. 그중 하나는 횡단면은 다른 것과 같지만 길이가 아주 길어서 대략 73.2미터 정도 되며, 출입문이 양 끝에 있는 것이 아니라 중심축과 직각을 이루며 옆쪽에 나 있다. 다른 하나는 언덕 경사면에 자리 잡고 있었는데 3층으로 되어 있었다. 아래 두 층은 보통 우사와 같았지만 맨 위층은 반대 방향에서 들어가게 되어 있었다.

물론, 이 두 우사도 다른 우사를 모방한 것이다. 하지만 이 두 경우는 '전형적인' 우사를 똑같이 본뜬 것이 아니라는 것이 분명하다. 이 두 우사에도 다른 우사의 전형적인 패턴들이 내재되어 있다. 하지만 그 패턴들이 조합된 방식은 완전히 다르다.

여기에 대해 제기할 수 있는 질문은 '농부가 어떻게 새로운 우사를 지을 수 있는가?'인데 이에 대한 답변은 모든 우사는 패턴들을 활용해서 만들어지기 때문이라는 것이다.

모방하려는 생각이 잘못은 아니다. 중요한 것은 '무엇을 모방하는가'이다. 분명히 그 농부는 우사를 짓기 시작할 때 머릿속에 어떤 우사에 대한 이미지를 가지고 있었을 것이다. 하지만 그가 머릿속에 가지고 있는 우사의 이미지는 설계도나 청사진이나 사진 같은 것과는 다르다. 그것은 패턴들로 이루어진 시스템이며, 이 시스템은 언어의 기능을 한다.

그리하여 그 농부는 자신이 알고 있는 우사의 패턴들을 취하되 그것들을 새로운 방식으로 결합함으로써 이전에 본 것과는 다른 우사를 만들 수 있는 것이다.

이런 패턴들은 경험 법칙으로 나타나는데, 농부들은 누구나 그 법칙들을 조합하고 재조합하여 한없이 다양한 그들만의 우사를 만든다.

다음은 캘리포니아 지역의 전통적인 우사를 만드는 데 쓰이는 몇 가지 패턴들이다.

직사각형의 우사를 만든다고 하자. 폭은 9.1-16.8미터이고 길이는 12.2-76.2미터이다. 길이는 $3x$미터 이상인데, 여기서 x는 그 우사에서 키울 소의 수이다. 우사의 방향은 소가 들판에서 돌아올 때 걸어오는 길과 출입문이 쉽게 연결되도록 하고, 큰길과도 쉽게 접근할 수 있어야 한다.

우사의 내부는 세 개의 평행한 구역으로 구분된다.

바깥쪽 두 구역은 소의 젖을 짜는 곳이고, 가운데는 건초를 쌓아두는 곳이다. 폭은 가운데 구역이 4.9-11.6미터, 양쪽 구역이 3-4.9미터이다. 어떤 경우에는 한쪽 구역이 가운데 구역보다 더 짧아서 직사각형의 한쪽 귀퉁이를 떼어낸 모양이 되기도 한다.

가운데 구역의 양쪽 가장자리와 바깥쪽 구역 사이에 기둥을 각각 한 줄씩 세운다. 그 기둥들은 간격이 똑같고 마지막 기둥과 벽까지의 간격도 기둥들 사이의 간격과 동일하게 한다. 기둥들 사이의 간격은 2.1-5.2미터로 한다.

기둥 간격이 2.1-3미터면 기둥의 두께는 10×10센티미터, 기둥 간격이 3-4.3미터면, 기둥의 두께는 15×15센티미터, 기둥 간격이 3-4.3미터면 기둥의 두께는 20×20센티미터로 한다. 기둥들은 우사의 길이를 따라, 기둥 꼭대기에 있는 중도리에 의해 한데 고정된다.

우사의 지붕은 대칭형 박공지붕으로 하고, 세 구역 중 바깥 구역에 해당하는 박공은 경사를 완만하게 하거나 평평하게 한다. 그러면 중도리를 기준으로 박공의 각도가 변하게 된다. 박공의 경사는 지면과 20-40도를 이루게 한다.

만일 우사의 길이가 45.7미터 미만이라면 출입문을 양쪽 끝에 달되, 대략 가운데 구역의 중심선에 맞춘다. 우사의 길이가 45.7미터 이상이라면 출입문을 양쪽 벽의 대략 중간쯤에 달아서 양쪽의 바깥 구역과 통하게 한다.

중간 구역의 범위를 정하는 두 줄의 기둥이 5.5미터 이상 떨어져 있으면 그것들을 가로 이음보를 이용하여 고정시킨다. 모두 같은 높이이면서 기둥 꼭대기에서 0.9미터 이상 떨어지지 않게 한다.

측벽을 2.1-3미터 높이로 세우고, 지붕 꼭대기의 높이는 4.6-7.6미터로 한다.

샛기둥을 세워 측벽의 틀을 잡고 그것들을 수평틀(바닥)과 깔도리(꼭대기)에서 결합시킨다. 그리고 필요하면 중간 높이에서도 한 번 결합해주는데, 이 모든 부재들은 5×10센티미터짜리를 쓴다.

중간 영역의 기둥들과 선을 맞춰서 측벽에 샛기둥들을 세우고, 주가 되는 서까래를 샛기둥 위로 놓인 도리와 기둥 위의 중도리 위에 얹어 그것들과 하나의 판이 되게 한다.

지붕 맞은편에도 서까래를 놓아 지붕마루에서 만나게 한다.

샛기둥을 세우면서 각각의 모서리에 대각선으로 두께 5×10센티미터, 길이 0.9미터의 가새를 놓는다.

중간 영역을 직각으로 가로지르는 이음보와 주기둥들을 가새로 연결한다.

가새를 0.9-1.2미터 길이로 해서 주 도리를 주 기둥과 연결한다. 기둥의 간격이 6.4미터 이상이라면 이중 가새를 설치하되 바깥쪽 가새는 1.8미터 이상으로 한다.

이 패턴들이 어떤 역할을 하는지 더 정확히 이해하려면, '패턴'의 정의를 확장할 필요가 있다.

4장과 5장에서 우리는 패턴을 '세상에 존재하는' 어떤 것, 즉 주어진 장소에서 계속해서 반복되면서도 시시각각 조금씩 다른 형태로 표현되는, 활동과 공간이 결합된 어떤 것이라고 배웠다.

이제 이런 패턴들이 어디에서 나오는지 그리고 다른 것들과 매번 조금씩 다른 그 변화형들은 어디에서 나오는지를 묻는다면, 우리는 '세상에 존재하는' 이런 패턴들은 우리 자신한테서 나온 것이라고 할 수밖에 없다. 왜냐하면 우리 머릿속에는 비슷하면서도 다른 패턴들이 있고, 우리는 이것들을 기본으로 해서 실제 생활에 쓰일 패턴들을 상상하고, 고안하고, 창조하고, 만들어내고, 실현시키기 때문이다.

우리 머릿속에 있는 패턴들은 어떤 면에서는 이 세계에 존재하는 패턴들의 이미지들이나. 그것들은 세상의 패턴들을 규정하는 형태상의 규칙을 추상화한 것이다.

하지만, 두 패턴 사이에는 커다란 차이가 한 가지 있다. 세상의 패턴들은 단지 존재할 뿐이다. 하지만 우리 머릿속에 있는 패턴들은 역동적이다. 그것들은 뭔가를 생성해낼 힘이 있다. 그래서 우리에게 무엇을 해야 하는지, 어떻게 만들어내야 하는지, 어떻게 만들어낼 수 있는지를 알려 준다. 또한 상황에 따라서는 우리가 새로운 패턴을 만들어내야 한다는 것도 가르쳐준다.

각 패턴은 그것이 정의하는 실체를 만들어내기 위해 우리가 해야 할

일을 설명해주는 하나의 규칙이다.

예를 들어 산악지대의 비탈길을 활용하여 경사면에 계단식 논을 만드는 경우를 생각해보자. '사실' 이 패턴에는 몇 가지 특징이 있을 뿐이다. 예를 들면, 계단들은 등고선을 이룬다. 계단은 수직으로 대략 같은 간격에 따라 서 있다. 계단의 바깥 가장자리를 따라 제방이 둘러싸고 있어서 흙이 무너지는 것을 막아준다. 이 제방은 계단보다 약간 솟아 있는데, 이것은 물을 담아둘 뿐 아니라 빗물을 골고루 저장하고 침식도 방지한다. 이 모든 것들이 패턴을 정의한다. 말하자면 이런 사실들은 '세상에 존재하는' 패턴들을 규정하는 관계들이다.

이제 '농부의 머릿속에 있는' 같은 패턴을 살펴보자. 그 안에는 같은 정보가 들어 있다. 어쩌면 더 자세한 것, 실질적인 것이 들어 있을 것이다. 하지만 거기에는 두 가지가 더 포함되어 있다. 먼저 농부 머릿속의 패턴에는 계단식 논이라는 구조를 만드는 데 필요한 지식이 들어 있다. 계단식 논에 흙을 채워 평평하게 고르기 전에 먼저 제방을 쌓아야 한다는 것, 양쪽 제방에 배수를 위해 작은 구멍을 내야 한다는 것 등인데, 간단히 말해 계단식 논 만들기는 하나의 규칙으로 설명된다. 그것은 기존의 언덕을 변형시켜 그 패턴을 담고 있는 상태로 만들기 위해 농부가 해야 할 일을 알려주는 규칙이다. 다시 말하면, 패턴 그 자체를 이 세상에 생성시키는 법을 가르쳐주는 규칙이다.

그리고 그 패턴에는 중요한 특성이 있는데, 그것은 바로 문제를 해결한다는 것이다. 이 패턴은 언덕을 이용할 때 활용할 수도 있고 안 할 수도 있는 '하나의' 패턴이 아니다. 그것은 활용해야 마땅한 패턴이다. 그리고 언덕을 논으로 경작하고자 하는 사람이라면, 그리고 논을 침식으로부터 보호하고 싶은 사람이라면 이 패턴을 반드시 활용해야 한다. 그래야 안정되고 건강한 세계를 유지할 수 있다.

그렇다면 이 패턴은 농부가 계단식 논이라는 패턴을 만들려고 할 때 그 방식을 가르쳐줄 뿐 아니라, 특정 상황에서는 반드시 계단식 논을 만들어야 하고, 거기에 반드시 이 패턴을 써야 한다는 것까지 가르쳐준다고 할 수 있다.

패턴들로 이루어진 시스템이 언어의 형태를 띤다는 것은 바로 이런 의미에서이다.

우사를 짓는 사람이 우사에 필요한 패턴들을 적절한 방식으로 적용한다면, 그는 하나의 우사를 만들어낼 수 있다. 여기에는 항상 그 패턴이 요구하는 특정 관계들이 있을 것이다. 하지만 상황이나 짓는 사람의 취향에 따라, 크기도 제각기 다르고 방향도 다르고 관계도 다를 것이다. 이 시스템에 따라 만들어진 우사들은 모두 규칙에서 정하는 대로 형태는 엇비슷하지만(이 규칙들이 우리가 살펴볼 형태학적 법칙이다.) 거기에서 나올 수 있는 변화형은 말 그대로 무한하다.

수학적 관점에서 보면 가장 단순한 형태의 언어는 두 집합으로 된 시스템이다.

1 원소들의 집합 또는 기호들
2 이런 기호들을 조합하는 규칙들의 집합

논리어 logical language 가 이런 예에 속한다. 논리어에서 다루는 기호는 완전히 추상적이고 규칙은 논리적 통사법을 따르며 명제들은 정형식이라고 불린다. 예를 들어 ∗, +, =, x 라는 기호와 '같은 기호는 연달아 두 번 나올 수 없다'는 규칙에 의해 정의되는 언어가 있다고 하자. 이런 언어에서 ∗+∗+∗+∗ 또는 ∗x=∗=+=∗x는 명제(또는 정형식)가 될 수 있지만 x=x=+∗∗+=는 ∗가 두 번 연달아 나왔기 때문에 명제가 될 수 없다.

영어 같은 자연어는 더 복잡한 시스템이다.

여기에도 원소가 있는데, 이 경우에는 단어들이 원소가 된다. 그리고 그 단어들을 배열하기 위한 규칙들도 있다. 여기에 더해 단어들을 바탕으로 하는 구조(의미론적 연관성의 복잡한 망)가 있는데, 이것은 다른 단어들을 고려하여 각 단어를 한정하고 단어와 단어가 결합하는 방식을 규정한다.

예를 들어 "The tree is standing on the hill."이라는 간단한 문장을 살펴보자. 여기서 'The' 'tree' 'hill' 같은 단어들은 원소가 된다. 이 원소들은 어떤 규칙에 의해 결합되고, 그럼으로써 문장이 만들어진다. 이런 규칙 중 가장 간단한 것이 문법규칙인데, 이 문법규칙에 따라 be동사가 이 문맥에서는 is로 변형되고 the는 그것이 가리키는 나무라는 명사 앞에 오게 된다.

더 나아가 문장의 의미는 단어들의 논리적 연관성에서 나온다. 예를 들어 '나무'는 '땅'에서 자라고 '언덕'은 '땅'의 일종이므로 나무가 언덕 위에 서 있을 standing on the hill 수 있다는 식이다.

패턴 언어는 이보다 훨씬 더 복잡한 체계이다.

패턴 언어의 원소는 패턴들이다. 패턴들에는 어떤 구조가 있는데, 이 구조는 각각의 패턴이 어떻게 해서 그 자체가 더 작은 패턴들의 패턴이 되는지를 보여준다. 그리고 패턴 내에 존재하는 규칙들도 있는데, 이 규칙들은 패턴들이 어떻게 만들어지는지 그리고 다른 패턴들과 관련하여 어떻게 조합되어야 하는지를 설명해준다.

그런데 이 경우에 그 패턴들은 원소이기도 하고 규칙이기도 해서, 규칙들과 원소들은 떼려야 뗄 수 없는 관계가 된다. 패턴들이 곧 원소인 것이다. 그리고 각각의 패턴은 원소들을 조합하는 방식을 알려주는 규칙인데, 그 원소들도 또 다른 패턴들이다.

영어 같은 일상 언어도 하나의 시스템인데, 우리는 이 시스템을 이용해서 단어들의 일차원적 조합, 즉 문장을 수도 없이 만들어낼 수 있다.

우선 이 시스템은 주어진 상황에서 조합된 단어들 중에서 어떤 것이 문법에 맞고 어떤 것이 맞지 않는지를 판가름해준다. 더 나아가 주어진 상황에서 단어들의 조합이 논리적으로 맞는지 맞지 않는지도 판가름해준다. 단어들의 합당한 조합에는 어떤 것이 있는지 범위를 좁혀주는 것이다.

둘째, 이 시스템은 이런 유의미한 문장들을 우리가 직접 만들어내게 해준다. 즉 언어라는 시스템은 주어진 상황에서 합당한 문장을 판단하게 해줄 뿐 아니라 그런 문장들을 직접 만들어내게 하는 수단이 되는 것이다. 다른 말로 하면 언어는 생산 체계이며, 이 생산체계를 통해 우리는 어떤 상황에서건 적합한 문장들을 만들어낼 수 있다.

패턴 언어라는 시스템을 이용하면 우리는 건물, 공원, 도시 같은 3차원의 패턴 조합을 무한정 만들어낼 수 있다.

먼저 패턴 언어는 수많은 공간배치 중에서 그 사회에 합당한 것들을 규정하여 걸러낸다. 이것은 무작위로 조합할 수 있는 경우의 수보다 훨씬 적다. 예를 들면, 벽돌과 빈 공간과 공기를 아무렇게나 뒤섞어놓은 더미, 고속도로 입체교차로 위에 지은 부엌, 기차역 내부에서 거꾸로 자라는 나무 같은 것들도 생각해볼 수 있지만 그것들은 모두 합당하지 않기 때문에 패턴 언어가 걸러내는 것이다.

둘째, 패턴 언어는 우리가 일관성 있는 공간배치를 만들어낼 수 있도록 실질적인 능력을 부여한다. 이처럼 패턴 언어는 자연어와 마찬가지로 생성하는 능력이 있다. 조합의 규칙만 알려주는 것이 아니라 그 규칙을 따르면서 원하는 만큼 다양하게 조합하려면 어떻게 해야 하는지를 가르쳐주는 것이다.

정리하면 다음과 같다. 일상 언어와 패턴 언어는 둘 다 유한한 조합 규칙이지만, 이것을 이용하면 다양한 상황에 맞춰 우리가 원하는 대로 개성 있는 조합을 무한정 만들어낼 수 있다.

자연어	패턴 언어
단어	패턴
단어를 결합하는	패턴들과의 연관성을
문법규칙과 의미규칙	규정하는 패턴
문장	건물과 장소

다음은 베른 알프스의 농가를 만드는 데 필요한 대략의 패턴 언어이다.

남북 방향의 축
비탈 아래쪽으로 난 서향 출입문
두 개의 층

뒤쪽의 건초 보관소
앞쪽의 침실
남쪽의 정원
박공지붕
팔작지붕
정원 쪽으로 난 발코니
새김 장식들

이런 패턴들 하나하나는 일종의 관계 영역으로, 구체적으로 나타나는 형태는 무한하다. 그리고 각 패턴은 규칙의 형태로 표현되어 집을 지으려는 농부에게 지침 역할을 한다.

앞의 간단한 패턴들의 체계로 만들어낼 수 있는 집의 형태는 거의 무한하다. 예를 들면 아래 그림은 그 규칙들에 따라 지어진 집들이다.

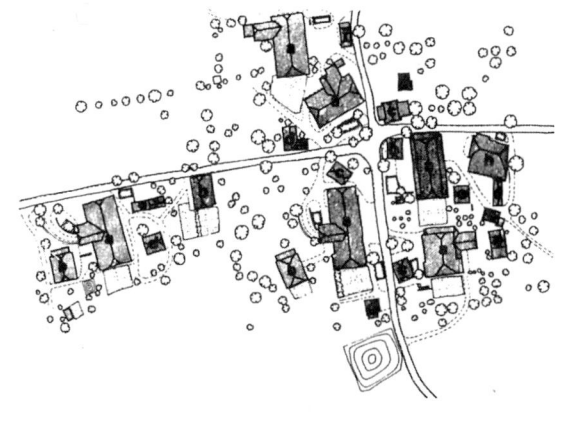

관문

다음은 이탈리아 남부지방의 석조건물을 지을 때 적용되는 간단한 패턴 언어들이다.

한 면이 3미터 정도 되는 정사각형의 큰 방
두 단 층계가 있는 주출입구
큰방에서 떨어져 있는 작은 방들
방들 사이의 아치형 통로
원뿔아치형 큰 천장
큰 천장 내의 작은 아치형 천장
회칠한 원뿔 꼭대기
회칠한 앉을 공간

이 언어는 다음 그림과 같은 아주 간단한 집들을 만들어낸다.

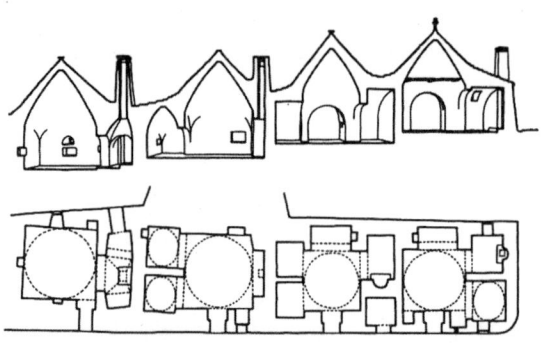

216

그리고 아래 그림처럼 좀더 복잡하고 개성 있는 집들도 만들 수 있다.

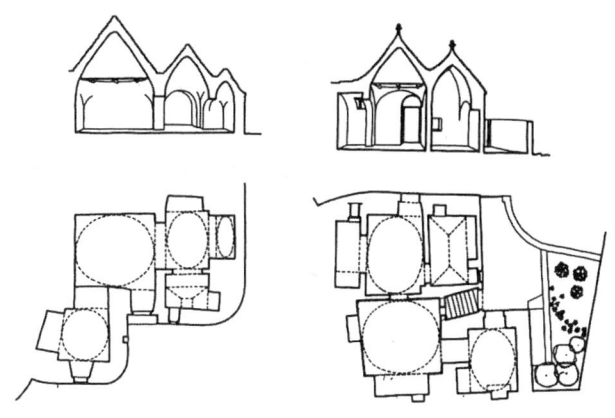

이 경우 패턴 언어는 사람들에게 각자의 집을 짓게 해줄 뿐 아니라 그들이 지나다니는 거리와 도시까지 총체적으로 구성하게 해준다.

예를 들어, 그 언어에는 다음과 같은 것을 포함하는 더 심화된 패턴들이 있다.

    좁은 도로들
    가지처럼 뻗어나간 도로
    현관 테라스
    연결된 건물
    교차로의 공동 우물
    도로의 계단들

관문

이렇게 좀더 큰 패턴들은 도시의 구조를 만들어낸다. 개인들이 각자의 집을 짓는 동시에 단계별로 이런 더 큰 범위의 패턴들을 따르면, 그리고 자신의 집을 설계하고 배치할 때 그보다 더 큰 패턴들을 만들어내는 데 기여한다면, 도시는 구성원들의 작업이 더해감에 따라 서서히 그 구조가 잡힐 것이다.

개인이 패턴 언어를 사용하는 방식은 조금씩 다르다. 자신의 꿈을 반영한 건물을 짓기 위해 패턴 언어를 사용하는 사람도 있고, 가족들의 특별한 요구에 맞추기 위해, 자신의 생활방식에 맞게, 그들이 기르는 동물들에게 적합하게, 위치를 감안하거나 도로와의 연관성을 고려하여 패턴 언어를 사용하는 사람도 있다. 하지만 그런 차이점에도 그 안에는 내재된 패턴들이 반복됨으로써 전체적으로는 일관성과 조화를 이룬다.

이 단계에서 우리는 패턴 언어의 개념을 명확히 정의했다. 그것은 무한한 건물들을 생성할 수 있게 해주는 유한한 규칙들의 체계(이렇게 만들어진 건물들은 모두 한 어족語族에 속한다.)이며, 한 동네 또는 한 도시의 구성원들은 그 언어를 사용하여 건물들에 일관성과 다양성의 균형을 정확히 맞춤으로써 생명력을 불어넣을 수 있다.

이런 의미에서 보면, 우리는 생명체에서 유전자 정보가 하는 역할을 건물에서도 똑같이 하는 암호를 발견했다고 할 수 있다.

하지만 우리가 아직 모르는 것이 하나 있는데, 그것은 이러한 종류의 언어가 이 세상에서 일어나는 모든 건축 행위 하나하나에서 궁극적인 역할을 한다는 사실이다.

이런 패턴 언어들은 마을이나 농촌 지역에
국한되지 않는다. 모든 건축 행위는 모종의
패턴 언어가 총괄하며, 세상의 패턴들이
그 자리에 존재하는 이유는 오로지 사람들이
사용하는 언어들이 그것들을 창출하기 때문이다.

11

우리의 패턴 언어 (2)

Our Pattern
Languages:
Continued

●

지금까지 우리는 작은 시골마을에 사는 농부가 집을 지을 수 있는 능력의 비밀이 패턴 언어에 있다는 것을 보았다.

하지만 패턴 언어는 그보다 훨씬 광범위하고 심오하다. 크든 작든, 소박하든 웅장하든, 현대적이든 전통적이든 모든 건물은 이와 똑같은 방식으로 지어진다.

패턴 언어는 전통적인 사회에서만 나타나는 것이 아니라 일상 언어를 사용하는 것처럼 인간의 근원적인 본성이다.

예를 들어, 우리가 살고 있는 도시와 건물들도 다른 도시나 건물들과 마찬가지로 패턴을 이용하여 지어진 것이다.

우리 주변을 돌아보라. 이 세계는 고속도로와 주유소, 주택, 보도, 부엌, 빌딩, 밋밋한 콘크리트 벽, 평지붕, 정문, 텔레비전, 실내 주차장, 고층빌딩, 엘리베이터, 고등학교, 병원, 공원, 주차장, 배수로, 콘크리트 박스 안의 나무들, 상자 안에 담긴 조화造花, 네온사인, 전화선, 전망창, 앞마당, 뒷마당, 금박 플라스틱 액자, 모텔, 슈퍼마켓, 햄버거 가게, 샌드위치 기계 같은 것들로 이루어져 있다.

오늘날의 패턴들은 주위의 모든 건축에 사용된 다른 패턴들과 마찬가지로 사람들이 사용하는 패턴 언어에서 나온다.

예를 들면, 고속도로는 지침서에 따라 건설되는데, 그 지침서에는 많든 적든 교통량에 따른 진출로의 최적 넓이, 다양한 조건을 바탕으로 한 진출로의 가장 뛰어난 배치, 입체교차로의 적절한 곡률과 경사도가 정확한 패턴 형식으로 나와 있다.

그리고 어떤 회사에서 짓든 모든 주유소는 지침서를 따르고, 이 지침서에는 그 핵심이 되는 특징이 담겨 있다. 예를 들어 쉘 주유소는 어떤 특징을 갖춰야 하고, 그 특징들이 환경에 따라 어떻게 조합되어야 하는지를 제시하여, 쉘 주유소에 속하면서도 현지에 적합하도록 지을 수 있게 한다.

앞으로 살펴보겠지만, 물론, 이런 패턴들도 항상 언어에서 나온다. 인간이 건설한 세계에 패턴들이 발현되는 이유는 우리가 패턴 언어를 사용함으로써 패턴들이 그 세계에 깃들기 때문이다.

각각의 창문, 방, 집, 거리, 동네에 개성을 부여하고 그곳들의 구조를 좌우하는 패턴들은 언어에서 나온다. 그리고 그 세계를 이루는 각각의 요소를 총괄하고 발전시키는 것은 내부의 패턴 언어이다. 생명체를 총괄하는 유전자 정보와 똑같은 역할을 이 패턴 언어가 하는 것이다.

물론, 이 패턴들이 건축가나 도시계획가의 작업에서만 나오는 것은 아니다.

세상의 모든 건물에서 건축가가 기여하는 비중은 5퍼센트를 넘지 않는다. 세상을 구성하는 대부분의 건물, 도로, 상점, 사무실, 방, 부엌,

관문

카페, 공장, 주유소, 고속도로 등은 완전히 다른 뿌리에서 나온다.

그것들은 수천 명의 협업으로 만들어진다.

그것들을 만드는 것은 행정가들, 철물점 주인, 주부, 건설부 공무원, 지역 은행가, 목수, 공공사업 관련 부서, 정원사, 페인트공, 시의회, 가족 구성원의 결정이다.

그들 각자는 경험의 법칙을 따름으로써 도시를 건설하는 데 일조한다.

사례 영국 정부는 런던에서 30마일 떨어진 곳에 인구 5만 명 규모의 도시 스티브니지 뉴타운Stevenage New Town을 조성하기로 결정한다. 이 결정을 총괄하는 패턴은 에버니저 하워드Ebenezer Howard가 1890년에 처음 구상했고, 영국 정부는 스티브니지를 조성하기 50년 전에 그 패턴을 알고 있었다.

사례 캘리포니아주 고속도로 관리국 소속의 도로건설 기사들은 샌프란시스코 서쪽 80번 주간州間 고속도로에 입체교차로를 설치하기 위해 지점을 정하고 설계를 한다. 그들은 미국 도로교통안전협회AASHO에서 규정의 형태로 분명하게 제시한 설계 패턴들을 따를 것이다. 이 규정에는 고속도로 입체교차로의 최적 간격, 진입로의 가장 효율적인 구조, 규정 속도에 맞는 최소 반경과 편구배 등이 포함된다.

사례 뉴욕의 어느 건축가가 파크 애비뉴에 세울 어느 빌딩의 외관을 설계한다고 하자. 그는 빌딩을 지을 때 일조량을 충족시켜야 한다는 건축법상의 규정을 따라야 한다. 또한 작업을 시작하기 전에 그 건물을 어느 정도 피라미드 형태와 비슷하게 지어야 한다는 것도 알고 있다.

사례 어떤 주부가 남편에게 지난달 《하우스&가든House & Garden》이라는 잡지에 소개된 부엌처럼 창문을 가로지르는 선반을 만들어달라고 부탁한다. 이 경우에도, 창문을 가로지르는 선반이라는 패턴은 자신의 부엌에 그 패턴을 적용하기로 결정하기 전에 이미 머릿속에 있는 것이다.

사람들은 누구나 경험의 법칙을 따른다.

사례 욕조를 고치려는 사람은 동네 철물점에서 확장용 샤워커튼 레일을 사와 욕조 위쪽에 그것을 설치한다. 이 장치는 상점에서 구입할 수 있고, 그것이 가장 간단한 수리 방법이라는 사실은 남자의 머릿속에 있는 패턴에 가장 큰 영향을 끼치는 힘이며, 이 패턴에 따라 그는 샤워커튼 봉을 설치하게 된다.

사례 어느 소도시 당국이 도심 한복판을 가로지르는 차도를 보행자 전용구역으로 전환하기로 결정했다. 그 결정은 아마 건축가들이 통솔하여 실행될 것이다. 그리고 그 건축가들이 조언하는 내용은 20년 이상 해온 건축적 사고에서 나온다.

사례 보행자 전용구역을 꾸미기 위해 투입된 조경 전문가는 보도, 분재용 화분, 벤치를 이용한다. 현재 그 사회의 보행자 전용구역에 적합한 이런 요소들은 조경 전문가가 작업을 시작하기 오래전부터 머릿속에 있던 것들이다.

사례 한 은행이 어떤 개발업자에게 자금을 대출해주기로 결정한다. 그 은행의 결정은 상당한 수익을 가져다줄 그 땅의 밀집도에 대한 경험법칙을 토대로 한 것이다. 그들의 패턴에 따르면 도심의 넓은 지역에 작은 건물을 지으려는 사람들에게는 돈을 빌려주지 않아야 한다.

사례 공원관리 사무소에서 공원의 나무들을 솎아내려고 한다. 그 나무가 소나무라면 나무들의 간격은 대략 4.6미터 정도가 적당하므로 그 사이에 있는 나무들은 뽑아내야 한다. 그래야 서로 성장하는 것을 방해하지 않기 때문이다. 소나무에 적용되는 이 간격은 전 세계 모든 삼림학교에 널리 알려져 있는 패턴이다.

그리고 이 경험의 법칙들, 말하자면 패턴들은 모두 언어라고 하는 더 큰 시스템의 일부이다.

물론, 내가 예로 든 이런 경험법칙들은 제각기 독립적으로 존재하는 것이 아니다.

각 패턴은 다른 패턴들로 조직된 시스템의 일부가 되어, 독립적인 결정을 내리는 데뿐 아니라 결과물을 완성하는 데도 이용된다. 제대로 지은 공원, 건물, 공원벤치, 고속도로 입체교차로 등이 그것이다.

모든 사람의 머릿속에는 각자의 패턴 언어가 있다.

어떤 사람의 패턴 언어는 건축법에 대해 그 사람이 갖고 있는 지식의 총합이다. 한 사람의 머릿속에 있는 패턴 언어는 다른 사람의 머릿속에 있는 패턴 언어와 조금씩 다르다. 똑같은 것은 하나도 없다. 하지만 많은 패턴들은, 그리고 패턴 언어들의 많은 요소들은 서로 공통점이 많다.

어떤 사람이 무언가를 설계하려 한다면, 그 작업을 총괄하는 것은 오직 그 순간 그 사람의 머릿속에 있는 패턴 언어이다. 물론, 각자의 머릿속에 있는 패턴 언어는 경험이 쌓임에 따라 항상 변화한다. 하지만 뭔가를 설계해야 하는 특정 순간에는 그때까지 쌓아온 패턴 언어에 완전히 의지할 수밖에 없다. 그래서 설계 작업이 소박하든 어마어마하게 복잡하든 설계의 결과는 그 순간 자신의 머릿속에 있는 패턴들과 그 패턴들을 조합하는 능력에 따라 달라진다.

이런 사실은 보잘 것 없는 건축가든 창의력이 뛰어난 예술가든 누구에게나 똑같이 적용된다.

안드레아 팔라디오Andrea Palladio는 패턴 언어를 사용하여 건물을 설계했다. 그리고 프랭크 로이드 라이트Frank Lloyd Wright도 패턴 언어를 사용하여 설계했다. 팔라디오는 자신의 패턴들을 책으로 펴내 다른 사람들도 사용하게 한 반면, 라이트는 유명 요리사가 요리법을 공개하지 않듯이 자신의 패턴들을 비밀로 간직했다. 하지만 공개 여부는 중요하지 않다. 중요한 것은 두 사람 모두 그리고 역사적으로 명성을 남긴 건축가들에게는 모두 자신만의 패턴 언어와 나름대로 축적된 경험이 있었다는 것이다. 그리고 건물을 지을 때마다 경험법칙이라는 형태로 그것을 활용했다.

그리고 여러분도 설계를 할 때 패턴 언어를 사용한다.

내가 여러분에게 간단한 구조의 작은 집을 설계해보라고 했다 하자.

그리고 이렇게 묻는다. 그 집의 방은 원형입니까? 그렇지 않을 가능성이 클 것이다. 대부분 머릿속에 자신이 지을 집의 방은 어쨌거나 직사각형이라는 규칙이 있다.

지금 이런 규칙이 좋은지 나쁜지를 따지자는 것이 아니다. 다만 누구나 방을 만들 때 어떤 형태로 할 것인지에 대해 대략적으로나마 모종의 규칙이 있다는 것을 인정하자는 것이다.

여러분에게는 이런 규칙이 많이, 아주 많이 있다.

사실 여러분 머릿속에 있는 언어는 이런 규칙들로 이루어진 체계이다.

그리고 여러분의 창의력도 순전히 이런 패턴들의 힘에서 나온다. 따라서 집을 짓는 능력은 전적으로 현재 여러분이 알고 있는 패턴 언어의 규칙들이 좌우한다고 할 수 있다.

우리가 설계라는 행위를 하려고 하는 순간 완전한 백지에서 그것을 생각하는 시간이란 없다.

설계를 하려는 사람은 그것을 빠른 시간에 해내야 한다. 그리고 그것을 빨리 해내는 유일한 길은 머릿속에 축적되어 있는 다양한 경험법칙을 이용하는 것이다. 간단히 말하면 우리는 모두 보잘 것 없는 것이든 아주 수준이 높은 것이든 머릿속에 방대한 경험법칙을 담고 있으며, 그것들은 우리가 뭔가를 실행해야 할 때 그 방법을 알려준다. 설계 행위를 하는 시점에서 우리 모두가 바랄 수 있는 것은 그 동안 모아놓은 경험법칙들을 최선의 형태로 활용하는 것이다.

어떤 사람이 '근본부터 다시 생각하는 것'처럼 보인다 해도, 그는 사실 자신의 머릿속에 이미 자리 잡고 있는 패턴들을 재조합할 뿐이다.

그가 어떤 문제를 새로운 시각으로 분석함으로써 그 패턴들을 약간 변형시킬 수는 있겠지만 그 작업의 토대가 되는 것 역시 이미 머릿속에 있는 패턴 언어이다.

여러분은 이렇게 생각할지도 모른다. '지금 머릿속에 패턴 언어가 하나도 없는데.'

이처럼 자신의 머릿속에 아무 패턴이 없다고 주장하는 사람도 있을 것이다. 그런 사람에게 나는 이런 질문을 던져보겠다. 만일 여러분이 건물을 짓는 법에 관해 하나라도 알고 있다면, 그것은 무엇인가?

그는 그저 감정과 본능에 따라 자기 방식으로 눈앞의 문제에 대응할 뿐이라고 대답할지도 모른다. 하지만 그런 내밀한 감정과 본능도 어떤 원칙들의 조정을 받는다. 그가 이런 원칙들을 스스로 명시한 적이 없다 할지라도, 그리고 그렇게 명시할 수 없다 할지라도 그의 머릿속 어딘가에는 누가 무엇을 만들어야 하는가에 대한 원칙들이 잠재해 있다. 그리고 그가 설계를 할 때 본능과 감정을 따라 실행에 옮겨지는 것들도 바로 이런 원칙들이다.

사람들이 뭔가를 지을 때 창의력을 발휘할 수 있는 것은 바로 머릿속에 패턴 언어가 있기 때문이다.

여러분은 자신의 창의력이 머릿속에 있는 언어에서 나온다는 것을 인정하기 싫을지도 모른다. 그 이유는 머릿속에 있는 언어라는 규칙 때문에 자유와 창의성이 가로막힐지도 모른다는 두려움이 있기 때문이다. 하지만 사실은 정반대이다. 패턴 언어야말로 바로 창의력의 원천이다. 그리고 패턴 언어 없이는 아무것도 만들어내지 못한다. 사람들이 창의력을 발휘하는 것은 바로 그 언어 덕분인 것이다.

영어를 생각해보라. 우리 머릿속에 있는 영어의 규칙이 우리의 자유를 구속한다는 것은 어불성설이다. 영어를 사용하는 사람이 무언가를 말할 때는 영어를 사용해서 말한다. 가끔은 말로 표현하지 못해서 답답할 때도 있겠지만 그렇다고 해서 언어의 규칙에서 벗어나려고 하지는 않을 것이다. 사실 우리가 알고 있는 광범위한 지식은 이런 규칙들의 체계에 포착된 것들이다. 다른 개념들을 통해 이해하는 개념들도 모두 우리 머릿속에 있는 언어에 속한다.

언어의 규칙들 덕분에 우리는 창의력을 발휘할 수 있다. 왜냐하면 그 규칙들은 단어들을 무의미하게 조합하느라 낭비할 시간을 없애주기 때문이다.

단어들을 무작위로 조합한 것들은 대부분 뒤죽박죽이다. 말이 되는 조합들에 비해 '고양이가 일한다 집을 차가 있다'처럼 말이 안 되는 조합들은 비교할 수 없이 많다.

뭔가를 말할 때마다 모든 단어들의 조합들 속에서 우리가 하려는 말들을 찾아내야 한다고 생각해보라. 아마 한 문장도 제대로 만들어 내지 못할 것이다. 섬세한 느낌이나 의미를 표현하는 문장을 만들어 내는 것은 더더욱 불가능할 것이다.

언어의 규칙은 우리 앞에 있는 어마어마하게 많은 무의미한 문장들을 몰아내고 소수의 (그래도 여전히 많은) 유의미한 문장들을 뽑아준다. 그 덕분에 우리는 의미를 더 섬세하게 다듬는 데만 신경을 쓸 수 있는 것이다. 언어의 규칙이 없었다면 주어진 시간 동안 발버둥만 치다가 결국은 아무것도 얻어내지 못했을 것이다.

패턴 언어도 마찬가지다.

패턴 언어는 사실 어떤 사람의 건축 경험을 상세히 설명하는 방식일 뿐이다. 집을 지은 경험이 풍부한 사람이라면 그가 쓰는 패턴 언어도 풍부하고 복잡할 것이다. 집 짓는 경험이 일천한 사람이라면 그가 쓰는 패턴 언어도 소박하고 단순할 것이다. 집짓는 기술이 아무리 뛰어난 전문가라도 자신의 언어가 없으면 집을 짓지 못한다. 마치 초심자나 다름없는 것이다.

다시 말하지만, 기둥과 샛기둥과 벽과 창문을 조합하는 모든 방법들을 생각할 때 그것들 대부분은 무의미한 뒤죽박죽일 뿐이다. 무의미한 조합들은 건물을 만드는 데 유용한 조합들에 비해 그 경우의 수가 비교할 수 없을 정도로 많기 때문이다. 언어가 없는 사람은 그 의미 없는 조합들 사이에서 의미 있는 조합들을 찾아내기 위해 자신의 머릿속을 샅샅이 뒤져야 하며, 그렇게 하더라도 그 건물이 제 기능을 하게 만드는 정교한 조합은 결코 만들어내지 못할 것이다.

그러므로 패턴 언어의 사용은 전통적인 사회에서만 일어나는 현상이 아니다. 그것은 언어를 사용하는 것처럼 인간 본성의 근본이 된다.

모든 창조적 행위를 뒷받침하는 것은 패턴 언어이다. 전통적인 사회에서의 창조 행위만 패턴 언어에서 나오는 것이 아니라 창조적 행위는 어떤 것이든 패턴 언어를 기반으로 한다는 뜻이다. 경험이 부족한 초보자의 서툰 건축도 언어 내에서 만들어지고, 보기 드문 천재의 작품도 언어의 범위 안에서 창조된다. 그리고 대부분의 도로와 다리 또한 언어의 영역 안에서 만들어진다.

이제 적어도 세상의 패턴들이 어디에서 나오는지 명확해졌다.

5장에서 우리는 세상을 구성하는 각 요소들의 특성은 본질적으로는 몇 가지 안 되는 패턴들이 반복됨으로써 생긴다고 배웠다. 바닥에 깔린 마루널에서 반복되는 패턴, 도시의 지붕들에서 반복되는 패턴, 어떤 도시에는 파리라는 개성을 부여하고, 어떤 도시에는 런던이라는 개성을 부여하는 통합적 배치를 낳은 패턴······.

이런 반복은 모두 어디에서 오는 것일까? 그 질서는 어디에서 오는 것일까? 그 일관성은 어디에서 오는 것일까? 무엇보다 그 패턴들은 어디에서 오고, 왜 그중 몇 가지만 계속해서 반복되는 것일까?
우리는 그 질문에 대한 답을 알고 있다.

패턴들이 반복되는 이유는 바로 모든 사람들이 공통의 언어를 가지고 있고, 뭔가를 만들어낼 때 다들 이 공용어를 사용하기 때문이다.

사람들이 각자 이 공용어의 개인형을 갖고 있다는 것도 분명한 사실이다. 하지만 크게 보면 사람들은 모두 똑같은 패턴들을 알고 있고, 그 패턴들이 무궁무진하게 변화하면서 끊임없이 반복되는 것이다. 사람들이 사용하는 언어 안에 그 패턴들이 들어 있기 때문이다.

우리 주변 환경을 이루는 요소 중 패턴 언어의 영향을 받지 않는 것은 단 하나도 없다.

경작지를 나누는 데 필요한 언어가 있고, 도로를 배치하는 데 필요한 언어가 있고, 광장·공공건물·교회·사찰을 짓는 데 필요한 언어도 있다. 건물들을 구획별로 배치하거나 도로변에 상점과 카페를 배치하는 데 필요한 언어 그리고 상점 내부를 정돈하여 활용하는 데 필요한 언어도 있다.

그리고 세상을 구성하는 패턴이 끝없이 반복되는 것은 사람들이 세상을 구성할 때 사용하는 언어가 널리 공유되고 있기 때문이다.

패턴들이 세상에서 100만 번 반복되는 것은 그 패턴을 담고 있는 언어를 100만 명이 함께 사용하기 때문이다.
전통적인 형태든 새로운 형태든, 1,000년 전에 지어진 것이든 오늘날 지어진 것이든, 건축가가 설계한 것이든 문외한이 설계한 것이든, 합법적으로 지은 것이든 불법으로 지은 것이든, 여럿이 함께 지은 것이든 한 사람이 지은 것이든, 인간이 지금까지 건설한 모든 건물의 형태는 바로 그것을 지은 사람이 사용한 언어에서 나왔다.

어느 시대 어느 문화에서나 그 세계가 만들어진 방식은 본질적으로 사람들이 사용한 패턴 언어의 영향을 받게 마련이다.

모든 창문, 모든 문, 모든 방, 모든 집, 모든 정원, 모든 거리, 모든 동네, 그리고 모든 도시. 이것들의 형태에 직접 영향을 주는 것이 바로 패턴 언어이다.

패턴 언어는 인간이 만든 세계에서 모든 구조를 낳는 원천이라고 할 수 있다.

그뿐이 아니다. 패턴 언어는 도시와
건물의 형태뿐 아니라 그 특성에도 영향을
준다. 경외감을 불러일으키는 장엄한
종교 건축물의 생명력과 아름다움까지도
그것을 지은 사람들이 사용한 언어에서 나온다.

12

언어의 창조력

*The Creative
Power of
Language*

●

11장에서 우리는 세상의 모든 일상적인 구조를 패턴 언어가 좌우한다고 배웠다.

  하지만 패턴 언어는 그보다 훨씬 더 근본적인 역할을 하고 있다. 건물들의 형태뿐 아니라 피조물로서의 생명력과 아름다움도 패턴 언어에서 나오는 것이다. 패턴들은 건물의 구체적인 외관뿐 아니라 그 건물의 생명력에도 영향을 미친다.

웅장한 대성당의 생명력과 아름다움은 그 성당의 패턴 언어에서 나온다. 생명력이 느껴지는 아주 작은 건물의 아름다움도 마찬가지다. 건물이 얼마나 생명력을 발산하며 깊은 감동을 주는지는 그것을 지은 사람들이 사용한 패턴 언어의 힘에 달려 있다.

샤르트르나 노트르담 같은 훌륭한 대성당들이 패턴 언어에 따라 지어진 방식을 살펴보면서 논의를 시작하기로 하자.

어떤 면에서 보면 이것은 당연한 사실이다. 그 위대한 대성당들도 어느 정도는 일반 성당의 형태를 규정하는 공통의 경험법칙들에 따라 지어졌기 때문에 보통 성당과 마찬가지로 본당, 측랑, 수랑, 동측면,

서측면, 탑 같은 것으로 이루어져 있는 것이다.

그리고 공통적인 패턴으로 구성되었다는 사실은 큰 규모의 요소뿐 아니라 기둥들의 배치, 아치의 형태, 장미꽃 무늬가 있는 커다란 서쪽 창, 동측면 부근의 본당, 기둥들의 간격, 버팀벽, 버팀도리처럼 더 작은 규모의 요소에도 똑같이 적용된다.

실제로 지극히 아름다운 세부 장식도 패턴이다. 기둥머리, 창문의 장식, 아치형 천장의 석재에 새긴 조각, 외팔보 지붕, 버팀도리의 괴물 석상, 출입문 둘레의 조각 장식, 스테인드글라스, 바닥에 깔린 매끄러운 돌, 글씨나 문양을 새겨 넣은 묘비들도 모두 패턴들이다.

물론, 위에서 말한 두 대성당을 지은 사람들은 일반 사람들이 아니다.

건축에 참여한 수백 명은 각자 자신이 맡은 부분을 책임졌고, 때로는 그 작업이 대를 이어 계속되기도 했다. 건물을 지을 때는 항상 전체 작업을 총괄하는 전문가가 있었다. 하지만 그 작업에 참가하는 사람들 각자의 머릿속에도 전체를 총괄하는 언어가 있었다. 전체적으로 보면 모두들 똑같은 공정을 생각하고 있었지만 한 사람 한 사람이 실행한 세부작업은 조금씩 다를 수밖에 없었다. 건축을 총괄하는 사람은 작업자에게 일일이 세부적인 설계를 설명할 필요가 없었다. 작업자들도 공동의 패턴 언어를 충분히 숙지하고 있어서 그 세부사항을 정확하게 실행할 수 있었기 때문이다.

그렇다 해도 위대한 대성당의 힘과 아름다움은 대부분 건축 총괄자와 개별 작업자들이 사용한 언어에서 나왔다.

그 공동의 언어에는 일관성이 있었기 때문에 이 언어를 충분히 이해하고 최선을 다해 건물의 요소를 하나하나 지어가는 사람이라면 누구든 훌륭한 건물을 완성할 수 있었다.

공동의 패턴 언어는 개별 요소들과 그 요소들을 만들어낸 작업 방향을 안내하고, 이 언어를 바탕으로 건물은 서서히 그 장엄한 형태를 드러낸다. 마치 꽃씨 안에 있는 유전자가 씨앗의 방향을 안내하여 꽃을 피워내듯이.

역사상 훌륭한 건물들은 이처럼 모두 언어의 힘으로 지어졌다.

샤르트르 대성당, 알람브라 궁전, 카이로의 모스크, 일본의 주택들, 필리포 브루넬레스키의 돔…….

지금까지 배워온 건축에 대한 잘못된 시각 때문에 우리는 위대한 건축가들이 연필을 들고 공들여 설계도를 그린 덕분에 이런 건물들이 지어졌다고 생각한다.

하지만 샤르트르 대성당도 소박한 농가와 마찬가지로 공동의 패턴 언어를 사용하는 여러 사람들이 그 언어를 충실히 따라 지은 것이다. 건축가가 그린 '설계도'를 따라 지은 게 아니라는 뜻이다.

앞에서 말한 훌륭한 건물들도 평범한 농부가 자신의 집을 짓는 데 사용한 과정과 똑같은 과정에 따라 지어졌다.

역사에 길이 남을 대성당, 모스크, 궁전, 알람브라 궁전 등을 지은 사람들도 일반인들이 사용한 것과 똑같은 언어를 사용했다.

보통 사람들은 언어에 대한 이해가 깊지 않고, 집도 한두 번밖에 지어보지 못했고, 공공 건축에서도 하찮은 일을 맡았을 뿐이다. 직업도 본질적으로는 건축과 상관없는 일이었다.

하지만 역사적 건물을 지은 사람들은 그 똑같은 언어를 평생 사용했고, 그것을 심화시켰고, 패턴에 대해 깊이 이해하여 그것을 실행했고, 여러 번 지어봄으로써 그 패턴들을 가장 잘 실현하는 방식을 알고 있었다.

어떤 '언어'든 지극히 심오한 건축 지식을 포착해낼 수 있다는 주장에 근본적인 회의를 느끼는 사람도 있을 것이다.

왜냐하면 위대한 건축가에게는 보통 사람들에게는 없는 특별한 재능이 있고, 생명력이 충만한 훌륭한 건물을 창조해내는 능력은 순전히 이 재능에 달려 있다는 생각이 널리 퍼져 있기 때문이다.

위대한 건축가의 창의력과 아름다운 건물을 만들어내는 역량이 정확하고 깊이 있게 관찰하는 능력에서 나온다는 데는 많은 사람들이 동의할 것이다. 화가의 재능은 보는 능력에 달려 있다. 그는 사물에서 정말 중요한 것이 무엇인지, 그리고 그 특성이 어디에서 오는지를 다른 사람들보다 더 날카롭고 섬세하게 관찰한다. 마찬가지로 건축가의 재능도 건물에서 깊고 심오하며 일을 진행시키는 진정으로 중요한 관계를 관찰하는 능력에서 나온다.

이런 점에서 볼 때 심도 있는 패턴 언어란 건물을 아름답게 만드는 것이 무엇인지를 깊이 관찰하여 그 조건을 충족시키는 패턴들을 모아놓은 집합이라고 할 수 있을 것이다.

우리는 가장 깊은 통찰력, 가장 신비하고 숭고한 통찰력은 뭔가 다를 거라고, 즉 특이할 거라고 생각하는 습관이 있다.

이것은 자기가 하는 일을 잘 모르는 사람들의 구차한 변명에 불과하다.

사실은 그와 정반대다. 가장 신비롭고 가장 숭고하고 가장 놀라운 것, 이것들은 보통의 것들과 조금도 다르지 않고 오히려 더 평범하다.

그것들은 지극히 평범하기 때문에 핵심에 닿을 수 있다.

그리고 명확하게 표현할 수 있고, 찾아낼 수 있고, 서로 이야기할 수 있기 때문에 감동을 준다. 정말로 중요하고 정말로 심오한 것들은 확고한 근거가 있어 말로 명확하게 설명할 수 있기 때문에 포착하기가 어렵지 않다. 그것들을 찾기 힘든 이유는 특이하고 이상하고 표현하기 어렵기 때문이 아니라, 반대로 너무 평범하고 일상적이어서 우리가 찾아볼 생각도 하지 않기 때문이다. 두 가지 예를 들어보겠다. 하나는 오래전부터 전해 내려오는 기도용 방석의 아름다움이고 또 하나는 건축술에 관한 것이다.

터키에서 사용되는 기도용 방석은 200년 전에 만들어졌는데 색깔이기가 막히게 멋지다.

아름다운 방석들은 모두 다음과 같은 규칙을 따른다. 두 색깔이 나란히 만나는 지점에는 항상 그 사이에 또 다른 색깔로 된 가느다란 선이 들어간다는 것이다. 이 규칙은 더할 나위 없이 간단하지만, 이 규칙을 따르는 방석들은 생기를 띠고 색이 살아 숨 쉬는 것 같다. 그리고 이 규칙을 따르지 않는 방석은 왠지 모르게 밋밋하다.

물론, 이 규칙만 따른다고 해서 멋진 방석이 만들어지는 것은 아니다. 하지만 단순하고 평범해 보이는 이 규칙 하나가 방석의 광채와 아름다움을 배가시킨다. 이 규칙을 아는 사람은 아름다운 방석을 만들 수 있지만 이것을 모르는 사람은 십중팔구 그렇지 못할 것이다.

오래전에 만들어진 이 훌륭한 방석의 다른 특징들도 이처럼 간단한 규칙을 바탕으로 하고 있다. 하지만 이런 규칙들은 대부분 잊혀져서 지금은 색깔이 우아한 방석이 만들어지지 않고 있다.

이 규칙들을 말로 설명할 수 있다고 해서, 그리고 그 규칙이 무척 단순하다고 해서 그 방석의 깊이와 영성에 조금이라도 해가 되는 것은 아니다. 간단히 말해 중요한 것은 이 규칙이 지극히 심오하고 강력하다는 것이다.

눈부시게 아름다운 방의 빛도 간단한 한 가지 규칙을 따른다.

모든 방은 적어도 두 면(그 방의 폭이 2.4미터 이상이라면)에서 햇빛이 들어와야 한다는 간단한 규칙을 생각해보자. 이 규칙의 특성은 색깔에 관한 위의 규칙과 결코 다르지 않다. 이 규칙을 따르는 방에 있으면 기분이 좋지만 그렇지 않은 방에 있으면 예외적인 경우를 제외하고는 기분이 좋지 않다.

이번엔 세계적으로 아름답기로 손꼽히는 건물 중 규모가 작은 예를 보자. 바로 일본의 이세 신사이다.

그 건물은 무엇 때문에 아름다울까? 그것은 가파른 지붕, 하늘을 가로지르는 지붕보의 선, 신사 주변의 산책길, 난간의 높이, 더할 나위 없이 매끄럽고 둥글게 다듬어진 나무 기둥, 보의 양끝 나무 단면을 감싼 놋쇠 보호막, 광택 나는 매끄러운 목재에 박아 넣은 놋쇠 나사, 벽 속 기둥의 공간적 배치, 공간을 표시하기 위해 모서리에 있는 기둥, 건물을 둘러 있는 자갈길, 잠시 멈춰설 수 있어 입구 역할을 하는 계단의 위치 같은 것들 덕분이다.

다시 말하지만 그 건물에서 풍기는 불가사의한 매력은 거기에 있는 특정한 패턴들, 그리고 그 패턴들의 반복에서 나온다.

이세 신사의 이러한 특성들은 우연히 생겨난 것이 아니다. 끊임없이 반복되는 것은 규칙이다. 그 규칙은 정확히 지켜지고, 이 규칙이 허용하는 범위 안에서만 건물은 변화한다. 이 규칙들은 건물의 각 지점에 적용될 때마다 약간 다른 변형을 만들어낸다. 하지만 건물에 생기를 불어넣고 우리를 매혹시켜 그곳으로 이끌게 하는 것이 다름 아닌 그 패턴들의 끊임없는 반복이라는 것은 엄연한 사실이다.

이런 의문이 들 수도 있다. 만일 규칙들을 그렇게 간단히 표현할 수 있다면, 건축가가 보통 사람들보다 더 나은 점이 뭐란 말인가?

물론, 이 의문에 대한 답은 있다. 비록 단순한 규칙이어도 그런 식의 규칙을 스무 가지 혹은 쉰 가지나 머릿속에 담으려면 포기하지 않고 고수하려는 초인적인 의지가 필요하다는 것이다.

사람들은 다른 일을 하다 포기할 때처럼 이렇게 쉽게 말한다. '이런, 이 방은 두 면에서 햇빛을 받기 어렵겠는걸. 저 방도 그렇고.' 그러면서 그 방은 한쪽에서만 햇빛이 들어와도 괜찮을 거라고 생각하는 것이다. 하지만 괜찮지 않다. 중요한 그 모든 규칙들을 포기하지 않고 자신의 머릿속에서 자유롭게 활용하려면 남다른 목적의식이 있어야 할 것이다.

물론, 이런 법칙들이 단순하다고 해서 그것들을 쉽게 알아보거나 쉽게 발명할 수 있다는 뜻은 아니다.

위대한 화가란 주위 사물의 특이한 점을 아주 세심히 관찰하는 사람이듯이, 이런 단순한 규칙을 고안해내는 데도 굉장한 관찰력, 즉 대단한 철저함과 대단한 집중력이 필요하다.

집짓는 법을 아는 사람은 수백 칸의 방을 관찰한 후에야 드디어 아름답게 조화된 방을 만드는 '비결'을 이해한다. 이 지식은 그의 머릿속에 기본적인 패턴으로 자리 잡고, 그에게 이러저러한 환경에서는 이러저러한 이유 때문에 이러저러한 관계 영역을 만들어내라고 가르쳐준다. 그런 규칙을 이해하는 데는 몇 년이 걸릴 수도 있다.

패턴들을 조합하기만 하면 아름다운 건축물을 만들어낼 수 있다는 주장은 선뜻 납득하기 어려울 것이다.

그 말은 마치 강력한 '마술' 부품들이 있어 누구나 그것들을 조합하면 아름다운 작품을 만들 수 있다는 말처럼 들린다.

물론, 이것은 말도 안 된다. 정해진 요소들만 끼워 맞춰서 아름다운 뭔가를 만들어낸다는 것은 불가능하기 때문이다.

하지만 다시 강조하자면 패턴들을 조합해서 아름다운 건축물을 지을 수 있다는 말을 쉽게 못 믿는 이유는 우리가 패턴들을 '정해진 어떤 것'으로 생각하는 경향이 있고, 그 패턴들이 복잡하고 강력한 영향력이 있는 관계 영역이라는 사실을 잊기 때문이다.

각각의 패턴은 하나의 관계 영역이다. 고정된 것이 아니라 관계들의 집합으로서, 쓰이는 곳에 따라 매번 조금씩 다르게 변형될 수 있지만 그때마다 생명력을 주는 심오한 관계 영역이다.

이런 의미 있는 패턴들을 모아놓으면 그 패턴들은 서로 조합될 수 있고, 완전히 새로운 방식으로 겹쳐서 사용될 수도 있으며, 참신하고 혁신적인 관계 체계를 생성할 수도 있다.

우리가 이것을 잊지 않는다면, 패턴들이 강력한 힘을 가졌다는 것 그리고 창의력이라는 것이 우리가 알고 있는 패턴 체계를 활용한 결과라는 것을 좀더 쉽게 이해할 수 있을 것이다.

우리가 창조하는 모든 생명력의 원천은 우리가 사용하는 패턴 언어의 힘이다.

우리의 언어가 비어 있으면 우리가 지은 건물이 충만할 수 없다. 우리의 언어가 빈약하면 우리가 지은 건물도 훌륭할 수 없다. 우리가 언어를 풍부하게 채울 때까지는 말이다. 우리의 언어가 경직되어 있으면 우리가 지은 건물도 경직될 수밖에 없다. 우리의 언어가 현란하다면 우리의 건물도 현란해질 것이다. 우리의 언어는 우리가 짓는 건물을 만들어낸다. 그리고 그 건물이 생명력이 있는지 없는지는 우리의 언어에 생명력이 있는지 없는지에 따라 달라진다.

패턴 언어는 미추美醜의 근원이며 모든 창조력의 근원이다. 머릿속에 패턴 언어가 없다면 아무것도 만들 수 없다. 또한 건물이 지어진 형태나 깊이, 진부함의 정도도 건축가의 머릿속에 있는 패턴 언어가 좌우한다.

이제 우리는 패턴 언어가 갖고 있는 참으로 막대한 힘을 깨달았다.

우리가 사용하는 언어는 건물의 구조만 만들어내는 것이 아니다.

건물에서 느껴지는 기운, 힘, 생명력도 그것을 지은 사람들이 사용한 언어에서 나온다. 위대한 대성당의 아름다움, 창문으로 스며드는 광휘, 감동을 주는 우아한 장식, 기둥의 조각과 기둥머리, 대성당의 생명이라 할 수 있는 빈 공간의 성스러운 고요함. 이런 것들도 모두 건축가가 사용한 패턴 언어에서 나온다.

하지만 오늘날 언어는 소멸했다.
아무도 언어를 사용하지 않기에,
그것들을 심오하게 해주던 방식도 무너져버렸다.
그리하여 이 시대에 살아 있는 건물을 짓는 일은
거의 불가능한 일이 되어버렸다.

13

언어의 소멸

*The Breakdown
of
Language*

●

이제 우리는 건물에 생명을 주는 힘이 언어에 있음을 알게 되었다. 가장 아름다운 집과 마을, 가장 감동을 주는 거리와 계곡, 가장 영적인 모스크와 교회당이 그 안에 생명력을 품게 된 것은 건축가가 사용한 언어가 강력하고 심오했기 때문이다.

하지만 지금까지 우리는 어떤 조건에서 언어가 살아 있고 어떤 조건에서 언어가 죽는지는 전혀 다루지 않았다.

그런데 극도로 추악하고 생명을 짓밟는 장소를 만들어내는 것도 다름 아닌 패턴들이다.

예를 들어 우리 대학의 내 연구실에 사용된 패턴 언어를 살펴보자.

이 방은 보기 싫고 어둡고 생명이 없는 형편없는 곳이다. 같은 건물에 이와 비슷한 연구실이 아주 많은데, 그런 방들은 다음과 같은 언어에 따라 지어졌다.

좁고 긴 형태
한쪽 면에서만 비치는 햇빛
벽과 폭이 똑같은 창문
1.5미터 격자구조의 콘크리트 천장

3미터 간격의 형광등

밋밋한 콘크리트 벽

페인트칠이 안 된 콘크리트 천장

강철 창문틀

합판으로 된 벽면

이 형편없는 언어들을 통해 수백 칸의 방이 만들어졌다. 이 언어들을 완전히 폐기처분하지 않으면 살아 있는 방은 한 칸도 만들 수 없다. 위에서 네 번째 패턴만 제외하고는 모두 무성의할 뿐 아니라 그 환경에서 실제로 작용하는 힘들과 충돌한다.

이것으로 보아 패턴 언어를 사용한다고 해서 모든 장소에 생명력이 깃드는 것이 아님을 분명히 알 수 있다.

어떤 도시와 건물들은 살아 있고 어떤 도시와 건물들은 그렇지 못하다. 그것들이 모두 패턴 언어를 이용하여 지어졌다면 그 언어들의 내용과 이용 방식에는 분명히 어떤 차이가 있을 것이다.

실제로 어떤 사회에서는 사람들이 자신들의 환경을 살아 있게 만들고 어떤 사회에서는 죽어가는 곳으로 만드는데, 이 두 사회에는 근본적인 차이점이 있다.

패턴 언어는 양쪽에 모두 존재하지만, 이 두 사회의 패턴 언어는 서로 다르다. 한 곳에서는 패턴 언어가 어떤 식으로든 살아 있기 때문에 사람들은 그 언어의 도움을 받아 주변 환경을 활기 있게 만든다. 다른 한 곳에서는 패턴 언어가 죽어 있기 때문에 사람들은 그 언어로 생명이 없는 도시와 건물들을 만들 수밖에 없다.

언어가 살아 있는 도시에서는 누구나 그곳에 널리 퍼져 있는 패턴 언어를 사용할 수 있다.

농업사회에서는 누구나 집 짓는 법을 알고 있었다. 누구나 자신의 집을 직접 짓고 이웃들이 집짓는 것을 도와주었다. 그 후의 전통사회에서는 벽돌공과 목수와 배관공이 생겨났다. 하지만 이 시대에도 누구나 집을 설계할 줄 알았다. 예를 들어 50년 전만 해도 일본 아이들은 누구나 집을 설계하는 법을 배웠다. 마치 오늘날 아이들이 축구나 테니스를 배우듯이 말이다. 사람들은 자기가 살 집을 스스로 설계했고 그 지역의 목수들에게 그대로 지어달라고 의뢰했다.

이처럼 언어를 공유할 때 언어에 있는 패턴 하나하나는 깊이가 있다. 그 패턴들은 언제나 단순하다. 단순하지 않고 직접적이지 않은 패턴들은 세대를 이어 전해지는 과정에서 도태된다. 살아남은 언어 안에는 이해하지 못할 정도로 복잡한 패턴이 전혀 없다.

석조건물의 주춧돌, 창문 옆의 선반, 현관 앞의 앉을 자리, 돌출된 지붕창, 나무에 대한 배려, 의자가 놓인 자리의 빛과 그림자, 동네의 개천, 그 개천 쪽 벽돌의 모서리 같은 이런 세부적인 사항들은 모두 누가 봐도 합당하게 만들어졌기 때문에 그 패턴들에 가슴이 뭉클해지고 깊은 울림을 받는 것이다.

언어는 전 생애에 걸쳐 영향을 준다.

인간이 경험하는 모든 일들은 어떤 식으로든 언어 안에 있는 패턴의 영향을 받는다.

인간의 일곱 나이 Seven Ages of Man(셰익스피어의 희곡 『뜻대로 하세요 As You Like It』에서 주인공 자크가 인생을 연극에 비유하며 인간의 삶을 유아기, 아동기, 연애기, 군인기, 정의기, 노년기, 고령기의 일곱 단계로 나눈 것을 말한다. —옮긴이)가 모두 이 패턴의 영향을 받고, 인간이 할 수 있는 모든 활동들이 이 패턴의 영향을 받는다. 그리고 모든 문화와 그 문화를 떠받치는 환경은 하나의 견고한 사회구조를 형성한다.

건물을 이용하는 사람과 그 건축 행위 사이에는 직접적인 연관이 있다.

사람들은 직접 집을 짓기도 하고 기술자에게 지어달라고 의뢰하기도 하는데, 의뢰할 때 집의 아주 사소한 세부사항까지 자신이 직접 지을 때처럼 똑같이 영향력을 행사한다.

그 집은 서서히 완전한 형태를 갖추게 되고, 주인은 지속적으로 수리를 한다. 도시의 구성원 한 사람 한 사람은 자신의 건축 활동이 도시 전체를 만들어내고 유지한다는 것을 알고 있다. 그래서 자신이 그 사회와 결합되어 있음을 느끼고 그로 인해 자부심을 느낀다.

사람과 건물 사이의 연관성은 깊고 강력하다.

아무리 사소한 것들에도 의미가 있고, 사람들은 그것을 알고 있다. 건물이나 장소의 세세한 요소들도 그곳 구성원들의 경험을 바탕으로 한 것이고, 오랜 고민과 마음의 소리에 귀를 기울여 만들어졌기 때문에 올바른 형태를 띠고 있다.

건물과 장소가 사람들에게 적합한 방향으로 변화하는 과정은 깊고 상세하기 때문에, 각 장소는 유일무이한 개성을 갖추게 된다. 세월이 흐르면서, 수많은 장소와 건물들은 그 도시의 주민들이 처한 다양한 환경을 반영하기 시작한다. 이것이 도시를 살아 있게 만드는 것이다. 패턴들이 계속 살아 있는 것은 사람들이 그 패턴들을 사용하면서 실험도 하기 때문이다.

이와는 반대로 우리가 최근에 경험했던 초기 산업화 사회에서는 패턴들이 죽어갔다.

도시의 변화 방향을 좌우하는 패턴 언어는 널리 공유되지 않은 채 전문화되고 사유화되었다. 도로는 토목공학자가, 건물은 건축가가, 공원은 도시계획가가, 병원은 병원 컨설턴트가, 학교는 교육전문가가, 정원은 정원사가, 규격주택tract house은 개발업자들이 짓게 되었다.

도시 구성원들은 전문가들이 사용하는 이런 패턴 언어를 거의 모른다. 그 언어의 내용을 알고 싶다 하더라도 그것은 직업적인 전문지식으로 간주되기 때문에 그렇게 할 수가 없다. 전문가들은 없어서는 안 될 중요한 인물이 되려는 욕심으로 자신들만의 언어를 필사적으로 지키려 한다.

심지어는 같은 업종에 종사하는 사람들도 경계심 때문에 서로 패턴 언어를 공유하지 않는다. 건축가들이 요리사들처럼 자신만의 독특한 스타일을 유지하기 위하여 자기가 쓰는 패턴 언어들을 남에게 알려주지 않는 것이다.

패턴 언어들이 전문화될수록 일반인들은 소외되었다. 그리고 전문성의 담 안에서 더 비밀스러운 것이 되었고 전문가들끼리도 공유를 꺼림으로써 점차 파편화되었다.

대부분의 사람들은 자신이 뭔가를 설계할 만한 능력이 없고, 그런 일

은 건축가나 도시계획가가 하는 거라고 믿고 있다.

주눅이 들고 두려운 그들은 자신이 사용하는 공간을 설계하는 일에서 영영 멀어지고 말았다. 그들은 어이없는 실수를 저지를까 봐 두려워하고, 사람들한테 비웃음을 살까 봐 두려워하고, 자신들이 지은 건물이 '품위'가 없을까 봐 두려워한다. 그리고 그런 두려움을 합리화한다. 집짓기라는 일상적이고 평범한 경험에서 물러나 패턴 언어를 잃어버리면 그때부터는 주변 환경에 대해 올바로 판단할 수 없게 된다. 무엇이 정말로 중요하고 중요하지 않은지를 모르기 때문이다.

사람들은 가장 기본적인 직관력을 잃어버리고 있다.

그들은 어디에선가 커다란 유리로 만든 전망창이 훌륭한 방식이라는 글을 읽고, 그것이 자신들보다 더 똑똑한 사람들한테서 나온 지혜라 생각하고 받아들인다. 자신은 작은 창이 난 방에 앉아 있을 때 더 마음이 편안하고, 그래서 그런 창들을 더 좋아하면서도 말이다. 하지만 유행을 선도하는 건축가들의 취향이 너무 널리 퍼지는 바람에 사람들은 내면에서 울리는 감정의 증거를 무시하면서 큰 유리창이 더 낫다고 생각해버린다. 자신의 판단력에 대한 자신감을 잃어버린 것이다. 그래서 설계의 권리를 남에게 넘겨준 채 자신들의 패턴 언어를 까맣게 잊어버렸기 때문에 건축가들이 시키는 일은 무조건 따르려고 한다.

하지만 건축가들도 이미 직관력을 잃어버린 상황이다. 보통 사람들의 감정에 뿌리를 둔 보통 사람들의 언어를 잃어버렸기 때문에 그들 또한 혼자서 만들어낸 불합리하고 전문적인 언어의 감옥에 갇혀 있는 것이다.

이제는 건축가들이 만든 건물도 눈에 띄는 '실수'로 가득 차 있다.

최근에 세워진 캘리포니아 주립대학 버클리캠퍼스의 환경디자인학부 건물(1964년)은 저명한 건축가 세 명이 디자인한 것이다. 이 건물의 각 층 끝에는 세미나실이 두 개씩 있는데 모두 좁고 길다. 폭이 좁은 벽에는 그 폭만 한 창문이 꽉 차 있다. 칠판은 긴 벽을 따라서 걸려 있다. 각 세미나실에는 좁고 긴 테이블이 놓여 있다.

이런 방은 눈에 훤히 보이는 기능적 결함이 한두 가지가 아니다. 무엇보다, 사람들이 좁고 긴 테이블을 둘러싸고 좁고 길게 앉으면 깊이 있는 토론을 진행하지 못한다. 세미나실은 정사각형에 가까워야 한다. 둘째, 창문과의 관계를 고려하여 칠판의 위치를 보면, 그 방에 있는 사람 중 절반은 칠판에 햇빛이 반사되어 거기에 씌어 있는 글씨를 읽지 못하는 상황을 감수해야 한다. 따라서 칠판은 창문 맞은편에 있어야 한다. 셋째, 창문이 너무 크고 낮아서 그 근처에 앉은 사람들은 더 멀리 앉은 사람들에게 실루엣으로 나타난다. 실루엣만 보이면 얼굴에 나타나는 미묘한 표정을 거의 다 놓치기 때문에 제대로 토론을 하기가 극히 어렵다. 그래서 세미나에서 원활한 의사소통이 불가능하게 된다. 이런 상황을 피하려면 창문이 앉아 있는 사람들의 머리보다 높게 있어야 한다.

구체적인 패턴들이 건축과 관련된 지식에서 사라지고 있다. 방의 두 면에서 햇빛이 들어와야 한다는 패턴을 한번 보자.

한때는 마구간이나 공장 외에는 두 면에 창을 내지 않는 방은 상상도 할 수 없었다. 오늘날에는 이런 패턴에 관한 지식이 모두 잊혀졌다. 대부분의 방과 대부분의 건물은 한쪽 면에서만 빛이 들어온다. 심지어는 르 코르뷔지에Le Corbusier 같은 '위대한' 건축가들도 아파트 전체를 좁고 길게 짓고 창문도 좁은 쪽 면에만 둠으로써 거슬릴 정도로 눈이 부시고 불편한 공간을 만들어냈다. 마르세유의 아파트 단지를 그렇게 지었다.

오늘날 도시계획가들이 설계한 건물이나 도시 공간에서는 예외 없이 그런 사소한 실수, 즉 패턴을 잃어버림으로써 야기된 실수를 적어도 100가지는 찾을 수 있다. 이러한 상황은 평범한 주택단지 개발업자들은 말할 것도 없고 거장이라 불리는 사람들이 지은 건물도 마찬가지다.

그리고 우리의 언어 안에 남아 있는 얼마 안 되는 패턴들마저 변질되고 마비되었다.

이런 현실은 언어들이 과도하게 전문화된 데서 비롯된 것이다. 한때는 사용자들이 직접 경험하는 과정에서 언어가 생겨났지만, 이제 그들은 언어에 영향을 줄 만큼 집짓기에 관여하지 않는다. 이것은 집짓는 일이 가장 직접적인 이해 당사자들의 손을 떠나 직업적인 건축가들의 손으로 넘어가는 순간 나타나는 거의 피할 수 없는 일이다.

내가 나의 집을 짓는 동안 사용하는 패턴들은 단순하고 인간적이고 감동적이다. 내가 나의 상황을 잘 알고 있기 때문이다. 하지만 몇 사람이 '다수'의 집을 대신 지어주기 시작하면, 필요한 요소에 대한 그들의 패턴은 추상적으로 변한다. 그 패턴들이 아무리 좋은 의도를 담고 있다 하더라도 그들의 아이디어는 현실에서 벗어나 점점 공허해진다. 그 사람들은 패턴들이 전달하는 생생한 사례와 날마다 만나는 것이 아니기 때문이다.

만일 내가 벽난로를 만든다면 장작을 넣어둘 공간을 만들고 앉을 공간을 만들고 몇 가지 물건을 올려놓을 선반을 난로 위쪽에 만들고 바람이 잘 통하도록 굴뚝을 만드는 것이 자연스럽다.

하지만 만일 내가 다른 사람들의 벽난로를 설계한다면, 그 벽난로에 내가 불을 지필 일은 없을 것이다. 그래서 내가 생각하는 벽난로는 점차 스타일과 외형, 희한한 개념들의 영향을 받게 될 것이다. 불을 피운다는 단순한 일을 할 때 느끼는 감정은 벽난로로부터 완전히 멀어진다.

이렇기 때문에 건축 작업이 전문가들의 손으로 넘어가면서 그들이 사용하는 패턴들이 점점 더 진부해지고 고집스러워지고 현실에서 멀어지는 것은 필연적이다.

물론, 오늘날의 도시도 모종의 패턴 언어에서 그 형태가 나오는 것은 사실이다.

건축가들과 도시계획가들과 은행가들이 사용하는 패턴은 철근과 콘크리트로 된 거대한 빌딩을 지으라고 지시하는 것이다. 그 사람들의 사용 목록에는 단편적인 패턴들만 남아 있다. 플라스틱 한 장으로 만든 부엌 조리대, 거대한 판유리로 된 거실 붙박이창, 바다 전체를 덮는 욕실 카펫 등이 그것이다. 그들은 이런 패턴 조각들을 할 일 없는 주말에 열심히 짜깁기해 본다.

하지만 과거에 우리가 사용하던 언어에서 떨어져 나온 이런 패턴 조각들은 생명이 없고 공허하다.

그것들은 기본적으로 산업사회의 부산물이다. 사람들이 판유리로 된 창문이나 포마이카(합성수지 도료) 조리대, 바닥 전체를 덮는 카펫 등을 사용하는 것은 산업사회가 그것을 제공했기 때문이지, 이런 패턴들이 삶의 본질을 이루는 뭔가를 담고 있거나 그것을 실현하는 방법을 담고 있기 때문은 아니다.

패턴 언어가 노래였던 시절, 사람들이 그 안에서 삶의 충만함을 예찬하던 시절은 갔다. 사회에 존재하던 패턴 언어들은 죽어서 사람들의 손 안에 재와 파편으로 남았다.

패턴 언어가 죽은 후 사람들은 누구나 도시와 건물들에서 나타나는 혼란을 목격하게 되었다.

하지만 그들은 혼란의 원인이 패턴 언어라는 것을 모르고 있다. 그들이 알고 있는 것은 새로 지어진 건물들이 예전보다 덜 인간적이라는 것이다. 그래서 기꺼이 비싼 가격을 치르면서 인간적으로 지어진 오래된 건물을 사려고 한다. 그들은 주위에 보이는 건물들이 생명이 없고 위험하고 무자비하고 비인간적이라며 맹렬하게 성토한다. 하지만 그 문제를 어떻게 해결해야 할지 모르고 있다.

겁에 질린 사람들은 그들이 잃어버린 유기적인 질서 대신 통제를 위한 인공적인 형태를 도입했다.

도시를 건설하는 자연스러운 과정이 작동하지 않게 되자 그들은 도시와 건물들을 '통제'할 방법을 찾으려 한다. 자신들이 주변 환경에 별 영향을 주지 못한다는 사실을 걱정하기 시작한 건축가와 도시계획가 들은 환경을 '총체적으로 설계'할 통제권을 얻기 위해 세 가지를 시도한다.

1 그들은 환경의 더 큰 요소를 관리하려 한다.
   (이것을 도시 설계라 한다.)

2 그들은 환경의 더 많은 요소를 통제하려 한다.
   (이것을 대량생산 또는 조립식 공법이라 한다.)

3 그들은 법규를 통해 환경을 더 엄격하게 관리하려 한다.
   (이것을 계획관리라 한다.)

하지만 이런 시도는 상황을 더 악화시킬 뿐이다.

이런 권위주의적인 방식은 환경에 대한 통제력을 강화할 수는 있겠지만, 결국 실패로 끝나리라는 것은 불을 보듯 뻔하다. 그러한 시도는 사회 구성원들의 현실적인 욕구, 힘, 요구사항, 문제 등에 제대로 부응하지 않기 때문에 완전한 환경을 창조하지 못한다. 주변 환경을 좀더 완전하게 하는 것이 아니라 더 불완전하게 만들고 마는 것이다.

이 단계가 되면, 패턴 언어들은 더욱 파편화되고 생명력을 잃는다. 그리고 훨씬 소수의 사람들이 통제하면서 그 언어에 필요한 구성원들과의 밀접한 연관성도 훨씬 더 약해진다.

한때 유기적이고 자연스러운 방식에 따라 생성되던 다양성은 완전히 사라졌다.

전문가들은 사람들의 욕구에 부응하는 건물과 도시를 건설하려고 노력하지만, 그들의 역할은 항상 미미할 뿐이다. 그들은 모든 사람들에게 전반적으로 적용되는 힘들만 다룰 수 있을 뿐, 한 사람 한 사람을 유일무이한 인간으로 만들어주는 특정한 힘들은 다루지 못하기 때문이다.

사람에 맞춰 건물을 설계하는 것은 불가능한 일이 되었다.

전문가들은 이런 문제를 해결하기 위해 '맞춤식' 건물을 짓기도 하지만 그 결과는 여전히 초라하다. 고유한 특성들이 일반적인 성질보다 부차적인 대우를 받기 때문이다. 벽을 이쪽저쪽 마음대로 이동할 수 있게 만든 거대한 기계 같은 건물들도 여전히 그 구성원들을 '시스템'의 종속물로 만들 뿐이다.

그리하여 결국 사람들은 삶을 완전하게 통합하는 능력을 잃어버렸다.

살아 있는 사회에서라면 개인들의 언어는 항상 공용어의 변형이지만, 일단 공용어가 붕괴하면 개인들의 언어도 붕괴하게 마련이다.

그뿐이 아니다. 사람들은 새로운 개별 언어를 창조하지도 못하고 재창조하지도 못한다. 공동의 언어가 없다는 것은 자신들의 살아 있는 언어를 생성하기 위해 필요한 근본적이고 핵심적인 요소가 없다는 의미이기 때문이다.

이 단계에 오면, 사람들은 아름다운 창이나 문 하나조차도 만들어 내지 못한다.

결국 살아 있는 언어가 없는 도시는 생명력이 있을 수 없다는 것이 명확해진다.

위에서 말한 통제력을 이용하여 살아 있는 건물이나 도시를 건설하는 것은 불가능하다. 전혀 불가능하다. 또한 남아 있는 죽은 언어의 잿더미에서 자신들을 위한 도시를 만드는 것도 불가능하다.

사실 도시가 생성되고 도시에서 건물들이 지어지는 과정은 근본적으

로 유전적 과정genetic process과 흡사하다.

아무리 많은 계획이나 설계도 이 유전적 과정을 대신할 수 없다.

그리고 어떤 천부적인 재능도 이것을 대신할 수 없다.

대상objects을 강조하는 사고방식 때문에 사람들은 건물과 도시를 창조하는 것은 다름 아닌 유전적 과정이라는 사실, 가장 잘 작동해야 하는 것이 유전적 과정이라는 사실, 그리고 유전적 과정은 그것을 조종하는 언어가 널리 사용되고 널리 공유될 때만 제대로 작동된다는 사실을 깨닫지 못했다.

사람들이 건물을 온전하게 짓기 위해서는 살아 있는 언어가 필요하다. 하지만 언어에게도 사람들이 필요하다. 그것이 지속적으로 사용되려면, 피드백을 받으려면, 그리고 그 언어의 패턴들이 질서정연하게 유지되려면 사람들이 꾸준히 이용해야 하기 때문이다.

그리고 단순하기는 하지만, 이 결론에 의하면 건물과 도시계획에 대한 우리의 태도에는 근본적인 변화가 필요하다.

과거에는 모든 계획이나 설계는 주어진 조건을 감안한 자기충족적이고 독창적인 산물로 생각되었다. 도시 구조는 이러한 자기충족적인 건축 활동의 축적물로 이루어진다는 것을 건축가나 도시계획가도 사실상 인정하고 있었다.

하지만 지금까지 우리가 논의한 내용은 이것과는 정반대다. 이 관점에 따르면, 사회에 존재하는 대부분의 건축 구조는 이미 기저언어 underlying language에 포함되어 있다. 가장 중심이 되는 것으로 여겼던 설계 행위는 기저언어 안에 이미 존재하는 특정 건물의 구조를 '사용'하는 행위에 불과하다는 것이다.

이 시각에서 보면, 대부분의 힘든 작업을 하는 것은 기저언어에 있는 구조이다. 그러므로 자신이 살고 있는 도시의 구조에 영향을 미치고 싶다면, 기저언어를 바꾸려고 노력해야 한다. 개별 건물이나 개별 계획에 혁신을 가하는 것은 아무 소용이 없다. 그 혁신이 누구나 사용할 수 있는 살아 있는 패턴 언어에 반영되지 않는다면 말이다.

그렇다면 우리는 확신을 갖고 다음과 같은 결론을 내릴 수 있을 것이다. '건축'의 핵심 작업은 모든 사람들이 기여하고 모든 사람이 사용할 수 있는, 독창적이고 진화하는 공동의 패턴 언어를 창조하는 일이다.

사회 구성원들이 자신의 건물을 지을 때 사용하는 언어와 분리되어 있다면 그 건물은 생명을 얻지 못한다.

깊이 있고 힘 있는 언어를 원한다 해도 수천 명이 같은 언어를 사용하면서 그것을 늘 탐구하고 더 깊이 있게 만들어가는 조건이 아니라면 그 언어를 얻을 수 없다. 그리고 이런 일은 오직 그 언어들이 공용어로 사용될 때만 일어난다.

다음 장에서는 어떻게 해야 우리가 언어들을 공유할 수 있는지, 어떻게 해야 언어에 다시 생명력을 불어넣을 수 있는지를 살펴볼 것이다.

공동으로 사용하는 언어, 살아 있는
언어를 다시 얻으려면 먼저 깊이 있는
패턴, 생명을 만들어내는 패턴들을
발견해야 한다.

14

공유되는 패턴들

*Patterns
which can be
Shared*

●

우리가 살고 있는 도시와 건물을 회생시키려면 우리 모두가 사용할 수 있는 언어를 재창조해야 한다. 언어 안에 있는 패턴들이 강력해지고 다시 생명으로 충만하여, 그 언어 안에서 만드는 건물들이 거의 저절로 노래하는 정도가 되어야 한다. 이렇게 하려면 우선 모두가 공유할 수 있도록 패턴들에 관해 논의하는 방식을 찾아야 한다.

어떻게 해야 그렇게 할 수 있을까? 전통적인 문화에서는 이러한 패턴들이 사람들의 머릿속에 독립적인 실체로 존재했다. 하지만 그것을 원자 단위로 분리해서 인식할 필요는 없고, 이름을 알 필요도 없고, 그것들에 대해 설명할 수 있어야 하는 것도 아니다. 이것은 우리가 사용하는 언어의 문법을 설명할 필요가 없는 것과 마찬가지다.

하지만 그 언어들이 널리 사용되지 않을 때, 보통 사람들이 자신의 직관력을 전문가들에게 빼앗겼을 때, 한때는 습관이었던 가장 단순한 패턴들까지 잊어버렸을 때는 그것들을 명확하고 정확하게 그리고 체계적으로 표현해야 한다. 그래야 다른 사람들과 그 패턴들을 새로운 방식으로 공유하고, 함축적으로가 아니라 명확하게, 터놓고 토론할 수 있기 때문이다.

패턴들을 새로운 방식으로 공유하려면 그것을 명확히 표현해야 하는데, 그러려면 무엇보다 먼저 패턴의 매우 복잡한 구조를 살펴봐야 한다.

이 책을 통해 우리는 패턴에 대한 이해를 넓혀가면서 기존의 편견을 조금씩 깨왔다. 이런 깨달음은 패턴의 개념을 처음 정의한 4장과 5장에서 시작했고, 그 후 6장에서 확장하고 재정의했으며, 이 과정을 10-12장에서 다시 짚어봤다.

나는 이제 앞에서 말한 장에서 그랬듯이, 살아 있는 패턴에 내재된 모든 특성들을 언급하면서 하나하나의 패턴 구조를 정확하게 설명할 것이다.

모든 패턴은 세 요소로 된 규칙으로서, 주어진 상황과 문제점 그리고 해결책 사이의 관계를 표현한다.

세상을 구성하는 하나의 구성 요소로서 각 패턴은 주어진 상황, 그 상황에서 반복되어 일어나는 힘들의 구조, 그리고 이 힘들이 저절로 해소되도록 만드는 공간배치 사이의 관계이다.

패턴은 언어의 한 요소이면서 주어진 조건에서 힘의 구조를 해소하기 위해 공간배치를 어떤 식으로 반복할 것인가를 가르쳐주는 설명서이다.

간단히 말해서 패턴은 세상에 드러나는 하나의 요소이면서 우리에게 그 요소를 언제 어떻게 만들어내야 하는지를 알려주는 규칙이기도 하다. 패턴은 방식이기도 하고 요소이기도 하다. 즉 살아 있는 어떤 요소를 설명하는 것이기도 하고 그것을 생성해내는 방식을 설명하는 것이기도 하다.

패턴들은 어떤 규모로든 존재할 수 있다.

건물 내의 인간미 있는 세부 요소나 건물의 전체적인 구획, 생태계, 도시계획이라는 대규모의 사회적 활동, 지역경제, 구조공학, 건축시공의 세부사항 같은 것도 모두 패턴으로 설명할 수 있다.

예를 들어 한 지역에서 하위문화의 파급, 주요 도로의 배치, 어떤 산업에 포함되는 인력의 편성, 숲 가장자리 나무들의 배치, 창문 디자인, 정원의 화초 구성, 거실의 배치까지 모두 패턴을 이용하여 구체적으로 설명할 수 있다.

그리고 패턴은 거의 모든 종류의 힘을 해결할 수 있다.(다음 패턴들은 모두 이 시리즈의 2권 『패턴 랭귀지』에 설명되어 있다.)

'입구의 전이공간'은 사람들의 내면에서 충돌하는 심리적인 힘들을 해소한다.

'하위문화의 모자이크'는 사회적 힘과 심리적 힘의 충돌을 해소한다.

'상점가 망'은 경제적 힘들 사이의 충돌을 해소한다.

'효율적인 구조'는 구조적인 힘들 사이의 충돌을 해소한다.

'야생정원'은 자연의 힘, 화초의 자연적인 성장 과정 그리고 사람들이 정원에서 보여주는 자연스러운 행동 사이의 힘들을 해소한다.

'교통망'은 일부는 인간 욕구의 영역에 있고 일부는 정부 정책의 영역에 있는 힘들을 해소한다.

'고요한 물가'는 일부는 자연환경의 영역에 있고 일부는 인간적인 두려움과 위험의 영역에 있는 힘 사이의 갈등을 해소한다.

'측주'는 건축 과정에서 생기는 힘들의 충돌을 해소한다.

'창가'는 순전히 심리적인 힘들을 해소한다.

패턴을 명확히 표현하려면 패턴 내의 구조를 명확히 하면 된다.

아주 단순하고 상식적인 예로 시작해보자. 우리가 어떤 장소에 있다고 가정해보자. 우리는 거기에서 뭔가가 '알맞다'는 것을 공통적으로 느낀다. 뭔가가 작용하고 있으며, 좋은 기분을 느끼는 것이다. 그래서 우리는 '그것'이 무엇인지 밝혀서 다른 사람들도 그것을 느끼고 반복해서 사용하게 하고 싶다.

그러려면 어떻게 해야 할까? 앞으로 살펴보겠지만 우리가 밝혀내야 할 것은 항상 핵심사항 세 가지이다.

그것은 정확히 '무엇'일까?

그것은 정확히 '왜' 그 장소를 살아 있게 만드는 것일까?

그리고 이 패턴은 정확히 '언제' 또는 '어디에서' 효력을 발휘하는 것일까?

우선 장소의 물리적 외형을 규정해야 하는데, 이를 위해서는 추상화의 방식이 유용할 듯하다.

예를 들어 1685년에 지어졌고, 지금은 코펜하겐 야외박물관Frilandsmuseet에 있는 아름다운 덴마크식 주택 오스텐펠트가르텐을 생각해보자. 그 건물을 본 순간, 나는 뭐라고 꼭 집어 말할 수는 없지만 거기에 오늘날에도 유용하게 활용할 만한 특성이 있음을 알아보았다. 그 특성을 계속해서 재현할 수 있도록 정확하게 설명하려면 뭐라고 정의해야 할까?

논의의 실마리를 풀기 위해 그 특징을 '아늑함' 또는 '널찍함' 같은 거라고 가정해보자.

이런 특성이 그곳에 있는 것은 분명하다. 하지만 그것들을 직접

관문

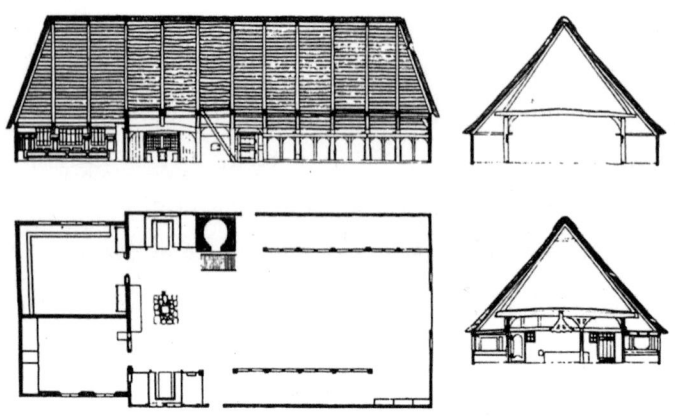

활용할 수는 없다. 그 집은 가족들을 한데 묶어주는 형태를 취하고 있어서, 그것이 아늑함을 만든다고 하면 아늑함이라는 개념이 좀더 구체화되겠지만, 그것만으로는 다른 집을 지을 때 이 특성을 실현하기는 어렵다. 오스텐펠트가르텐의 특성을 창출해내는 공간상의 관계를 밝혀내야만 다른 집에 직접 적용할 수 있는 방식을 이끌어낼 수 있다는 말이다.

그렇다면 좀더 구체적으로, 특정 공간관계를 포착해보면 다음과 같다. 가장 큰 방을 둘러싸고 알코브가 몇 개 있고, 그 알코브 안에는 앉을 자리가 있다. 각각의 알코브는 가족 한두 명이 앉을 수 있을 만큼 넓고 모두 공동으로 쓰는 거실을 향해 열려 있다. 알코브는 복잡하지만 이 정도면 상당히 잘 정의되었다. 그것은 관련 요소들(거실,

알코브, 앉을 자리)을 명확히 설명하고, 그것들 사이의 공간관계를 구체적으로 설명했기 때문이다.

적절하게 정의되었기 때문에, 집을 설계하고 있는 사람이 있다면 이 패턴을 곧바로 설계에 포함할 수 있을 것이다. 그는 알코브가 무엇인지 제3자에게 설명할 수 있고, 어느 집 도면을 보고 알코브라는 장소가 포함되었는지 여부를 판단할 수도 있을 것이다. 지금까지는 좋다. 하지만 이 패턴을 여러 사람이 공유하기에는 아직 이르다. 여러 사람이 공유하게 하려면 그 패턴의 가치를 판단해야 하고, 판단하려면 그것의 기능적인 목적을 알아야 한다.

다음으로 우리는 이 문제점, 즉 패턴이 해결해야 하는 힘의 영역을 명확히 밝혀야 한다.

그 패턴이 왜 좋은 것인가? 거실 둘레에 알코브를 배치함으로써 풀리게 되는 문제는 무엇인가? 이 질문에 대해 나는 다음과 같이 대답할 수 있다. 알코브가 없는 거실은 나음과 같은 이유로 제 역할을 하지 못한다. 가족들은 함께 모여 있고 싶다. 하지만 함께 있을 수 있는 저녁이나 주말에도 가족들은 각자 바느질이나 숙제처럼 개인적으로 해야 할 일들이 있다. 이런 일들을 하려면 주위가 어질러지기 때문에, 그리고 가끔은 서서 해야 되기 때문에 가족들은 그런 일들을 거실에서 할 수가 없다. 방문객들이 언제든 찾아올 수 있으므로 그들을 맞으려면 거실을 깔끔하게 유지해야 하기 때문이다. 그래서 그런 일들을 부엌이나 침실, 지하실 등 각자의 공간으로 가지고 가서 해야 하는데, 그렇게 되면 가족들은 함께 있을 수가 없다.

여기에는 세 가지 힘이 작용한다.

1 가족들은 바느질, 목공, 모형 조립, 숙제처럼 각자 하는 일이 있다. 이런 일들을 하려면 어쩔 수 없이 잡다한 물건들을 주위에 어질러놓게 된다. 그래서 그들은 마음대로 펼쳐놓고 그런 일을 할 수 있는 장소를 찾게 된다.

2 집안의 공동 공간은 깔끔하게 정리되어 있어야 한다. 방문객 때문이기도 하지만 한 사람이 온가족의 안락함과 편리함을 침해하면 안 되기 때문이다.

3 가족 구성원들은 위와 같은 각자의 일을 하면서도 함께 있고 싶어 한다.

보통 가정의 보통 거실에서는 이 세 가지 힘이 서로 공존할 수 없다. 그리고 이 세 가지 힘의 충돌을 해소하는 것이 알코브다.

마지막으로 우리는 이 힘들의 구조가 어디까지 영향을 미치는지, 그리고 물리적 관계를 명시한 이 패턴이 어디에서 실제로 효과를 발휘할 것인지를 명확히 설명해야 한다.

이제 이 패턴은 명확해졌고 누구나 공유할 수 있게 되었다. 하지만 한 가지 의문이 여전히 남아 있다. 정확히 이 패턴이 통하는 곳은 정확히 어디일까? 이글루에서 통할까? 그럴 리는 없을 것이다. 한 사람만 살고 있는 오두막집의 거실에서 통할까? 아니다. 그렇다면 정확히 어디에서 이 패턴이 통할까?

이 패턴을 정말로 유용하게 활용하려면 위에서 말한 문제들은 어느 범위까지 영향을 주는지, 그리고 그 문제들에 대한 이 특정한 해결책이 적절하게 사용될 곳은 어디인지를 정확히 정의해야 한다.

이 경우에는 이 패턴이 미국이나 서유럽의 대가족이 사는 집 거실에 적용된다는 사실을 명확히 해야 한다(아마 관습과 생활방식에 따라 다른 문화권에도 적용될 수 있을 것이다.). 더 나아가 만일 그 집에 '거실'이 둘 이상이라면, 즉 응접실과 가족실이 따로 있는 몇몇 영국식 주택과 같다면 알코브 구조는 거실 두 군데에 모두 적용되는 것이 아니라 가족들이 대부분의 시간을 보내는 거실 하나에만 적용될 것이다.

요약하면 모든 패턴을 정의할 때는 규칙의 형태로 체계화해야 한다. 그리고 이 규칙은 주어진 상황, 그 상황에서 발생하는 힘들의 체계, 그리고 이 힘들을 자연스럽게 해소시키는 배치 사이의 관계를 정립해야 한다.

이것을 일반화하면 다음과 같다.

> 상황 → 힘들의 체계 → 배치

위의 예는 다음과 같은 구체적인 내용으로 정리할 수 있다.

> 공동의 방 → 사생활과 유대감 사이의 충돌 → 공동의 방에
> 가까이 있으면서 그쪽으로 열려 있는 알코브

살아 있는 패턴은 모두 이러한 유형의 규칙들이다.

그리고 각각의 패턴은 그 안에 맥락을 포함하고 있기 때문에, 가치에 대한 표명만이 아니라 참과 거짓이라는 사실의 두 가지 측면을 판단할 수 있는 자기만족적인 논리적 시스템이다. 우선 이 패턴은 주어진 상황의 범위 안에 존재하는 문제(힘들 사이에 일어나는 갈등)를 제시

한다. 그것은 실제로 증명할 수 있는 명제로서 참일 수도 있고 거짓일 수도 있다. 둘째, 이 패턴은 주어진 상황에서 주어진 문제에 대한 해결책을 제시한다. 이것도 물론 실증적인 명제로서 참일 수도 있고 거짓일 수도 있다.

그러므로 패턴이 살아 있다는 말은 취향의 문제 혹은 문화나 관점의 문제가 아니다. 그것은 실증적인 관계, 즉 범위가 있는 상황, 그곳에서 발생하는 힘들 그리고 그 힘들을 해소하는 패턴들의 관계를 명확히 표현한다.

살아 있는 패턴을 발견하려면 늘 관찰에서 시작해야 한다.

살아 있는 패턴을 발견하는 방식은 세상의 심오한 가치들을 발견하는 방식과 다르지 않다. 심오한 뭔가를 추구할 때 우리는 느리고 섬세하며 조심스러운 과정을 거친다. 그 과정에서 우리는 오류에서 시작하는 경우가 많고 오랜 탐색 후에 발견한 것이 고작 간단한 공식이라는 것을 깨닫는다.

예를 들어 입구의 경우를 생각해보자.

먼저 집 주변을 걸어보고 입구를 쳐다보면서 그것이 알맞다는 느낌이 오는지, 그것들이 편안하고 살아 있는 것 같은지를 살펴보라.

입구들을 두 부류로 나눠보자. 집 안으로 들어가는 과정이 기분 좋게 느껴지는 부류와 그렇지 않은 부류로.

이제 기분 좋게 느껴지는 입구들에서는 공통적으로 나타나지만 그렇지 않은 입구들에서는 나타나지 않는 특성들을 찾아보자.

물론, 이 일을 완벽하게 해낼 수는 없을 것이다. 기분 좋게 느껴지지는 않더라도 전혀 다른 측면에서 보면 아름다운 입구도 있을 수 있다. 하지만 경험이 부족하더라도 좋은 입구에는 존재하고 나쁜 입구에는 존재하지 않는 특성들을 어떻게든 찾아보라. 즉 두 부류의 차이를 만들어내는 핵심적인 특성을 찾아보라는 것이다.

이 특성은 고도로 복잡한 관계일 것이다.

이것은 '좋은 것은 모두 파란색이고 나쁜 것은 모두 파란색이 아니다'라는 식으로 간단히 표현할 수 있는 것이 아니다. 예를 들어 입구의 경우를 얘기하자면, 내 경험상 모든 좋은 입구는 길과 현관 사이에 어떤 실제 공간이 있다. 바닥이 바뀌고 시야가 바뀌는 장소, 혹은 바닥의 높이가 바뀌거나 나뭇가지가 뻗어 있거나 장미넝쿨이 늘어진 장소일 수도 있다. 때로는 방향이 바뀌는 장소일 수도 있다. 그리고 무엇보다 이곳은 두 시점 사이에 실제로 존재하는 공간으로서, 사람들은 먼저 도로에서 이 공간으로 들어온 다음에 이 공간에서 현관쪽으로 가게 된다. 정말 훌륭하게 만들어진 입구라면 이 공간에서 먼 데를 잠깐 바라볼 수 있을 것이다. 거리에서는 볼 수 없고 현관 앞에서도 볼 수 없는 어떤 경치, 오직 그 사이의 공간에서 잠깐만 볼 수 있는 경치 말이다. 그보다 평범한 입구도 있다. 런던의 전형적인 주택에는 도로에서 몇 계단 올라온 좁은 층계참이 있다. 난간으로 둘러싸여 있고 잠깐 멈춰서는 공간이다. 워낙 구조가 단순해 빈약해 보일 수도 있지만 한정된 넓이와 주택의 밀집도를 감안하면 그것이 어느 정도 입구의 역할을 한다고 할 수 있다.

이제 이런 특성이 없는 입구에서는 어떤 문제가 생기는지 찾아보자.

그러기 위해서는 입구에 어떤 힘이 작용하고 있는지를 명확히 표현해야 한다. 그리고 왜 그 패턴 없이는 주어진 힘들을 해소할 수 없는지 정확한 용어로 체계적으로 설명해야 한다.

'입구의 전이공간'이 중요한 이유를 생각해보면, 그것이 집 밖과 집 안 사이에서 숨을 돌리는 모종의 '중간적인 공간'이기 때문이라는 사실을 깨닫게 된다. 즉 마음의 자세를 바꾸고 환경의 변화에 적응하기 위한 준비 공간인 것이다. 환경의 변화란 시끄럽고, 떠들썩하고, 사람들이 지나다니고, 위험에 노출된 거리의 분위기에 둘러쌓여 있다가 남의 눈에 띄지 않는 조용하고, 친밀하고, 안전한 실내로 들어오는 상황을 말한다.

이 변화를 이끄는 힘을 정확히 밝혀 체계화한다면, 입구의 변화가 제 기능을 하게 되는 불변의 법칙을 찾아내는 데 큰 도움이 될 것이다.

예를 들어 거리의 표정이 '일소'되려면 거리의 분위기와 완전히 다르고 거리와 단절되는 영역을 지나야 한다는 것은 명백하다.

문제에 대해 알면 그 문제를 해결하는 불변의 법칙을 찾아내는 데 큰 도움이 된다.

실제로 그런 힘들이 작용하고 있다면, 가장 바람직한 입구는 외부에서 내부로 들어가는 동안 여러 가지 감각의 변화를 경험하는 곳임을 짐작할 수 있다. 풍경의 변화, 발이 딛는 바닥의 변화, 빛의 변화, 소리의 변화, 높이 또는 층의 변화, 계단, 흩날리는 재스민 향기 같은 냄새의 변화처럼 말이다.

이런 사실을 받아들인다면, 즉 명시된 문제를 바탕으로 한 추론의 산물을 받아들인다면, 그리고 이것을 염두에 두고 다른 입구를 좀더 살펴본다면, 바람직한 입구와 그렇지 않은 입구를 구분하는 눈은 더 날카로워질 것이다.

문제와 힘들이 무엇인지를 파악했으면, 그 힘들의 체계를 균형 상태로 만들어주는 패턴을 더 섬세하게 다듬을 수 있다.

관찰의 과정은 문제에서 곧바로 해결책으로 진행되는 것도 아니고, 해결책에서 곧바로 문제로 진행되는 것도 아니다. 그것은 가능한 한 모든 수단을 동원하여 모든 방향에서 사안을 살펴보면서 견고하고 믿을 만한 불변의 법칙을 찾아내는 총체적인 과정이다. 이 불변의 법칙이란 상황, 문제, 그리고 해결책을 불변의 방식으로 연결해주는 법칙이다.

때때로 우리는 이 불변의 법칙을 긍정적인 사례에서 시작하여 찾아내기도 한다.

알코브와 입구를 사례로 들면서 사용한 것이 이 방법이다. 그런 사례를 통해 우리는 좋은 느낌을 주는 공간들이 지닌 핵심적인 특징을 찾아낼 수 있다.

또 어떤 때는 부정적인 사례에서 시작해서 그 문제를 해결하는 방식을 통해 불변의 법칙을 발견하기도 한다.

예를 들어 어둠과 그늘의 문제를 살펴보자. 집의 북쪽이 습하고 어두워서 아무도 그곳에 가지 않고 아무 용도로도 사용하지 않는다는 걸 알게 됐다고 하자.

나는 처음에 어떻게 해야 할지 고민한다.

그러고 나서 주변을 둘러보다가 건물의 바로 바깥 북쪽 부분은 흔히 깔끔하지 않고, 불필요한 외진 공간처럼 보인다는 사실을 알게 된다. 그런 다음 주변에 그런 곳이 없는 집들을 찾아보기 시작한다. 그러다가 집이나 건물이 대지의 북쪽에 자리 잡으면 남쪽의 마당이 탁 트여 햇빛을 받기 때문에 그런 공간이 없다는 것을 발견한다.

나는 내 직관이 맞는지 알아보기 위해 세심한 관찰을 통해 실험을 한다.

우리는 사람들에게 집 바깥에 있으면 어디에 앉게 되는지, 어디에 절대 앉지 않는지를 묻는다. 20명 중 19명은 집의 남쪽이 그 옆에 앉는다고 대답했다. 절대 앉지 않는 곳은 집의 북쪽이라고 했다.

그래서 우리는 그 패턴을 '남향의 외부공간'이라 이름 짓는다.

패턴을 찾기 위한 긍정적인 접근법과 부정적인 접근법은 상호 보완적이다. 어느 하나 유일한 방법이 있다는 것이 아니다. 긍정적인 추상화의 한 예로 들었던 알코브를 현대 거실의 단점을 분석함으로써 시작할 수도 있다. 물론, 북쪽 공간이 어둡고 사용되지 않는다는 부정적인 점의 해결책으로 시작했던 남향집도 따뜻하고 양지바른 잔디밭과 남향 테라스에서 영감을 얻어 생각해낼 수 있는 패턴이다.

때로는 구체적인 관찰을 전혀 하지 않고 순전히 추상적인 사고를 통해 불변의 법칙을 세울 수도 있다.

물론, 역사상 실존하는 것에서만 패턴을 발견할 수 있는 것은 아니다. 위에서 예로 든 경우들을 보면 관찰만이 패턴을 발견하는 유일한 방법처럼 생각될 수 있다. 이는 이 세상에 존재하지 않는 패턴을 발견하는 것은 불가능하다는 말이 된다. 이런 태도는 폐쇄적인 보수성을 함축하고 있다. 이미 존재하는 패턴 내에서만 선택하려 하기 때문이다. 하지만 현실은 전혀 다르다.

상황과 힘들과 공간 배치를 완전무결하게 지탱하는 관계를 발견해야 한다는 점에서 패턴은 일종의 발견이라고 할 수 있다. 이런 발견은 순전히 이론적인 단계에서도 가능하다.

예를 들어, '평행한 도로' 패턴은 보행자 보호와 차량의 빠른 속도를 연결시키는 힘들, 교통사고 문제, 엄청난 이동 시간, 매우 느린 평균 속도 등을 바탕으로 순전히 수학적인 논리를 이용하여 발견한 것이다. 우리가 그것을 발견할 무렵에는 그것이 1960년대라는 세계에서 나타나고 있던 바로 그 패턴이라는 사실을 모르고 있었다. 나중에서야 따로 떨어진 평행한 간선도로(그것을 가로지르는 도로 없이)가 세계의 주요 도시에서 하나의 패턴을 형성하기 시작하고 있었음을 알게 되었다.

같은 원리로, 우라늄은 실제로 관측되기 이전에 그런 특성을 가진 화학원소가 존재할 거라는 가정을 통해 '발견'할 수 있었다.

이 모든 사례에서 볼 때 어떤 방식을 쓰든 패턴이란 특정한 힘의 체계와 관련하여 좋은 장소와 나쁜 장소를 구분해주는 불변의 특징을 발견하려는 시도이다.

패턴은 주어진 상황에서 드러난 명확한 문제에 대한 모든 해결책의 공통적인 핵심, 즉 관계의 영역을 포착하려 한다. 그것은 문제 해결을 위한 무수한 형태의 근저에 존재하는 불변의 법칙이다. 어떤 문제를 해결할 수 있는 방법은 수백만 가지이지만, 그 모든 해결책들에 공통으로 들어 있는 특성 하나는 찾을 수 있을 것이다. 그것이 패턴이 하는 일이다.

많은 사람들은 패턴이 하나의 문제에 대해 '하나의 해결책'을 제시한다는 것을 달가워하지 않는다. 이는 심각한 오해다. 물론, 어떤 문제를 해결하는 방법은 수천, 수백만 가지가 있고, 그 모든 세부사항을 한 문장에 담을 방법은 없다. 그 특정한 상황에 들어맞는 해결책으로 어떤 것을 찾아낼지는 설계하는 사람의 창의력에 달려 있다.

하지만 제대로 된 패턴은 일정한 범위의 상황에서 제시된 문제에 대해, 가능한 해결책을 모두 담아낸 불변의 영역을 명확히 나타낸다.

불변의 영역을 찾아내거나 발견하는 일은 상상 이상으로 어렵다. 이론물리학에서 다루는 내용 이상으로 어렵다.

내 경험으로 보아 많은 사람들은 자신들이 설계한 발상을 정확히 표현하지 못한다. 그들은 자신들의 발상을 느슨하고 두루뭉술한 말로 얼버무릴 뿐 정밀한 용어로 표현하지 않는다. 패턴으로 전환하려면 정밀함이 필요한데 말이다. 특히 그들은 명확히 규정된 공간 요소들 사이의 관계를 추상화해서 표현하는 것을 꺼린다. 또한 그런 일에 서투르기도 하다. 사실 그것은 어려운 일이다.

집의 입구는 공공 영역에서 집을 가려주기도 하고 공공 영역에 노출시키기도 하므로 모종의 신비함을 풍겨야 한다고 말하기는 쉽다.

하지만 위의 말을 뒷받침하는 논거는 명확하지 않다. 건축가들은 이런 종류의 애매한 생각을 수도 없이 하고 있다. 그것은 일종의 도피이다. 나는 다른 식으로 말해보겠다. 현관문은 거리에서 6.1미터 이상 떨어져 있어야 하고, 거리에서 봤을 때 가려지지 않아야 하고, 집의 창문은 집 앞쪽의 공간을 내다볼 수 있게 나야 한다. 하지만 거리에서는 창문을 통해 안이 들여다보이면 안 된다. 거리에서 집으로 들어가는 중간지대에서는 바닥이 바뀌어야 한다. 도착하는 사람이 들어서는 공간은 집의 실내와도 다르고 거리의 분위기와도 다른 독특한 영역이어야 한다. 그리고 그 사람은 거리에서는 전혀 보이지 않던 어떤 풍경을 잠깐 일별할 수 있어야 한다. 이 정도로 설명하면 시도해볼 만하다. 명확하게 설명했기 때문이다.

하지만 명확하게 설명하기란 무척 어렵다.

그렇게 해야겠다고 결심했더라도 가장 중요한 핵심을 뽑아내서 명료하게 설명하는 것은 굉장히 난해하다. 방금 내가 말한 집 입구의 신비함처럼 관찰 하나하나는 직관에서 시작된다. 그런 직관의 핵심에 있는 관계들을 정확히 표현해내는 작업은 물리학이나 생물학 또는 수학과 마찬가지로 건축에서도 결코 쉽지 않은 일이다. 설득력 있고 깊이 있게 추상화하는 작업은 예술이다. 사안의 핵심을 파고들어 심도 있게 추상화하는 작업을 하려면 굉장한 능력이 필요하기 때문이다. 어느 누구도 그 작업방식을 과학적으로 설명해줄 수 없고, 어느 누구도 그것을 설계도에 표현하는 법을 설명해줄 수 없다.

명확하게 표현하는 것이 특히 어려운 이유는 한 치의 오차도 없는 정확한 패턴 공식이란 절대 존재하지 않기 때문이다.

우리에게 극히 단순한 패턴을 정확한 수학 용어로 설명하는 능력도 얼마나 부족한가를 생각해보면 이 말이 쉽게 이해될 것이다.

예를 들어 '대략적인 원'을 생각해보자. 만일 어떤 것이 대략적인 원인지 가리켜보라고 하면 누구든 쉽게 가리킬 수 있을 것이다. 하지만 대략적인 원이 무엇인지 정확히 정의해보라고 하면 그것이 무척 어려운 일임을 깨닫게 된다. 원의 수학적 정의(한 점에서 정확히 같은 거리에 있는 점들의 집합)는 범위가 몹시 좁다. 자연에 존재하는 대략적인 원 중에서 이 정의에 정확히 들어맞는 것은 하나도 없다. 반면 더 느슨한 정의(예를 들어, 어떤 점에서 23-30센티미터 사이에 있는 점들의 집합)는 범위가 지나치게 넓다. 예를 들면, 이런 정의에는 원주로부터 점들이 모두 떨어져 있는 불규칙한 톱니바퀴형까지 포함된다. 대략적인 원은 원주를 따라 어느 정도 연속성이 있는데 말이다.

'대략적인 원'을 정확히 정의하려면 몹시 좁은 범위와 지나치게 넓은 범위 사이에서 어떤 공식을 찾아내야 한다. 하지만 결국 이것은 깊고 어려운 수학적 문제이다.

어떤 아이든 땅 위에 손가락으로 그릴 수 있는 간단한 원도 정의하기가 이렇게 어렵다는 것을 감안하면, '입구의 전이공간' 같은 복잡한 법칙을 정확히 정의하는 것은 거의 불가능에 가까울 정도로 어렵다는 것을 알 수 있을 것이다.

몹시 좁은 범위와 지나치게 넓은 범위 사이에서 균형을 잡으려면 형태와 관련한 유연한 이미지, 형태학상의 느낌, 소용돌이 치는 직관 같은 것으로 패턴을 표현하고 시각화해야 한다. 이렇게 불변의 영역을 포착한 것이 바로 패턴이다.

사람들은 거리에 있을 때 군중의 일원이라는 심리 상태에 있지만 집 안으로 들어가면 보통 개인적인 친밀함과 편안함을 느끼는 상태로 바뀌게 된다. 그러기 위해서는 거리에서의 마음 상태를 떨쳐버릴 수 있는 공간을 통과해야 한다. '입구의 전이공간'이라는 패턴은 그래서 필요한 것이다.

앞에서 살펴봤지만 거리의 표정이 '일소'되는 때는 거리와 단절되고 감각적으로도 전혀 다른 공간을 지나갈 때라는 것이 명백하다. 그래서 한때 이 패턴은 다음과 같이 공식화되었다. "거리와 현관문 사이에 좁은 길을 만든다. 이 길은 지나는 동안 방향이 바뀌고 높이가 바뀌고 지표면이 바뀌고 풍경이 바뀌고 빛의 성질이 바뀌는 공간이다."

어떤 집들은(예를 들어 캘리포니아 교외 지역의 주택들) 위의 내용과 정확히 들어맞는다. 하지만 그보다 심한 밀집지역은 정원이 없고, 현관문이 길에 면해 있어 사람들이 길가의 문 앞에 서있을 수밖에 없기 때문에 집과 거리 사이에서 변화가 일어날 공간이 없다.

이런 경우에는 그 변화를 집 '내부'에서 일어나게 하면 된다.

예를 들어, 우리가 사는 페루식 주택은 현관문 안쪽에 안뜰이 있고 큰 거실이 이 안뜰을 둘러싸면서 그곳을 향해 열려 있다. 집안으로 들어가려면 먼저 현관문으로 들어와 어둑한 입구 통로를 지나고, 햇볕이 쏟아지는 안뜰을 통과하고, 가족실과 살라^{sala}를 연결해주는 시원한 베란다로 들어서게 된다. 이것은 전통 스페인식 방법인데 여기에는 물론 '입구의 전이공간' 패턴이 포함되어 있다.

하지만 설명에서 알 수 있듯이 '앞에서 논의한' 그 패턴을 곧이곧대로 따른 것은 아니다. 변화가 거리와 현관문 사이에서 일어나는 것이 아니라 현관문 안쪽에서 일어나기 때문이다. 그 설계의 의미를 살리기 위해, 패턴의 외형이 아니라 정신을 따른 것이다.

실제로 일어난 일은 모종의 느낌이 있다는 사실이다. 이 느낌은 형태는 기하학적이긴 하지만 수학적으로 엄밀하게 진술할 수 있는 관계가 아니라는 느낌이다.

유연하게 맥동하는 어떤 것, 그럼에도 분명히 존재하는 실체가 우리 머릿속에서 헤엄치고 있다. 그것은 기하학적 이미지이면서 문제에 관한 지식보다 훨씬 의미심장하다. 문제에 관한 지식뿐 아니라 문제를 해결할 기하학적 형태에 관한 지식 그리고 그 기하학적 형태가 주는 느낌과도 결합되어 있기 때문이다. 그것은 무엇보다 느낌이다. 형태학상의 느낌이다. 이 형태학상의 느낌은 정확히 표현할 수 없고 정교하게 공식화하더라도 모호하게 감을 잡을 수밖에 없지만 모든 패턴의 핵심이다.

여러분이 이런 유연한 관계 영역을 발견했다면, 그것을 실생활에서 운용할 수 있도록 하나의 실체로 재정의해야 한다.

그렇게 해야 그 관계 영역이 유용하고 실행 가능한 지침이 된다. 우리가 다른 사람에게 '이런 집'을 지어보라고 말할 수 있다는 것이다.

패턴은 건축의 요소이며, 우리는 패턴을 통해 세상을 본다는 것을 잊지 말자. 부엌, 보도, 고층빌딩은 우리 시대의 패턴들이고, 우리가 사는 세상은 그런 패턴들로 구성되어 있다. 새로운 패턴은 우리가 사용하고 싶은 새로운 건축 요소일 것이다. 그뿐 아니라 우리에게 세상을 보여줄 정신적인 건축 요소이기도 할 것이다.

다시 '입구의 전이공간'을 생각해보자.

처음 이 패턴을 생각해낸 것은 사람들이 집으로 들어갈 때 빛, 바닥, 방향, 풍경, 소리 등 여러 가지 변화를 경험하는 것이 필요했기 때문이다. 그렇게 해야 공적 영역인 도로의 분주하고 열린 분위기와 집이 충분한 거리를 둘 수 있다. 이런 기능은 거리에서 현관문까지 이

어지는 진입로의 특성으로 표현할 수 있다. 그래서 진입로에는 이러 저러한 특성이 있어야 한다고 말할 수 있다. 하지만 이 설명에는 앞에서 제시한 핵심이 패턴으로 체계화되어 있지 않다.

그것이 패턴이 되게 하려면 이렇게 물어야 한다. 이런 특성들을 만들어내기 위해 나는 어떤 새로운 실체를 이 세상에 내놓아야 하는가!

이런 특성들을 정확히 반영한 관계 영역들을 통합해줄 실체는 어떤 것인가? 그것은 실제 공간이면서 빛과 색, 그리고 풍경과 소리와 바닥이 바뀌는 '변화 공간the transition' 역할을 해야 한다.

물론, 내가 '변화 공간'이라고 부르는 '것'이 사실은 물리적으로 존재하는 것이 아니라는 사실은 알고 있을 것이다. 실체처럼 보이는 그것은 순전히 관계 영역에 의해 규정되기 때문이다. 하지만 사람들의 속성상 이런 관계 영역도 하나의 실체로 다뤄야 그것을 이해하고 만들어내서 언어의 요소로 사용할 수 있다.

우리는 각각의 패턴을 우리 두뇌가 쉽게 이용할 수 있도록, 그리고 언어를 구성하는 다른 패턴들 사이에서 제 역할을 할 수 있도록 하나의 실체로 만들어야 한다.

같은 이유로 우리는 그것을 그릴 수 있어야 한다.

다이어그램으로 그릴 수 없다면 그것은 패턴이 아니다. 머릿속에 어떤 패턴을 생각하고 있다면 그것을 그릴 수 있어야 한다. 대략적인 형태이겠지만 그것은 필수적인 조건이다. 패턴은 공간관계의 영역을 명확히 규정하기 때문에 어떤 패턴이든 그림으로 나타낼 수 있어야 한다. 그림에서 각 요소는 명칭을 따로 붙이거나 색깔로 표시하는 것이 좋고, 요소들의 배치는 해당 패턴이 명시하는 관계를 나타내야 한다. 그렇게 그릴 수 없다면 그것은 패턴이 아니다.

마지막으로, 이것도 같은 이유인데 우리는 그것에 이름을 붙여야 한다.
이름을 찾는 일은 패턴을 만들어내거나 발견하는 과정에서 기본적인 작업이다. 패턴의 이름이 와닿지 않는다면 그것은 명확한 개념이 잡혀 있지 않다는 뜻이며, 그래서 다른 사람에게 '그런 집'을 만들어 보라고 설득할 수 없다.

내가 '입구의 전이공간'이라는 패턴을 발견하는 중이라고 가정해 보자. 나는 거리와 집 사이에서 모종의 변화가 필요하다는 것을 막연하게 알고 있다. 그리고 감각상의 변화는 태도의 변화를 불러일으킨다는 사실을 알고 있다. 처음에 나는 그 패턴에 '진입 과정Entry Process'이라는 이름을 붙여본다. 그리고 그 이름을 듣고 다른 사람들이 그 의미를 짐작할 거라 기대한다. 하지만 사실 다른 사람들은 이런 느낌의 변화를 어떻게 불러일으켜야 하는지를 모른다. 진입 과정이라는 이름이 너무 모호하기 때문이다.

그래서 그 패턴의 이름을 '집과 거리의 관계House Street Relationship'라고 지어본다. 이 단계에서 나는 변화를 불러일으키는 것이 구체적인 기하학적 구조라는 사실과 거기에 모종의 관계가 필요하다는 것을 알고 있다. 하지만 아직 그 관계가 어떤 것인지는 알지 못한다.

그다음에는 패턴의 이름을 '도로와 간접적으로 연결되는 현관Front Door Indirectly Reached From Street'이라고 바꾼다. 이 이름은 특정 관계를 구체적으로 설명하기 때문에 그것을 설계에 실제로 적용할 수 있다. 하지만 그것은 아직 관계일 뿐이다. 그것이 설계에 들어가 있는지 빠져 있는지 확신하기는 여전히 어렵다.

그래서 마지막으로 나는 변화라는 것은 거리와 집 사이에 있는 실제 공간에서 일어나며, 명확한 특성을 가진 곳이라는 생각에서 그 이름을 '입구의 전이공간Entrance Transition'으로 정한다. 이제 나는 스스로 이렇게 묻기만 하면 된다. 나는 '입구의 전이공간'을 설계에 집어넣었는가? 나는 즉시 대답할 수 있다. 그뿐 아니라 다른 사람에게 '입구의 전이공간' 패턴을 권했을 때 그 사람은 무엇을 해야 할지 정확히 알아듣고 그것을 실제로 지을 수도 있다.

그것은 구체적이고 실행하기도 쉽다. 그리고 더 정확하다. 드디어 나는 문제가 무엇인지 완전히 이해했고 그것을 어떻게 해결해야 하는지도 알게 되었다.

이 단계에 이르면 그 패턴은 명확하게 공유된다.

사람들은 그것에 관해 의논하고, 그것을 재사용하고, 개선하고, 스스로 그 결과를 점검하고, 자신들이 짓고 있는 특정 건물에 그 패턴을 사용할 것인지 말 것인지를 스스로 결정한다.

그리고 더 중요한 것은 그 패턴은 열려 있어서 누구나 자신의 경험을 바탕으로 수정할 수 있다는 것이다.

우리는 자신에게 이렇게 물어야 한다. 주어진 상황에서 이 힘들의 시스템이 실제로 발생하는가?

주어진 상황에서 공식화한 해결책이 늘 변함없이 힘들의 영역에 균형을 가져오는가?

해결책을 정확하게 공식화하는 것이 정말로 필요한가? 그래서 이런 해결책이 없는 모든 입구는 필연적으로 그 안에 있는 충돌을 해결할 수 없고, 그 충돌은 그곳을 지나는 사람들에게 전달된다는 것이 사실인가?

 이런 식으로 우리는 실증적 관찰을 강화하며 1차 관찰의 결과를 2차 관찰을 통해 세심하게 조정할 수 있다.

물론, 그 패턴도 여전히 임시적인 것이다.

그것은 불변의 법칙을 만들기 위한 하나의 '시도'이다. 하지만 항상 시도일 뿐이다. 그 패턴이 견고하고, 하나의 실체이고, 정확히 공식화된 것이라고 해도, 그것은 여전히 입구를 멋진 공간으로 만들기 위한 하나의 짐작에 지나지 않는다.

 그리고 해결책을 공식화하는 과정에서 그 짐작이 틀릴 수도 있다. 예를 들어 문제를 해결하는 데 필요한 관계의 실제 패턴이 잘못 제시될 수도 있다.

하지만 그 패턴은 다른 사람들도 공유할 수 있을 만큼 명료하다.

누구든 신중히 살펴보면 그 패턴을 이해할 수 있다. 거기에는 누구든 직접 확인할 수 있고 경험을 바탕으로 찾아낼 수 있는 명확한 문제가 있다. 그리고 그 패턴에는 누구나 이해할 수 있고, 세상에서 제 역할을 하는 입구들을 보며 확인할 수 있는 해결책이 있다. 또한 그 패턴에는 명확한 상황이 있다. 그래서 사람들은 그 패턴을 적용할 수 있을지 없을지를 판단할 수 있고, 그것이 영향을 미치는 범위가 적당한지를 확인할 수 있다. 마지막으로, 당연한 얘기지만 누구나 그 패턴을 활용할 수 있다. 그것은 규칙이자 실체로 구체적이고 명확하게 제시되어 있어서 누구나 자신이 살고 있는 집에 적용하거나 장차 살 집을 설계하는 데 반영할 수 있다.

정리하자면, 체계화된 이 패턴이 현 상태에서 정확하든 그렇지 않든 그 패턴은 누구나 공유할 수 있다. 이 패턴이 다른 의견에 닫혀 있는 것이 아니라 언제든 수정할 수 있는 것이기 때문이다. 사실 그 패턴을 누구나 공유할 수 있는 이유는 그것이 다양한 주장에 대해 열려 있다는 사실 바로 그것 때문이다.

마지막으로, 공유할 수 있는 패턴을 체계화하는 것이 누구에게나 아주 자연스러운 일이라는 것을 보여주기 위해 내가 인도 친구 지타와 나눈 대화를 여기에 적어보겠다. 이 대화에서 나는 내 친구가 자신의 경험에서 나온 패턴을 명확히 설명하도록 도와주고 있다.

저자 우선 네가 가장 좋아하는 장소를 말해봐.

친구 너한테 그곳을 설명해보라고?

저자 아니, 그냥 생각한 다음 머릿속에 그곳을 그려봐. 그리고 그곳의 어떤 점이 좋은지를 떠올려봐.

지타 여관.

저자 자, 그럼 무엇 때문에 그 여관이 특별하고 멋진 곳이 되는지를 말해봐.

지타 음, 그건 그곳에서 일어나는 일들 때문이야. 그곳은 장기간 여행하는 사람들이 만나서 얼마 동안 함께 시간을 보내는 곳이거든. 그리고 거기에서 일어나는 온갖 일들이 멋진 분위기를 빚어내는데, 나는 그게 정말 맘에 들어.

저자 그 여관의 구조에서 어떤 특징, 그러니까 그곳을 멋지게 만드는 특징만을 따로 말해줄 수 있어? 최대한 명확하게 말해줬으면 좋겠어. 네가 말하는 여관을 내가 다른 곳에도 지으려면 무엇을 해야 하는지 알 수 있도록 말야. 그 구조에서 좋은 점 하나를 콕 집어 말해봐.

지타 여관을 그렇게 멋지게 만든 건 건물 자체가 아니라 그곳에서 일어나는 일들이야. 거기서 만나는 사람들, 거기에서 하는 일들, 자기 전에 그 사람들과 나누는 이야기들 같은 이런 것들이지.

저자 내가 묻는 걸 다시 설명해볼게. 물론, 그 여관이 그렇게 멋진 장소가 된 건 그곳의 분위기 때문이겠지. 건물의 아름다움이라든가 외형이 아니라. 하지만 그런 분위기가 만들어지고, 그 여관에 모인 사람들이 그런 분위기를 만들어내는 게 그 건물의 어떤 특징 때문인지 구체적으로 설명해달라는 거야.

지타 무슨 말인지 모르겠어. 그런 분위기가 만들어지는 건 건물이 아니라 사람들 때문이라고 했잖아.

저자 음, 그럼 이렇게 물어볼게. 미국의 모텔들을 생각해봐. 네가 설명한 분위기가 미국의 모텔에서도 만들어질 수 있을까?

지타 아, 이제 무슨 말인지 알겠어. 미국 모텔에서는 그런 분위기가 안 생기지. 거기에는 온통 개인용 객실뿐이고, 그런 모텔에 가는 사람들은 현관으로 들어가 카운터에서 잠깐 얘기한 후에 자기 방으로 들어가버리니까. 내가 말하는 여관은 그런 식이 아냐. 아마 미국에서는 그런 여관이 생기기 힘들 거야. 사회적인 성향 때문일 텐데, 미국 사람들은 프라이버시를 중시하고 낯선 사람들과 이야기하는 걸 별로 좋아하지 않잖아. 그리고 다른 사람들이 있는 데서 자기 아내나 남편과 함께 자는 걸 어색하게 생각하지. 그래서 내가 얘기한 분위기는 아주 드물 거야. 그건 여관에 머무는 사람들 그리고 그들의 습관과 생활방식 때문에 가능한 거야.

저자 그래 좋아. 모든 패턴에는 상황이 있지. 물론, 네가 설명하려는 패턴은 미국 사람들한테는 안 맞을지도 몰라. 아마 인도라는 상황에만 적용될 수 있는 건지도 모르지. 그 패턴이 오직 인도에만 맞는 거라고 해보자. 이제 그것에 관해 네가 아는 것을 뭐든지 말해봐.

지타 알았어. 인도에는 이런 여관이 많아. 거기에는 사람들이 만날 수 있는 안마당이 있고, 그 안마당 한쪽에는 음식을 먹는 자리가 있고 다른 한쪽에는 여관을 관리하는 사람이 있지. 안마당의 네 면 중 세 면은 방들이 둘러싸고 있는데, 각 방의 앞쪽으로는 차양이 뻗어 있어. 마당에서 계단 하나를 올라 3미터 정도 더 걸어들어가면 계단 하나가 더 있고 이걸 따라가면 방으로 이어져. 저녁시간에는 사람들이 안마당에 모여 함께 얘기하며 음식을 먹지. 매우 멋져. 그리고 저녁에는 모두 차양 아래서 자는 거야. 그러니까 안마당을 둘러싸고 모두 함께 자는 셈이지. 방들이 모두 비슷하기 때문에 그곳에 묵는 사람들은 자신들이 모두 평등하다고 느끼고, 그래서 자유롭게 얘기할 수 있는 것 같은데, 내 생각엔 이 점도 아주 중요한 것 같아.

저자 멋진걸. 이제 그 패턴으로 인해 풀리는 문제가 무엇인지 얘기해보자. 그럴 필요가 있냐고? 너는 네가 설명한 패턴이 아니더라도 사람들이 그와 똑같은 분위기를 만들어낼 수 있다고 생각하니?

지타 과연 다른 방식으로 그런 분위기를 만들 수 있을까? 만일 방들이 따로 떨어져 있어 사적인 공간이 된다면 모텔과 다를 게 없이 각자 혼자 있게 되겠지. 그리고 밥도 여럿이 먹지 않는다면 함께 이야기를 나눌 수도 없잖아? 아무래도 내가 설명한 대로 지어진 곳이어야 할 것 같아. 내가 알기로 인도의 성지마을에 있는 여관은 모두 그런 형태야. 다른 형태는 상상이 안 돼.

저자 그럼 문제를 이렇게 정의해보자. '사람들은 여행하는 동안 어느 정도 외로움을 느낀다, 그리고 그들은 세상에 대해 알고 싶어서 여행을 하기 때문에 다른 여행객들과 함께 있는 기회를 원한다.' 이제 이런 패턴이 어디에 맞고 어디에 맞지 않는지 알 수 있겠지? 이 패턴에 맞는 상황은 어떤 것일 것 같아?

지타 음, 그건 아주 먼 데서 여행자들이 찾아오는 지역, 그리고 방랑하는 기분에 젖어들 수 있는 곳에 맞을 거야. 인도에서는 여관이 대부분 성지에 있어서 순례하는 사람들이 많이 찾아오지. 이런 패턴은 여행지의 아주 특별한 교차로 부근에 있는 게 맞을 것 같아. 분명히 그럴 거야.

저자 그게 그린란드에서도 통할까?

지타 무슨 뜻이야?

저자 기후도 상황의 일부라고 생각하는지 묻는 거야.

지타 물론이지. 차양막 아래서 자는 이유는 친목을 도모하려는 것도 있지만 더위를 피하려는 것도 있으니까. 그곳 날씨가 무더운 건 중요한 요소야. 그래서 산들바람이 불면서 가장 편안해 보이는 장소로 침구를 가지고 가서 자는 거지.

나 그럼 그 패턴은 오랜 기간 여행하는 사람들이 모이고, 다른 사람들과 스스럼없이 만날 수 있고, 밖에서 자고 싶을 만큼 더운 지역이라면 어떤 여관에서나 통할 수 있겠구나.

여기서 다시 우리는 한 가지 패턴에 대한 기본을 마련했다.

먼저 우리는 문제를 제시했다. 이 문제는 극히 직관적이긴 하지만 분위기로 나타나는데, 이 분위기는 다양한 사람들이 만나는 여관에서 핵심적인 역할을 한다. 그리고 이런 분위기를 일으키는 공간관계의 영역, 즉 안마당, 차양막, 식사하는 곳, 잠자는 곳, 여관 주인이 있는 곳 등을 설명했다. 또한 이 패턴이 어울리는 상황도 제시했다. 우리는 이 세 가지를 좀더 섬세하게 다듬어야 하지만 우리가 지금 패턴의 기본을 갖춘 것은 사실이다.

위의 여관 같은 기본 패턴은 지금까지 수도 없이 발견되었다.

10년 전 내가 소속된 건축가 그룹에서는 패턴 언어를 만들어내기 위해 패턴들을 정의하기 시작했다. 이 패턴들 중 253개를 이 시리즈의 두 번째 책인 『패턴 랭귀지』에 소개했다.

이 253개 패턴은 아주 규모가 큰 것에서 작은 것까지 광범위하다. 가장 큰 패턴들은 한 지역regions의 구조, 도시의 분포, 한 도시의 내부 구조 등을 다루고, 중간 규모의 패턴들은 건물, 공원, 도로, 방의 형태와 역할 등을 다루며, 가장 규모가 작은 패턴은 건물에 실제로 활용해야 할 물리적인 재료와 구조, 말하자면 기둥, 아치형 지붕, 창문, 벽, 창턱의 형태, 나아가 장식의 특징까지 다룬다.

이 패턴 하나하나의 목적은 어떤 상황을 살아 있게 만드는 본질을 담아내는 것이다.

불변의 영역인 각 패턴은 여러 힘들의 충돌을 해소하는 데 필요하고, 이름이 있는 실체로 표현된다. 이 패턴의 지침은 누구나 만들 수 있을 정도로(또는 다른 사람이 만드는 걸 도와줄 수 있을 정도로) 구체적이다. 그리고 이 패턴의 기본적인 역할도 명료하게 제시되기 때문에 누구나 그 패턴이 자신이 창조하려는 세상에 적절한지 판단할 수 있고, 그것을 언제 활용하고 언제 활용하지 말아야 할지도 판단할 수 있다.

어려운 작업을 거치면서 점차 우리는 깊이가 있고 건물과 도시에 생명을 주는 수많은 패턴을 발견할 수 있다.

패턴들은 문화에 따라 달라진다. 서로 아주 딴판일 수도 있고, 같은 패턴이 다른 문화에서 조금 변형되어 나타날 수도 있다.

하지만 그 패턴들을 발견하고 다른 사람들도 활용할 수 있도록 글로 표현하는 것은 가능하다.

그렇다면 우리는 공동으로 사용하는
이러한 패턴들을 경험을 바탕으로 시험하면서
점차 개선할 수 있을 것이다.
우리는 그 패턴들이 우리에게 어떤 느낌을 주는지
감지함으로써 그 패턴이 우리 주변 환경을
살아 있게 만드는지 그렇지 않은지를
아주 간단하게 판단할 수 있다.

15

패턴의 실체

The Reality
of
Patterns

●

우리는 앞 장에서 하나의 패턴을 체계화하고 그것을 다른 사람들이 사용할 수 있도록 명확하게 설명하는 데는 일정한 과정이 있다는 것을 알았다. 그런 많은 패턴들을 『패턴 랭귀지』에 자세히 소개하였다.

하지만 지금까지는 이런 패턴들 중 하나라도 실제로 제 기능을 한다는 보장이 전혀 없었다. 삶의 원천이 되고, 활기를 주고, 스스로 지속 가능한 패턴을 만드는 것이 우리의 의도지만, 과연 그렇게 될까? 깊이 있고 활용할 만한 좋은 패턴인지, 몽상처럼 아무 의미없는 패턴인지 어떻게 구별할 수 있을까?

우리가 어떤 패턴을 사용하기로 했다고 가정해보자.

그것이 살아 있는 패턴인지 아닌지를 어떻게 알 수 있을까?

혹은 누군가 패턴에 관해 적어놓은 설명을 읽고 있다고 하자.

그것을 우리의 패턴 언어에 포함할 것인지 말 것인지를 어떻게 결정할 것인가?

한 실험에 의하면, 패턴에 대한 설명이 경험에 비추어 사실이면 그 패턴은 살아 있다고 한다.

패턴의 실체

우리는 패턴이 전체적인 형태를 규정하는 지침이라는 것을 알고 있다.

상황 → 충돌하는 힘들 → 건물의 형태

그러므로 어떤 패턴이 경험상 다음 두 가지 조건을 만족시킬 때, 그 패턴은 좋은 것이라고 말할 수 있다.

첫째, 문제가 실제로 존재해야 한다. 이 말은 주어진 상황에서 실제로 충돌하는 힘이 있으며, 일반적인 방법으로는 그 문제를 풀 수 없다는 말이다. 둘째, 형태가 그 문제를 풀어야 한다. 이 말은 주어진 상황에서 패턴이 건축 요소들의 배치 방법을 제시했을 때 충돌이 아무 부작용 없이 해소되어야 한다는 뜻이다. 이것도 경험으로 확인할 수 있는 문제이다.

하지만 패턴을 구성하는 요소들의 근거가 사실이라고 해서 그 패턴이 살아 있는 것은 아니다.

내가 지금까지 들어본 패턴 중 가장 어처구니없는 패턴 중 하나가 '정신병원 발코니'이다.

어떤 학생이 생각해낸 이 패턴에 의하면, 정신병원 환자의 방에 딸린 발코니는 난간의 높이가 가슴 정도 되는 것이 적당하다. 그 근거는 다음과 같다. 사람들에게는 경치를 즐기고 싶은 욕구가 있다. 이것은 정신과 환자들도 마찬가지이다. 반면 정신과 환자들은 '건물 아래로 뛰어내리려는 경향'이 있다. 이 힘들의 충돌을 해소하기 위해 발코니의 난간은 환자들이 뛰어내리지 못할 만큼 높아야 하고 경치를 구경할 수 있을 만큼 낮아야 한다.

우리는 처음 이것을 보고 몇 시간이나 웃었다. 어리석어 보이긴 해도 그것이 패턴이라는 형식을 따른 것 같기는 하다. 상황과 문제와 해결책을 포함하고 있고, 문제도 충돌하는 힘들의 시스템을 통해 표현되었기 때문이다.

그러면 그것이 불합리한 이유는 무엇일까?

각 요소의 근거가 사실이라고 해도 전체적으로 볼 때 그 패턴은 경험을 바탕으로 한 현실성이 없다.

이런 종류의 발코니는 정신병 환자들을 치유하는 데 도움이 되지 못할 것이다. 또 이 세상을 좀더 완전하게 하는 데도 아무 도움이 되지 않는다.

그 패턴이 어리석어 보이는 이유는 그런 발코니가 세상에 생기든 말든 아무 차이가 없다는 것을 우리가 직감적으로 느끼기 때문이다. 우리는 문제가 그런 식으로는 풀리지 않는다는 것을 알고 있다.

어떤 패턴이 합리적으로 보이고 근거가 명확한 것 같다고 해서 거기에 반드시 생명력이 생기는 것은 아니다.

예를 들어, 고층 건물들이 독립적으로 서 있는 빛나는 도시 패턴은 르 코르뷔지에가 심혈을 기울여 '발명'한 덕에 유명해졌다. 그는 이 패턴을 이용하면 모든 가정이 빛과 공기와 녹색공간을 만끽할 수 있을 거라고 확신했다. 그리고 이론과 실제에서 이 패턴을 발전시키느라 몇 년을 보냈다.

하지만 그는 시스템에서 중요한 힘 한 가지가 더 작동하고 있다는 것을 잊고 있었다. 혹은 모르고 있었다. 사생활 보호와 자기 영역에 대한 인간의 본능이다. 사람들은 고층건물들이 둘러싸고 있는 추상적이고 아름다운 드넓은 녹색공간을 이용하지 않았다. 그 공간은 곧 혹스러울 정도로 휑히 트여 있었고, 또 너무 많은 사람들의 것이었기 때문이다. 게다가 수백 동의 아파트에서 그 녹색지대를 내려다보는 눈이 지나치게 많았다. 이런 환경에 놓이자, 일종의 동물적인 영역 본능에 속하는 그 한 가지 힘이 그 패턴에서 생명을 생성하는 기능을 파괴해 버린 것이다.

하나의 패턴이 제 역할을 하려면 그 상황에서 실재하는 힘들을 빼놓지 않고 모두 다뤄야 한다.

얼핏 보면 이것은 머릿속으로 이해할 수 있는 단순한 개념이다. 여러 힘의 균형을 맞춰주는 패턴을 발견했을 때 이 패턴은 물론 2장에서 설명한 무명의 특성을 만들어낼 것이다. 그 패턴이 세상에 존재하는 힘들을 자유롭게 해주는 과정에 기여하기 때문이다. 반면 해소되지 않은 일부 힘들을 방치한 채 다른 힘들만 해소한다면 그 패턴에는 무명의 특성이 깃들지 못한다.

이런 설명을 들으면, 살아 있는 패턴들을 알아보고 그렇지 못한 패턴들과 구분하는 일은 상당히 쉬울 것 같다.

하지만 실제로는 그 일이 아주 어렵다는 것을 알게 될 것이다.

그 어려움이란 주어진 상황에 정확히 어떤 힘이 존재하는지 알 수 있는 확실한 방법이 없다는 것이다.

패턴은 주어진 상황에서 힘들이 조화를 이루는지 그렇지 않은지를 예측하도록 도와주는 머릿속의 이미지일 뿐이다.

하지만 실제 상황에서 발생하는 힘들은 객관적으로는 그곳에 분명히 존재하지만 예측할 수는 없다. 각각의 상황은 너무 복잡한 데다 그 힘들은 상황에 미묘한 변화만 생겨도 커지거나 사라질 수 있기 때문이다.

어떤 상황을 설명하기 위해 그곳에 작용하는 힘들의 시스템으로 한 패턴을 체계화했는데, 그것이 불완전하다면 그 패턴은 금세 엉뚱한 것이 되어버린다.

게다가 우리에겐 그 힘들이 무엇인지 확인할 수 있는 방법도 없다.

힘들을 이해하는 방법을 알면 패턴을 단번에 이해하고 실증적인 핵심에 가까워질 수 있는데, 우리에겐 그 방법이 필요하다.

우리는 어떤 패턴이 세상에 생명을 주고 어떤 패턴이 그렇지 않은지를 알려주는 방법을 찾아야 한다.

또한 분석적인 체계화보다는 믿을 만한 실행 방법이 더 필요하다. 무엇보다 우리가 실제로 경험하는 현실에 바탕을 둔 실행 방법이 필요하다. 그렇다고 해서 부담스러운 비용에다 복잡하고 광범위한 실험들까지 필요한 것은 아니다.

이를 위해서 우리는 지성보다는 감성을 이용해야 한다.

어떤 상황에서 힘들의 시스템을 분석적으로 정의하기는 매우 어렵지만, 전체적으로 그 패턴이 살아 있는지 죽어 있는지를 판단할 수는 있기 때문이다.

사실 우리는 힘들을 해소하는 패턴을 만났을 때 좋은 기분을 느낀다. 그리고 해소되지 않은 힘들을 방치한 패턴을 만났을 때는 불편함을 느낀다.

'알코브' 패턴이 편안한 느낌을 주는 이유는, 그 시스템에서 우리가 완전함wholeness을 느끼기 때문이다.

세련된 형태로 정식화된 힘이 있고, 알코브는 그 힘을 해소한다. 예를 들어, 알코브 덕분에 우리는 공동의 공간 한쪽에 혼자 있을 수 있으며, 그러면서도 그 공동의 공간에서 일어나는 일을 알 수 있다. 하지만 무엇보다 중요한 것, 이 체계화가 어떤 본질을 품고 있다는 것을 확신하게 해주는 것은 알코브가 우리를 기분 좋게 해준다는 사실이다. 알코브가 우리에게 살아 있다는 느낌을 주기 때문에 그 두 가지 욕구는 해소된 것이다. 그리고 우리는 거기에 긴장이 남아 있다는 것을 전혀 느낄 수 없기 때문에 그 패턴이 완전하다는 것을 안다.

'T자형 교차로T-Junction' 패턴은 우리에게 편안한 느낌을 준다. 우리가 그 안에 있는 시스템에서 완전함을 느끼기 때문이다.

T자형 교차로가 해소하는 힘들은 다음과 같이 논리적으로 체계화할 수 있다. T자형 교차로는 맞은편으로 가로지르는 움직임이 적고 운전자들끼리 충돌하는 일도 드문데, 이런 객관적 사실로 인해 이 패턴의 실증적 토대는 탄탄해졌다. 하지만 결국 가장 중요한 점 그리고 실제로 존재하던 그 문제가 해결되었다는 확신을 주는 것은 'T자형 교차로'로만 된 거리에서 운전할 때 우리가 더 편안함을 느끼고 긴장이 풀린다는 사실이다. 이런 형태의 삼거리에서 우리는 예상치 못한 곳에서 차가 튀어나와 교차로를 가로지르는 일은 없다는 것을 알고 있다. 말하자면 우리는 그런 삼거리에서 편안한 기분을 느끼는 것이다. 편안한 기분을 느끼는 이유는 T자형 교차로가 충돌하는 힘의 시스템을 완전히 해소하기 때문이다.

'하위문화의 모자이크' 패턴도 우리에게 좋은 느낌을 준다. 그것에서 우리가 시스템의 완전함을 느끼기 때문이다.

여기에도 논리적인 근거가 있는데, 이에 따르면 하위문화들이 공동체별로 서로 떨어져 있으면 각 하위문화는 각자의 방식대로 발전할 수 있다. 이런 경우 힘들의 시스템은 엄청나게 복잡하게 얽혀서, 우리가 과연 이 패턴에 있는 힘들의 시스템에서 완전한 균형을 찾아냈는지 도저히 확신할 수 없을 것이다. 다시 말하지만 확신은 이 패턴이 존재하는 장소에서 우리의 기분이 좋아졌을 때 생긴다. 샌프란시스코의 차이나타운이나 소살리토(샌프란시스코에 있는 지중해 스타일의 마을-옮긴이) 같은 장소가 독자적인 생명력으로 생생한 활기를 띠는 이유는 그 장소들이 부근의 사회와 어느 정도 떨어져 있기 때문이다. 그런 곳에서 우리가 기분이 좋아지는 이유는, 이런 공동체는 생활방식이 다른 주변 지역으로부터 어떠한 압력도 받지 않아 자유로움과 자연스러운 성장이 직감적으로 느껴지기 때문이다.

반면 느낌을 배제하고 사고만으로 만들어진 패턴들에는 경험에 기반한 현실성이 전혀 없다.

앞에서 말한 정신병원의 발코니에서 우리는 아무것도 느끼지 못한다. 그 패턴에 관해 처음 듣는 순간 우리는 그런 발코니에서 유쾌한 기분을 느끼지 못할 거라는 사실을 즉각 알 수 있다. 그 안에는 아무 느낌도 없다. 그 패턴이 공허하다는 것을 이런 결핍감 때문에 알 수 있는 것이다.

르 코르뷔지에의 빛나는 도시에서 받는 느낌은 이보다 더 나쁘다. 그 패턴을 대할 때 우리는 굉장히 불편해진다. 그러한 패턴은 지적인 능력이나 상상력을 자극할지는 모르지만, 그런 도시를 정말로 지었을 때 어떤 느낌이 들 것인지 스스로 물으면 결코 쾌적한 도시는 아니라는 것을 알 수 있다. 다시 말하지만 우리가 받는 느낌은 기능적으로 가치가 없는 장소를 알려주는 수단이다.

그렇다면 힘들의 시스템이 균형을 이룬 상태와 그 힘들을 해소하는 패턴에 대한 우리의 느낌 사이에 근원적으로 밀접한 연관성이 있다는 것을 알 수 있다.

이런 연관성은 우리의 느낌이 항상 어떤 시스템을 총체적으로 받아들이기 때문이다. 어떤 패턴 안에 힘이나 갈등이 도사리고 있다면 우리는 그것을 느낌으로 알 수 있다. 그리고 어떤 패턴이 좋은 느낌을 준다면 그것은 그 패턴이 진정으로 완전하기 때문이고 거기에 도사리고 있는 힘이 없다는 것을 우리가 감지하기 때문이다.

이렇게 되면 어떤 패턴도 쉽게 실험할 수 있다.

어떤 패턴을 처음 봤을 때 기분이 좋아지는지 그렇지 않은지 그리고 그 패턴이 포함된 공간이 우리에게 에너지를 줘서 그곳에서 살고 싶은지 그렇지 않은지를 우리는 직감으로 알 수 있을 것이다.

어떤 패턴이 좋은 느낌을 준다면 그것은 좋을 패턴일 가능성이 아주 높다. 반대로 어떤 패턴이 좋은 느낌을 주지 않는다면 그것이 좋은 패턴일 가능성은 희박하다.

우리는 하나의 패턴이 우리에게 어떤 느낌^{feeling}을 주는지를 항상 스스로 물어야 한다. 그리고 다른 사람은 그 패턴에서 어떤 기분을 느

끼는지도 물어야 한다.

집을 지을 때 반드시 알루미늄으로 된 조립식 벽 패널을 사용해야 한다고 주장하는 사람이 있다고 하자.

그러면 그 사람에게 그런 패널로 지은 방에 있으면 '기분이 어떨 것 같은가'라고만 물어보라.

그는 알루미늄 재료가 다른 것들보다 강하고 환경을 개선하고 더 깔끔하고 건강에 더 좋다는 것을 '증명'하는 수십 가지 중요한 근거들을 나열할 수는 있을 것이다. 하지만 그가 정말 솔직하다면 기분 좋은 집을 짓는 데 알루미늄 패널이 중요한 특징이라는 말은 절대 못 할 것이다.

그 느낌은 직접적이고 절대적이기 때문이다.

느낌을 묻는 것은 의견 opinion을 묻는 것과 전혀 다르다.

예를 들어 내가 누군가에게 '주차빌딩'을 짓는 것에 찬성하느냐고 묻는다면 그 사람은 다양한 대답을 할 수 있다. 그는 '음, 당신이 어떤 주차빌딩을 생각하는지에 따라 다르죠.'라고 말할 수도 있고, '지을 수밖에 없겠네요.'라고 할 수도 있다. 또는 '어려운 문제를 해결할 가장 가능성 있는 해결책이군요.' 같은 대답을 할 수도 있다.

하지만 이 대답들은 모두 그의 느낌과는 아무 관련이 없다.

느낌을 묻는 것은 취향 taste을 묻는 것과도 다르다.

만일 내가 어떤 사람에게 육각형 빌딩을 어떻게 생각하느냐고 묻거나 신발 상자를 차곡차곡 쌓은 듯한 아파트 건물을 어떻게 생각하느냐고 묻는다면, 그는 그 질문을 자신의 취향을 묻는 것으로 받아들일지도 모른다. 이 경우 그는 이렇게 대답할 수 있다. '아주 기발한 생각이네요.' 또는 자신의 취향이 세련되었다는 것을 보여주기 위해 '그런 현대적인 건축은 정말 근사해요, 그렇죠?' 하고 말할 수도 있다.

하지만 이런 대답도 느낌과는 관련이 없다.

또한 느낌을 묻는 것은 어떤 발상idea에 대한 생각think을 묻는 것과도 다르다.

다시 한번, 내가 어떤 패턴을 체계화한다고 생각해보자. 그리고 거기에서 사람들마다 철학적 성향, 사고방식, 이해력, 세계관과 연관시킬 수 있는 다양한 문제들을 제시했다고 해보자. 그러면 상대방은 질문의 의도를 파악하지 못하고 다양한 답변을 내놓을 수 있다.

그는 이렇게 말할지도 모른다. '음, 저는 이런저런 사실에 대해 당신이 체계화한 것과 생각이 다른데요.' 혹은 '당신이 언급한 이런저런 승서들은 이미 유명한 건축가들이 이의를 제기했던 겁니다.' 혹은 '글쎄요, 전 이걸 진지하게 받아들이지 못하겠는데요. 장기적인 영향을 고려하면 당신도 그 패턴이 부적합하다는 것을 아실 겁니다.'라고 할 수도 있다.

다시 말하지만, 이 모든 것들은 그의 느낌과 아무런 관련이 없다.

느낌을 묻는 것은 다른 무엇이 아니라 말 그대로 느낌을 묻는 것이다.

그 패턴이 쓰인 장소에 가서 거기에서 어떤 느낌이 드는지를 보라. 그리고 그 패턴이 쓰이지 않은 곳에서 드는 느낌과 비교해보라. 만일 그 패턴이 쓰인 곳에서 더 좋은 느낌이 들면, 그 패턴은 좋은 것이다.

그 패턴이 없는 장소에서 느낌이 더 좋거나, 솔직히 그 두 장소에서 아무런 차이를 못 느꼈다면 그 패턴은 좋지 않은 것이다.

지금까지 충분히 설명하지 않았지만, 이 실험이 확실한 이유는 패턴에 대한 사람들의 느낌이 놀랄 정도로 일치하기 때문이다.

나는 패턴에 들어 있는 '발상'이나 그 패턴에 나타난 철학, 그 안에 함축된 '취향'과 '스타일'에 대해서는 사람들의 의견이 제각각이고 복잡하지만, 어떤 패턴에 대해 같은 문화권에서 살아온 사람들이 느끼는 바는 신기할 정도로 일치한다는 사실을 알게 되었다.

예를 들어 물을 찾는 아이들의 욕구를 생각해보자. 몇 년 전 어느 날 오후 나는 샌프란시스코에서 200명이 모인 회의에 참석하여 그 도시에서 그들이 원하는 것이 무엇인지를 알아보는 시간을 가졌다. 그들은 여덟 명씩 작은 테이블에 둘러앉아 오후 내내 그 문제를 의논했다. 저녁이 가까워질 무렵 각 그룹의 대표들이 나와서 그들이 가장 원하는 것을 발표했다.

따로따로 앉아 의논한 여러 그룹들이 발표한 내용은 그곳 아이들이 공원과 학교의 딱딱한 아스팔트 운동장이 아니라 진흙과 특히 물이 있는 곳에서 놀 기회가 있었으면 좋겠다는 것이었다.

나는 이 결과에 짜릿함을 느꼈다. 마침 우리는 '연못과 개울' 패턴을 개발하고 있었고, 사람이라면 누구나 특히 어린이들에겐 물을 가지고 놀 기회가 있어야 한다는 사실을 아주 상세히 다뤘던 것이다. 물은 중요한 잠재의식을 해방시켜주기 때문이다. 우리가 그 패턴에 대해 묻지도 않았는데, 사람들의 느낌에서 그런 결과가 나오자 우리는 그 패턴이 옳다는 것을 열 배나 강하게 확신할 수 있게 됐다.

병원의 규모에 관한 문제를 생각해보자. 상파울루 당국은 최근 세계에서 가장 큰 병원을 짓기 시작했다. 병상이 1만 개나 되는 병원이다. 이제 열 명 중 아홉 명 어쩌면 100명 중 아흔다섯 명은 병상이 1만 개나 되는 병원은 두려움과 불안을 불러일으키리라는 데 동의할 것이다.

간단히 경험적인 사실로 생각해보라. 규모에 대해 사람들이 받는 느낌은 전문가들이 행하는 사소한 실험이나 조사보다 훨씬 중요하다.

과학 실험에서 나타난 현상에 대한 해석도 이렇게 높은 비율로 일치하는 경우는 흔치 않다.

하지만 이상하게도 우리는 이런 느낌의 깊이와 힘 그리고 중요성을 흔쾌히 받아들이지 않는다. 만일 그렇게 어마어마한 병원을 건립하려는 계획이 의회에서 논의될 때, 반대의 근거로 이런 병원에 대한 브라질 국민들의 느낌이 좋지 않다고 말한다면 의원들은 애매한 미소만 지을 것이다. 그런 상황에서 느낌을 언급하는 것은 황당하기까지 할 것이다. 하지만 이런 공유된 느낌의 바다가 우리가 서로 하나가 되는 지점이다. 패턴 언어에 대한 우리의 의견일치는 결국 여기에서 나오기 때문이다.

느낌이란 '주관적'이고 '변하기 쉽기' 때문에 합의를 이끌어내는 합리적인 근거가 아니라고 치부해버리기 쉽다. 물론, 사람마다 느낌이 확연히 다르게 나타나는 개인적인 사안에 대해서는 합의의 근거로 느낌을 사용할 수는 없을 것이다.

하지만 90-95퍼센트, 때에 따라서는 99퍼센트까지 사람들의 느낌이 일치하는 것으로 보아 그것을 합리적인 근거로 활용해도 될 것이다. 이러한 현상은 인간 감정의 토대가 믿을 만하다는 특이하고 놀라운 발견으로 볼 수 있기 때문이다.

앞에서도 말했지만 여기서 말하는 일치란 사람들이 받는 실제 느낌이지 그들의 의견이 아니다.

예를 들어 만일 내가 사람들에게 '창가'(창가의 앉을 자리, 유리창으로 된 알코브, 바깥의 꽃을 감상하기 좋도록 낮은 창턱 옆에 놓인 의자, 퇴창)로 데리고 가서 벽에 그냥 끼워넣기만 한 창문들과 비교해보라고 하면, 아마 그 멋없는 창문이 더 쾌적하다고 '느끼는' 사람은 거의 없을 것이다. 그리고 '창가'가 더 좋다는 데 95퍼센트 정도가 동의할 것이다.

그리고 그 사람들에게 패널wall panel로 지은 건물을 여러 채 보여주면서 벽돌과 회반죽, 나무, 종이, 돌 등으로 지어진 집들과 비교해보라고 하면 패널로 지은 집이 '느낌'이 더 좋다고 하는 사람은 거의 없을 것이다. 느낌만 말해달라고 했을 때 말이다. 여기에서도 95퍼센트의 일치율을 보인다.

하지만 내가 사람들에게 그들의 의견을 묻거나 생각과 의견을 느낌과 섞어서 말해보라고 한다면 그 일치율은 사라진다. 조립 부품을 옹호하는 사람들과 그것을 생산하는 업체의 경영자들은 왜 조립식이 더 좋은지, 왜 그것들이 경제적으로 필요한지를 설명하기 위해 온갖 근거를 찾아낼 것이다. 그런 식의 의견이 득세하면 '창이 있는 장소'는 비실용적인 것으로 매도되고 조립식 창문이 무척 중요한 자리를 차지할 것이다. 사실 그 모든 근거들은 불합리하지만 그럼에도 설득력 있는 것처럼 제시되는 것이다.

현실과 공명하는 이런 느낌들은 찾아내기가 몹시 어려울 수 있다.

예를 들어, 어떤 사람이 분수에서 물이 네 갈래로 흘러나오는 패턴을 제안했다고 해보자.

내가 그 사람에게 "당신은 그것에서 좋은 느낌을 받습니까?"라고 묻자 그가 "아, 그럼요. 그러니까 만들죠." 하고 대답하면 나도 기분이 좋다.

하지만 다음과 같이 말하는 데는 굉장한 훈련이 필요하다. "아니, 아니, 잠깐만요. 전 그런 건 유치해서 별로 마음에 안 드는데요. 과수원에 물을 댈 수 있을 정도로 한 군데서 물이 많이 나오는 상황과, 네 방향에서 물이 졸졸 흐르는 상황을 비교해본다면 이 둘 중 어느 것에서 더 좋은 느낌을 받을지를 자신에게 솔직하게 물어보세요. 정말로 솔직하게 물어봐야 합니다. 그럼 물이 많이 흘러나올 때의 느낌이 좋다는 것을 당신도 인정할 겁니다. 그게 더 합당하고 세상을 더 완전하게 만들거든요."

하지만 이걸 인정하기는 어렵다. 느낌에 집중하는 것은 무척 어려운 일이기 때문이다.

느낌이 없기 때문에 혹은 그 느낌을 믿을 수 없기 때문에 어려운 것이 아니다.

그것이 어려운 것은 어느 쪽에서 더 좋은 기분이 느껴지는지를 알아내기까지 엄청난 집중력이 지속적으로 필요하기 때문이다.

하지만 의견일치를 이끌어낼 만큼 믿을 만한 것은 이런 진실한 느낌, 집중을 요하는 느낌, 노력을 요하는 느낌뿐이다.

힘의 균형, 현실의 긴급함과 직접 연결된 것은 그런 깊은 느낌뿐이다.

일단 자신의 느낌을 진지하게 받아들이고 그것들에 관심을 집중한다면 그리고 의견과 아이디어들을 배제한다면 패턴에 대한 직관력은 무명의 그 특성에 가까워질 수 있을 것이다.

그렇다면 조화를 이룬 패턴은 느낌이라는 개념에 깊이 뿌리내리고 있다고 할 수 있다.

그리고 우리의 느낌(그것이 진정한 느낌이라면)은 어느 패턴이 조화롭고 어느 패턴이 그렇지 못한지를 찾아낼 수 있는 강력한 도구가 된다.

하지만 그렇더라도 느낌 그 자체는 사안의 본질이 아니다.

살아 있는 패턴이 정말로 중요한 것은 단지 그런 패턴이 우리에게 좋은 느낌을 주기 때문이 아니라 그것이 세상의 일부를 진정으로 해방시키고 여러 힘들이 자유롭게 돌아다니게 만들어주기 때문이다. 그리고 이 세상을 관념과 의견의 답답한 영향력에서 벗어나게 해주기 때문이다.

간단히 말하면, 결국 가장 중요한 것은 바로 무명의 특성 자체이다.

어떤 패턴에는 이 특성이 있고 어떤 패턴에는 이 특성이 없다. 이 특성을 품고 있는 패턴이 우리에게 좋은 느낌을 주는 이유는 그런 패턴들을 접했을 때 우리가 완전함과 일체감을 느끼기 때문이다. 하지만 그래도 가장 중요한 것은 그 특성 자체이지 그것이 우리에게 미치는 영향이 아니다.

결국 살아 있는 패턴과 죽어 있는 패턴의 차이를 만드는 것은 패턴 안에 있는 이 특성의 존재 여부이다.

보행자와 자동차 사이의 관계를 예로 들어보자.

보행자들은 조용하고 안전하게 차에서 멀리 떨어져 있어야 한다는 것이 통념이다.

하지만 현실을 보면 보행자와 차도가 완전히 분리된 도시에서도 아이들은 여전히 주차장에서 뛰어놀고 어른들도 차가 다니는 길을 개의치 않고 건너 다닌다. 사실 사람들은 가장 짧은 길을 선택하는 것이고, 그렇게 행동하는 곳에 차가 있는 것이다.

물론, 심리적인 안정과 신체의 안전을 위해 보행자들을 자동차로부터 보호하는 수단은 필요하다. 하지만 보행자들이 길을 건너는 곳과 그들이 자동차와 마주칠 수 있는 곳에 건널목을 설치하는 것도 필요한 일이다.

이 두 가지 힘을 동시에 다루는 것이 불가능한 것은 아니다. 만일 차도를 직각으로 가로지르도록 교차보도를 놓되 그것들을 완전히 분리하지 않는다면, 심리적 안정과 안전함을 보장하면서도 걸어다니는 사람과 차가 서로 만나는 장소, 즉 두 시스템이 교차하는 활동의 공간을 만들어낼 수 있다.

그리고 사실 그 힘들의 충돌을 해소하는 이 패턴은 자동차와 사람의 관계에서 우리가 가장 편안함을 느끼는 지점과 일치한다. 도시의 번잡한 지점에서 교차보도의 시스템이 차들과 완전히 분리된다는 것은 너무 조용하고 인위적이어서 거의 비현실적인 것이 사실 아닌가? 오히려 차도와 접촉하는 교차보도가 조용하고 아름다우면서도 이런 힘들 사이에서 완벽한 균형을 느끼게 해주지 않는가? 도시에서 이러한 도로를 본 적이 없다면 차도와 보행로가 교차하는 곳이 어디에 있는지 가서 서보고, 거기에 있을 때 딱 좋다는 느낌이 들지 않는지 스스로 물어보라.

'보도와 자동차의 네트워크' 패턴은 이러한 현실에 바탕을 두고 있다. 이 세상에 차가 존재하는 상황이 계속되는 한 이 패턴은 힘들을 있는 그대로 대함으로써, 그 힘들을 공정하게 받아들이고 그것들을 해소한다.

차이를 만들어내는 것은 현실 그 자체이다.

다른 예를 들어보자. 페루에서 집을 지을 때 우리는 그 사람들의 삶에서 탐지해낸 숨어 있는 힘들을 바탕으로 패턴을 만들었다. 그중 여러 힘들이 오래된 것이었기 때문에, 우리는 고대와 식민지 시대 페루의 전통에서 공통적으로 발견되는 특징들을 많이 반영했다. 예를 들어, 우리는 모든 집들에 '살라^{sala}'를 두었다. 이것은 공식적인 손님들을 맞기 위해 특별히 만든 응접실로, 현관문을 들어서면 바로 보이는 곳이다. 또 가족들이 함께 생활하는 가족실도 두었는데 이것은 집 안쪽으로 깊이 들어간 곳에 있다('친밀도의 변화' 패턴을 참고하라). 그뿐 아니라 '비스듬한 벽감'도 현관문 바깥에 만들었는데, 그곳은 사람들이 거리를 바라보면서 반쯤은 집안에 있고 반쯤은 집 바깥에 있는 것처럼 서 있을 수 있는 곳이다('현관에서의 휴식' 패턴을 참고하라). 이 두 가지 패턴은 모두 페루의 전통적인 주택에서 흔히 보이는 것들이다. 하지만 그곳 사람들은 우리가 페루를 과거로 되돌리려 한다며 거세게 비판했다. 그 집 가족들은 자신들이 시대에 뒤처지지 않으려 애쓰고 있으니 집도 현대적인 방식으로 살아갈 수 있도록 미국식으로 지어주기를 바랐던 것이다.

여기서 문제는 과거도 현재도 미래도 아니다. 문제는 페루에서는 집에 거실이 하나만 있으면 손님이 왔을 때마다 그들이 충돌을 경험할 것이라는 사실이다. 그들은 가족과 테이블에 둘러앉아 이야기하고 텔레비전을 보고 싶기 때문이다. 그러면서도 그들은 가족들과 마주치지 않게 하면서 방문객을 공식적으로 집안에 들이고 싶어 한다. 비슷한 경우지만, 현관문 앞에 서서 거리를 바라보는 것이 불가능하다면, 많은 여성들은 힘의 충돌을 경험할 것이다. 여자이기 때문에 앞으로 너무 나서거나 거리에서 스스럼없이 앉아 있으면 안 되고 약간 뒤로 물러나야 한다는 사회적 분위기와 집안에 갇혀 지내기 때문에 거리와 거리의 생활을 접하고 싶어 하는 욕구 사이에서 말이다.

내가 이런 사실의 옳고 그름을 판단하는 것은 아니다. 중요한 것은 그것들이 1969년에 페루에 존재하는 동력으로서 존재한다는 단순한 사실이다. 이 힘들이 존재하는 한 위의 패턴들이 제시되지 않는다면 사람들은 해결되지 않는 충돌을 경험할 것이다. 그리고 이런 상태에서는 온전한 삶을 영위하기가 어려울 것이다.

결국 우리가 생명을 생성하는 패턴을 알아볼 때는 우리의 느낌이 힘의 현실과 정확히 교감할 때뿐이다.

어려운 점은 바로 그것이다. 사람들은 흔히 현실이 아니라 자신의 의견을 먼저 내세우기 때문이다.

많은 경우 사람들은 이런 힘들에 대한 설명을 듣고 이렇게 반응한다. "그렇지 않았으면 좋을 텐데." 예를 들어, '입구의 전이공간' 패턴이 부분적으로 바탕을 두고 있는 사실이 있다. 이는 도시의 거리에서 사람들은 거리에 맞는 행동이라는 가면을 쓰고 있다가 개인적인 공간이나 격리된 공간에 쉬러 가는 중간지대에서 이 가면을 벗어야 한다는 것이다.

이 패턴을 보고 어떤 사람이 이렇게 평했다. "그건 바람직하지 않아. 사람은 혼자 있는 곳에서나 거리에서나 항상 마음가짐이 같아야 서로를 사랑할 수 있어."

의도는 좋다. 하지만 인간의 성향은 그렇게 쉽게 변하지 않는다. 거리에서 쓰는 가면은 선택 능력이 있는 바로 우리 자신이 만들어낸 것이다. 이런 가면은 도시라는 상황에서 생겨난 인간 본성의 기본적인 사실이다.

그러므로 다음과 같이 말하는 것은 아무 의미가 없다. "이 힘들이 없는 게 더 나을 텐데. 그렇지 않으면 그 힘이 없다는 것을 전제로 설계한 게 실패작이 될 테니까."

'입구의 전이공간' 패턴이 아름답고 편안할 수 있는 이유는 그러한 힘들이 실재한다는 사실을 그대로 받아들였기 때문이다.

하지만 무엇인가가 '어떠해야 한다'라는 선입관을 포기하고 그것을 있는 그대로 인식하는 일은 여전히 어렵다.

예를 들면, 얼마 전 라디오에서 들은 보이스카웃 모집 광고에서는 이런 내용이 나왔다. "여러분의 아들이 다른 소년들과 어울려 거리의 모퉁이에 앉아 있다면 그것은 건전하지 못한 행동입니다. 그 아이에게 도보여행, 낚시, 수영처럼 다른 아이들이 열망하는 활동을 체험하게 해주세요." 이 문장은 종교적인 열정으로 가득 차 있다. 그리고 틀림없이 청교도를 신봉하는 사람이 남자아이들의 실제 성향을 무시하고 자신이 생각하는 바람직한 소년상을 내세우려는 교묘한 의도도 담겨 있다. 물론, 현실의 남자아이들은 가끔 수영을 하고 싶어 한다. 하지만 가끔은 친구들과 뒷골목을 돌아다니고 싶기도 하고, 여자아이들을 찾아다니고 싶기도 하다. 이런 성향이 '불건전하다'고 생각하는 사람은 결코 소년의 삶에 진짜 작용하고 있는 힘들을 알아보지 못할 것이고 따라서 현실적인 패턴 언어도 사용하지 못할 것이다.

'10대의 보금자리' 패턴은 십 대가 독립심을 기르기 시작하도록 부모로부터 좀 떨어진 거처가 필요한 현실에서 나온 패턴인데, 위와 같은 도덕론자가 어떻게 이런 패턴을 이해할 수 있겠는가. '공공 옥외실'은 십 대들이 집에서 떨어진 시내 어딘가에 함께 모이려는 욕구에 특히 중점을 둔 패턴인데, 그런 사람들이 어떻게 이런 패턴을 이해할 수 있겠는가!

빈민가를 없애버려야 한다고 주장하는 사람은 그곳에 살고 있는 사람들의 실제 삶에 대해 아무것도 모를 것이다. 술집과 모텔이 늘어선 거리를 없애야 한다고 믿는 사람은 뜨내기 일꾼들의 삶에 작용하는 진짜 힘에 대해 모르고 있을 것이다. 뜨내기 일꾼의 존재를 받아들일 수 없기 때문이다. 회사가 '유여'해야 한다고 믿는 사람은 일하는 사람들 사이에 작용하고 있는 진짜 힘을 모르고 있는 것이다.

무언가가 '어떠해야 한다'라는 식의 선입관이 있으면 현실을 제대로 파악하지 못한다. 그런 선입관을 품고 있으면 정말로 무슨 일이 일어나는지를 볼 수 없기 때문에 결코 주변 환경을 살아 있게 만들지 못한다. 선입관은 새로운 패턴을 만들어내는 것도 가로막고, 혹여 새로운 패턴을 접했을 때도 그것을 발견할 수 없게 만든다. 선입관을 버리지 못하면 우리는 바람직한 패턴들을 적재적소에 사용하여 완전한 환경을 창조하는 데 실패할 것이다.

이런 점에서 현실 파악에 집중하는 태도는 가치관의 영역보다 훨씬 중요한 일이다.

보통 사람들은 패턴을 선택하는 것은 무엇이 중요한가에 대한 당사자의 의견에 달려 있다고 믿는다. 사실 어떤 사람은 고층건물이 더 낫다고 생각하고 어떤 사람은 낮은 건물을 좋아한다. 어떤 사람은 고속으로 운전하고 싶어서 차도를 넓히기를 바라지만 어떤 사람들은 걷는 것을 좋아해서 보행자 도로를 넓히기를 바란다.

이런 갈등을 해결하려면 사람들이 생각하는 삶의 근본적인 목적이 무엇인가라는 물음으로 되돌아가야 한다. 그들이 달성하려는 목표나 가치관 말이다. 그런데 사람들은 가치관이 모두 다르다. 그래서 이런 토론을 하더라도 패턴을 좌우하는 것은 의견인 것처럼 생각된다. 이 관점에 따르면, 확실히 말할 수 있는 것은 어떤 패턴은 이러저러한 목표나 가치관을 만족시키지만 어떤 패턴은 그렇지 못하다는 것이다. 혹은 어떤 '힘'은 '좋지만' 어떤 힘은 '나쁘다'는 것이다.

하지만 진정한 패턴은 그 상황에서 발생하는 힘들이 타당한가에 대해서는 아무런 판단을 내리지 않는다.

진정한 패턴은 비윤리적인 것처럼 보임으로써 그리고 각자의 의견과 목표와 가치에 대해 아무런 판단을 내리지 않음으로써 차원이 다른 윤리에 도달한다.

그 결과 모든 것이 활기를 찾는다. 그리고 이것은 인위적인 가치체계 한 가지가 승리하는 것보다 훨씬 더 바람직하다. 이 세상의 일면만 반영한 가치관에게 승리를 안겨주려는 시도는 절대 성과를 거둘 수 없다. 자신의 관점을 관철시킨 것 같은 사람에게도 이득이 되지 않는다. 무시당한 힘들은 무시당했다고 해서 곧바로 사라지는 것이 아니다. 억압된 힘들은 눈에 보이지 않는 곳에 잠복해 있다가 조만간 난폭하게 분출된다. 그리하여 승리한 것 같던 시스템은 더 파괴적인 위험에 처한다.

어떤 환경을 진정으로 살아 있게 하는 패턴을 만들려면 실제로 존재하는 모든 힘들을 인식한 다음 이 힘들이 서로를 비껴가는 세계를 발견해야 한다. 이것이 유일한 방법이다.

그럴 때 패턴은 자연의 한 조각이 된다.

호수의 잔잔한 물결이라는 패턴을 볼 때 우리는 그 패턴이 그저 존재하는 힘들 사이에서 정확히 균형을 이루고 있다는 것을 알고 있다. 그것을 모호하게 하는 정신적인 방해도 전혀 없다.

우리가 마침내 인간이 만든 패턴을 의견이나 이미지의 방해를 받지 않고 깊이 들여다볼 수 있게 된다면, 그때야말로 우리는 호수의 물결만큼이나 확실하고 영속적인 자연의 조각을 발견한 것이다.

살아 있는 패턴을 발견하는 법을 알아냈다면,
그다음에는 건축 작업에 필요한 언어를 직접
만들어낼 수도 있을 것이다. 언어의 구조는
개별 패턴들을 서로 연결한 망으로 창조된다.
그리고 전체적으로 봤을 때 이 패턴들이 어느 정도의
완전함을 만드는가에 따라 이 언어에 생명이
있을 수도 있고 없을 수도 있다.

16

언어의 구조

*The Structure
of
A Language*

이제 우리가 살아 있는 패턴을 발견할 수 있고 그것을 공유할 수 있으며 그 패턴의 현실성에 대해 상당한 자신감을 가질 수 있다는 것이 분명해졌다.

패턴들은 우리 주변에서 다양한 규모로 널리 퍼져 있다. 가장 큰 패턴은 지역의 전반적인 구조를 다루고, 중간 규모의 패턴은 건물들의 형태와 활기를 다루며, 가장 작은 규모의 패턴은 건물을 구성하는 물리적 소재와 구조를 다룬다.

하지만 지금까지 우리는 언어에 대해서는 많이 다루지 못했다. 이 장에서는 일관성 있는 언어를 형성하기 위해서 이 패턴들을 어떻게 조직해야 하는지를 살펴볼 것이다.

앞으로 살펴보겠지만, 언어의 가능성은 패턴들이 독립적으로 쓰이지 않는다는 사실 뒤에 숨어 있다. 하지만 뭔가를 만들어내려는 욕구가 생겼을 때, 언어는 기다렸다는 듯이 온힘을 다해 자신을 드러낸다. 정원의 앉을 자리 같은 소박한 것을 만들든 한 마을을 조성하든 그것을 완전하게 만들고 싶을 때 우리는 여러 패턴을 조직하여 언어를 만들려는 욕구를 느끼게 된다.

정원을 하나 만든다고 해보자.

10, 11, 12장에서 우리는 정원을 설계하기 전에 그것에 맞는 강력하고 깊이 있고 살아 있는 언어를 알지 못하면 살아 있는 정원, 아름답고 감동적인 정원이 나올 수 없다고 배웠다.

그렇다면 어떻게든 정원에 맞는 패턴 언어를 찾아내거나 스스로 만들어내야 한다.

정원에 쓰일 언어를 준비하는 한 가지 방법은 『패턴 랭귀지』에 실린 패턴 언어에서 몇 가지를 고르는 것이다.

그 언어를 훑어보면서 적절한 패턴들을 찾다가 다음과 같은 패턴들을 골랐다고 하자.

반쯤 가려진 정원
계단식 사면
과일나무
야생정원
입구의 전이공간
활기찬 중정
옥상정원
건물의 가장자리
볕이 드는 장소
옥외실
1.8미터 발코니
지면과의 연결

온실

정원의 앉을 곳

그런데 이 패턴들을 언어로 만들려면 어떻게 해야 할까?

이런 패턴들은 이미 알려진 언어에서 내가 좋아하는 것들에 표시만 하면, 그리고 규모가 큰 언어부터 순서대로 적어 넣기만 하면 얻을 수 있다.

물론, 내가 만들어낸 패턴이나 내 친구들이 얘기해준 패턴을 섞어서 포함시킬 수도 있다.

하지만 그것들을 이용하여 언어를 만들려면 어떻게 해야 할까? 그리고 어떻게 해야 이 언어들이 완전해질까?

패턴 언어의 구조는 각각의 패턴들이 고립되어 있지 않기 때문에 가능하다.

이것을 제대로 이해하기 위해 '차고garage'라는 패턴을 생각해보자. 다만 여기서는 단독주택의 차고만 생각해보자. 여러분은 그 특정 건축물이 차고라는 것을 어떻게 아는가?

물론, 부분적으로는 그것에 포함된 작은 패턴들을 통해 알아볼 수도 있을 것이다. 예를 들면, 차고의 크기는 자동차 한 대에 꼭 맞는 크기라는 사실, 창문들이 작거나 아예 없다는 사실, 그리고 정면에 폭이 넓고 천장까지 닿는 문이 있다는 사실을 통해서 말이다. 이런 사실들은 '차고'라는 패턴에 포함된 규칙들이다.

하지만 차고의 패턴과 그것에 포함된 더 작은 패턴들은 차고를 완전하게 규정하기에는 부족하다. 이런 패턴들이 똑같이 배치된 건물이 보트 위에 있다면 우리는 그것을 주거 보트houseboat라고 부르지 '차고'라고 부르지는 않는다. 그런 건물이 도로와 이어지는 길 없이 들판 한가운데 있으면, 그것은 공구창고나 곡물창고이지 차고는 분명 아닐 것이다.

어떤 건물이 차고가 되려면 도로와 이어지는 진입로가 있어야 한다. 그리고 그 건물은 집의 옆쪽에 붙어 있어야지 집 정면에 있거나 집 뒤쪽에 있으면 안 된다. 그리고 집과 바짝 붙어 있어야 한다. 집 안으로 곧바로 들어갈 수 있는 통로도 있어야 한다. 이처럼 규모가 큰 패턴들도 차고 패턴의 일부이다.

그렇다면 각 패턴들은 그것에 포함된 더 작은 패턴들뿐 아니라 그것을 포함하고 있는 더 큰 패턴들과도 관련을 맺고 있음을 알 수 있다.

이 사실은 정원의 언어와 관련된 패턴들도 모두 마찬가지이다. 각 패턴은 불완전하기 때문에 의미를 가지려면 다른 패턴들과 연관성이 있어야 하는 것이다.

예를 들어, '정원의 담장'을 주변 상황과 떼어놓고 생각하면 그것은 벽돌을 쌓아놓은 것에 불과하다. 그것이 '정원의 담장'이 되려면 정원을 둘러싸야 한다. 즉 그것이 '반쯤 가려진 정원'이나 '야생정원'이라는 패턴을 완성하는 데 일조해야만 비로소 '정원의 담장'이라는 패턴이 되는 것이다.

'입구의 전이공간' 패턴도 그것만 떼어놓고 보면 야외의 공간에 불과하다. 그것을 '입구의 전이공간' 패턴이 되게 하는 것은 현관문과 거리 사이에 위치한다는 점 그리고 저만큼 있는 정원을 잠깐 바라볼 수 있다는 점이다. 간단히 말해 이 패턴은 '주출입구'라는 언어 패턴을 완성하는 데 일조하고, 그것 자체는 선禪적인 조망이라는 더 작은 패턴에 의해 완성된다.

이런 이치를 가장 선명하게 보여주는 예는 아마도 '활기찬 중정' 패턴일 것이다. 당연한 얘기지만 안뜰은 건물들로 둘러싸여 있지 않으면 안뜰이라고 할 수 없다. 그래서 그것이 안뜰이 되려면 이 패턴이 반드시 '복합 건물' 패턴을 완성시키는 데 일조하고, 그것 자체는 '건물의 가장자리'와 '외랑' 패턴에 의해 완성되어야 한다.

각 패턴은 관계 네트워크의 중심에 위치하여 다른 패턴들과 연결되어 있고, 이 패턴들과 함께 네트워크를 완성시킨다.

각 패턴을 점 하나로 나타내고 두 패턴 사이의 연관성을 화살표로 나타내보자.

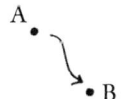

이것은 패턴 A가 완전해지기 위해 패턴 B를 포함해야 한다는 뜻이다. 그리고 패턴 B도 완전해지기 위해 패턴 A의 일부가 되어야 한다는 뜻이다.

패턴 A와 연결된 패턴을 모두 그려보면, 패턴 A는 전체 네트워크의 중심에 자리 잡고 있음을 알 수 있다. 몇 가지 패턴은 A 위에 있고, 몇 가지는 A 아래 있다.

관문

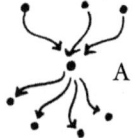

각 패턴은 비슷한 네크워크에서 중심을 차지한다.

그리고 패턴들이 연결된 이러한 네트워크가 언어를 만든다.

그러므로 정원을 위한 언어의 구조는 아래와 같을 것이다. 그 안에서 패턴들은 다른 패턴들과 연결된 채 각자의 자리를 차지하고 있다.

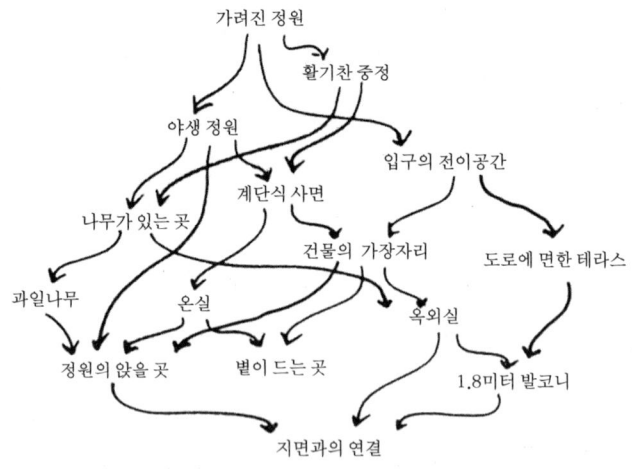

이 네트워크에서 패턴들 사이를 잇는 고리들은 언어에서 패턴들만큼 이나 중요한 역할을 한다.

예를 들어 '도로에 면한 테라스'와 '입구의 전이공간' 패턴에 대해 생각해보자.

이 두 가지 패턴을 독립적인 요소로 생각한다면, 이 패턴이 포함된 집이나 정원을 거의 무제한으로 생각해낼 수 있다. 그리고 이 두 패턴 사이의 관계도 셀 수 없이 다양하게 생각해낼 수 있다.

하지만 이 두 패턴이 언어 내에서 서로 연결되어 있고, '도로에 면한 테라스'가 '입구의 전이공간'의 일부라고 해보자. 그러면 사람들이 테라스에서 음료를 마시는 장면과 함께, 한편에서는 도착한 손님들이 그 테라스를 지나가거나 거기에 앉아 있는 사람들을 지나쳐가는 장면이 즉시 떠오른다.

반대로 '도로에 면한 테라스' 패턴이 '친밀도의 변화' 패턴의 뒤쪽에 포함된다고 해보자. 그러면 정반대의 풍경이 떠오른다. 사람들은 더 어둑하고 더 고요한 '입구의 전이공간'을 지나 그 집을 통과하여 테라스에 이르는데, 이 테라스도 길에 면해 있긴 하지만 이 경우에는 훨씬 더 사적이고 한적하다.

내 머릿속에서 개별 패턴들의 모습은 상황에 따라 변화한다. 그리고 내 상상 속에서 패턴들의 모습은 점차 선명해진다.

실제로 각 패턴들을 더 잘 이해할 수 있게 해주는 것은 네트워크 구조이다. 네트워크가 패턴들의 자리를 잡아주고 완전하게 만들어주기 때문이다.

전체적으로 각 패턴은 언어 내에서의 위치에 따라 수정된다. 즉 언어를 형성하는 연결고리에 의해 수정된다.

그리고 전체에서 차지하는 위치 덕분에 각 패턴은 특별히 힘을 얻고 분명해지고 시각화하기가 더 쉽고 풍부해진다. 언어는 패턴들을 서로 연결해줄 뿐 아니라 패턴 하나하나에 현실적인 상황을 부여하고, 연결된 패턴들의 조합을 살아 있게 만드는 상상력을 자극함으로써 각 패턴에 생명력을 부여한다.

그런데 하나의 네트워크에서 서로 연결된 패턴들이 언어를 형성한다 하더라도 그 언어가 좋은 것인지 나쁜 것인지 어떻게 알 수 있다는 말인가?

그 언어가 완전한가? 거기에 다른 패턴들을 더해야 하는가? 아니면 거기에서 패턴 몇 가지를 빼야 하는가? 패턴들이 서로 협력하고 있는가? 그리고 무엇보다 내가 그 패턴들로 살아 있는 정원을 만들 수 있는가? 개별적으로 볼 때 각 패턴이 13장과 14장에서 제시한 규칙을 따르면 살아 있는 것으로 간주할 수 있다. 하지만 정원 전체로 보면 어떻게 될까?

내가 만든 언어를 이용하여 전체적으로 살아 있는 정원을 만들 수 있을까? 그렇다 하더라도 내가 그것을 어떻게 확신할 수 있을까?

언어가 형태상으로 그리고 기능상으로 완전하다면, 그것은 무엇인가를 완전하게 만들 수 있는 좋은 언어라 할 수 있다.

형태적으로 완전하다는 것은 패턴들이 완벽하게 짜여 세세한 부분도 빈틈없이 채워져 있다는 뜻이다.

그리고 기능적으로 완전하다는 것은 그 패턴들의 시스템에 고유의 내적 일관성이 있어서 그 안의 패턴들이 하나의 시스템으로 저절로 해소될 수 있는 힘들만 생성한다는 뜻이다. 그래서 전체적으로 그 시스템은 살아 있으며, 자신의 구조를 파괴하는 내부의 충돌이 일어나지 않는다.

언어가 형태적으로 완전하다는 것은 그 언어가 생성하는 건물의 종류를 아주 구체적으로 시각화할 수 있다는 뜻이다.

즉 언어가 구체화하는 건물이 그림자처럼 모호하고 빈틈이 많은 형태가 아니라, 견고한 실체로서 머릿속에 또렷하게 그려져야 한다. 세세한 부분의 디자인은 차치하고라도 말이다.

예를 들어, 내가 '반쯤 가려진 정원'이라는 패턴을 선택했다고 하자. 하지만 그 정원의 주요한 구성 요소가 무엇인지를 가르쳐줄 패턴들은 모르는 상태이다. 구체적으로 말하면 다음과 같다. 나는 정원의 가장자리를 어떻게 만들지 모른다. 나는 그 정원의 근간이 되는 구성 요소가 무엇인지 모른다. 그 정원에서 특히 강조해야 할 점이 무엇인지 모른다. 그 정원이 집과 만나는 지점이 어떠할지도 모른다. 이처럼 정원에 대해 충분히 알지 못하는 상황에서는 그 정원을 머릿속에서 전혀 그릴 수가 없다.

이것은 특정한 정원을 특정한 집과 연결시키는 방법을 모르는 것과는 전혀 다른 문제이다. 그것은 내가 이런 종류의 정원을 구성하는 방법을 이해하는 데 근본적인 결함이 있다는 뜻이다. 그리고 실제 상황에서 내가 이런 처지에 있으면 처음부터 정원 패턴을 다시 궁리해야 한다는 뜻이다.

이와 반대로 내가 그 정원을 통합적인 구조물로서 선명하게 시각화할 수 있다면 실제로 만들 정원을 아직 떠올리지 못했더라도 그 언어는 형대적으로 완전하다고 할 수 있다.

그리고 어떤 언어가 한 패턴 시스템을 규정했고 그 시스템 내부의 힘들이 저절로 남김없이 해소된다면, 그 언어는 기능적으로 완전하다.

다시 그 정원을 생각해보자. 우리는 6장과 7장에서 시스템 내에서 서로 충돌하는 힘이 내부에서 해소되지 않으면 그 힘들은 시스템을 점차 파괴한다고 배웠다.

예를 들어 그 정원이 나무들과 기초 구조와 그늘 사이의 생태학적 상호작용에 대해 아무런 대책이 없다고 생각해보자. 적절치 못한 지점에 그늘이 지고 뿌리가 뻗어 건물의 기초를 해치기 시작한다. 기초가 손상되면 연속적인 문제가 일어나므로 건물과 나무들의 전체적인 관계는 불안정해진다. 결국 정원에도 위험한 변화가 생겨 이로 인해 다시 다른 불안정이 초래된다.

언어가 기능적으로 완전해지려면 내부에 있는 모든 힘의 시스템이 온전히 처리되어야 한다. 간단히 말하면 이런 힘들이 균형을 이루도록 패턴들이 충분히 받쳐주어야 한다.

언어 안에 있는 개별 패턴들이 완전해야만 그 언어는 기능적으로나 형태적으로 완전하다고 할 수 있다.

어느 패턴 하나라도 불완전하다면, 전체적으로 그 언어는 절대 완전해질 수 없다. 패턴 하나하나는 자신을 형태적으로 완전히 채워줄 패턴들을 충분히 '거느리고' 있어야 한다. 또한 각 패턴은 충분한 패턴들을 거느리고 있어야 자신이 만들어내는 문제를 해결할 수 있다.

따라서 '건물의 가장자리' 패턴은 건물의 가장자리라는 중심 구조를 빈틈없고 완전하고 확실하게 그려낼 수 있을 만큼 충분한 하위 패턴이 있을 때만 형태상 완전하다고 할 수 있다.

그리고 중요한 문제들 즉 건물의 가장자리가 만들어낸 해소되지 않고 충돌하는 힘의 시스템을 하위 패턴들이 함께 해결할 때만 그 패턴은 기능적으로 완전하다.

그러므로 우리는 불안정한 패턴 하나하나를 채우기 위해 필요하다면 새로운 패턴을 만들어내야 한다.

다시 '건물의 가장자리'를 예로 들어보자. 현재의 언어에서 '건물의 가장자리' 바로 아래 있는 패턴들은 '볕이 드는 장소' '외랑' '옥외실' '정원의 앉을 곳', 그리고 '입구의 전이공간'이다.

이 다섯 가지 패턴이 있을 때 '건물의 가장자리'를 둘러싸고 풀리지 않는 문제가 있는가? 이것은 기능적인 완전성을 묻는 질문이다. 그리고 이 다섯 가지 패턴으로 볼 때 '건물의 가장자리'에 기하학적으로 불명확하고, 구체적이지 못한 부분이 한 군데라도 있는가? 이것은 형태적인 완전성을 묻는 질문이다.

이 두 가지 질문에 대한 답은 '그렇다'이다.

해결되지 않은 문제가 '있는' 것이다. 그리고 기하학적으로도 애매한 지점이 '있다'. '건물의 가장자리'에서 한 지점, 즉 정원 길이만큼 단순하게 죽 뻗은 밋밋하고 기다란 담이 있는데, 이것이 문제다. 그것을 해결할 패턴이 없기 때문이다. 밋밋한 담은 친근한 맛이 없어서, 그 정원에서 눈에 거슬리고 활용하기 불편한 지점을 만들어낼 것이다. 아주 일반적으로 말해서, '건물의 가장자리'라는 패턴에 의하면 가장자리라는 것은 명확한 지점이어야 한다고, 그리고 집의 안쪽과 바깥쪽을 바라봐야 한다고 규정되어 있다. 하지만 자세히 살펴보면 이 길고 밋밋한 단이라는 문제가 풀리지 않고 남아 있다. 그것을 해결하기 위해 언어 내에서 '건물의 가장자리'의 일부이면서 그 아래 있는, 그리고 어떻게든 이 길고 밋밋하고 불쾌한 담을 해결할 새 패턴을 생각해내야 한다.

지금은 이 패턴이 어떤 것인지 정확히 모른다. 하지만 사례를 들어보면, 이 패턴에 '문제'가 있음을 알려주는 기능상의 직관과 구조상 빈틈이 있다는 것을 알려주는 형태상의 직관이 무관하지 않음을 확실히 알 수 있을 것이다.

우리는 기능상의 문제와 형태상의 문제를 완전히 해결할 수 있는 하위 패턴들의 집합을 찾을 때까지 온갖 패턴들을 연구해야 한다. 그리고 패턴 하나하나가 완전해질 때까지 하위 패턴들을 만들어내고 제거하면서 그 언어를 완전하게 만들어야 한다.

하지만 주어진 패턴의 하위 패턴들이 그 패턴의 중요한 구성 요소인지도 확인해야 한다.

하나의 패턴 아래에 패턴이 너무 많으면 안 된다. 이번에는 '반쯤 가려진 정원'을 생각해보자. 정원에는 '볕이 드는 장소'가 될 한쪽 구석이 있다. 다른 한 지점은 아마 '옥외실'이 될 것이다. 그러려면 나무를 심어 어떤 자리를 만들어야 한다. 전체적으로 그 정원의 특징은 '야생정원'이다. 좀 자세히 들어가면 정원과 거리 사이에는 '도로에 면한 테라스'라는 관계가 있다. 집과 정원 사이의 관계도 있을 수 있다. 이것은 아마 '온실'에 의해 해결될 것이다. 정원에 심은 꽃들의 특징은 아마 '올려진 화단' 패턴일 것이고, 채소와 과일의 필요성은 '텃밭'과 '과일나무' 패턴으로 해결할 것이다.

하지만 이런 하위패턴이 모두 '반쯤 가려진 정원'의 바로 아래에 있을 필요는 없다. 어떤 패턴들은 '서로를' 보충해주기 때문이다. 예를 들어 정원에 전반적인 특징을 부여하는 '야생정원'은 '올려진 화단'과 '텃밭'에 의해 채워지고 완성된다. 그리고 '나무가 있는 곳'은 '과일나무'에 의해 빈틈이 메워진다. 다른 패턴에 의해 '완성되는' 이런 패턴들은 '반쯤 가려진 정원'이라는 패턴 바로 아래에 위치할 필요는 없다.

어떤 패턴의 주요 구성 요소인 패턴과 단계상 훨씬 하위인 패턴을 구별하는 일은 아주 중요하다.

'반쯤 가려진 정원'을 만들려는 사람이 그 패턴을 구성하는 서너 개의 요소를 이해할 수 있다면, 그는 그 정원을 머릿속에 그려보고 스스로 정원을 만들 수 있을 것이다.

하지만 '반쯤 가려진 정원'에서 스물세 개의 패턴들이 모두 똑같은 비중으로 자리를 잡고 있으면, 그 정원을 명확하게 상상할 수 없을 것이다.

'반쯤 가려진 정원' 패턴 바로 아래에 분명히 나타나는 패턴들은 다섯 가지임을 알 수 있는데, '정원의 담장' '야생정원' '도로에 면한 테라스' '볕이 드는 장소', 그리고 '나무가 있는 곳'이 그것이다. 그래서 이 '반쯤 가려진 정원'이라는 특정 언어 내에서 이 다섯 가지는 가장 중요한 '구성 요소'이다.

그리고 한 패턴의 주요 구성 요소를 확정하는 이런 과정은 그 패턴을 마지막으로 완성하는 단계이다.

처음에 우리는 '정원'의 중요한 부분들은 잔디밭과 화단, 그리고 그 정원에 이르는 길이라고 생각했을 것이다.

하지만 '반쯤 가려진 정원' 패턴을 신중하게 검토한 결과 그것이 크게 다섯 가지 요소로 이루어져 있음을 알게 되었다. '야생정원' '도로에 면한 테라스' '볕이 드는 장소' '나무가 있는 곳' '정원의 담장'이 그것이다.

이제 우리는 정원의 형태와 기능을 다른 방식으로 이해하게 되었다. 정원이 이 특정한 다섯 가지 패턴으로 이루어져 있다는 사실이 정원의 형태에 대한 우리의 시각을 바꾸었지만 그것뿐이 아니다. 이 다섯 가지 패턴이 다섯 가지 특정 문제를 해결한다는 사실이 정원의 기능에 대한 우리의 시각까지 완전히 바꿔놓은 것이다.

언어 내에 모든 패턴의 바로 아래 단계에 더 작은 패턴들로 이루어진 주요 구성 요소들이 있다면, 그 언어는 완전하다.

그러면 여러분은 패턴 언어가 얼마나 아름다운 구조로 되어 있는지를 알 수 있을 것이다.

각 패턴은 더 큰 패턴의 일부로서, 그 패턴들 내에서 생기는 힘들과 그 힘들을 조화롭게 해주는 조건들을 통해 만들어진다.

그뿐 아니라 각 패턴도 조화를 이루는 힘들을 통해 더 작은 패턴들을 낳는데, 이 작은 패턴들도 더 하위의 힘들이 조화를 이루게 하는 조건에서 더 작은 패턴들을 낳는다.

이제 우리는 정원의 디자인은 그 정원 언어의 범위 안에 있다는 것을 알게 되었다.

만일 여러분이 당신의 정원 언어가 만들어내는 정원들을 좋아한다면, 그 언어는 훌륭한 것이다. 하지만 그 언어에서 멋진 정원의 이미지가 떠오르지 않는다면 그 언어는 뭔가 잘못된 것이다. 그리고 그 잘못된 사항은 설계 과정에서는 수정할 수가 없다. 그 단계에서는 너무 늦다.

우리는 보통 건물이나 정원을 설계하는 데 시간이 오래 걸리고, 설계를 준비하는 시간은 짧다고 생각하지만 그 반대다. 언어가 제 역할을 한다면 말이다. 언어를 준비하는 데는 아주 오랜 기간이 걸릴 수도 있다. 몇 주, 몇 달, 혹은 몇 년이 걸릴지도 모른다. 하지만 그 언어를 사용하는 것은 고작 몇 시간밖에 걸리지 않는다. 이에 대해서는 21, 22, 23장에서 구체적으로 살펴볼 것이다.

가장 중요한 것은 우리가 준비한 언어는 그것 자체로 완성된 정원(혹은 완성된 건물)이라고 생각해야 한다는 것이다.

완성된 정원(혹은 건물)은 그 언어를 구성하는 패턴들에 좌우되기 때문에, 그 언어를 사용하기 전일지라도 그 언어가 만들어낼 장소가 마음에 들 것인지 그렇지 않을 것인지를 예측할 수 있다.

패턴들의 집합이 전체적으로 통일성 있고 만족스러우면, 그리고 그것을 완성하기 위해 더 깊은 고민이나 아름다움이 필요하지 않다면, 그 언어는 제대로 된 것이다. 반면 언어를 하나의 편리한 도구로 보고 그 언어 내에 있는 패턴들의 집합이 지금 만들려는 정원이나 건물들을 아름답게 하기에 부족하다 해도 나중에 기교를 부려서 더 아름답게 만들 수 있을 거라 생각한다면 그 언어는 근본적으로 잘못되어 그것을 만족스러울 때까지 고쳐야 한다.

이처럼 어떤 설계 과정이든 실제 작업은 이 언어를 만들어내는 과정이다. 그리고 이 과정을 통해 우리는 나중에 하나의 특정 설계를 해내는 것이다.

우리는 언어를 가장 먼저 만들어야 한다. 설계를 좌우하는 것은 그 언어의 구조와 내용이기 때문이다. 우리가 만드는 개별 건물은 우리가 사용하는 언어의 깊이와 완전성의 정도에 따라 생명이 깃들 수도 있고 그렇지 않을 수도 있다.

하지만 우리가 일단 완전한 언어를 만들었다면 이 언어는 어느 곳에나 쓰인다. 그 언어가 어느 건물을 살아 있게 만드는 힘을 가졌다면, 그것은 1,000번이든 사용되어 1,000채의 건물을 살아 있게 만들 수 있다.

그리하여 서로 다른 건물을 위해 만든 각각의
언어들을 이용하여 우리는 마침내 그보다 훨씬
큰 구조물, 끊임없이 진화하는 구조들의 구조,
즉 도시의 공용어를 만들어낼 수 있다.
이것이 관문gate이다.

17

도시에 적용되는 공용어의 진화

*The Evolution of
A Common
Language for
A Town*

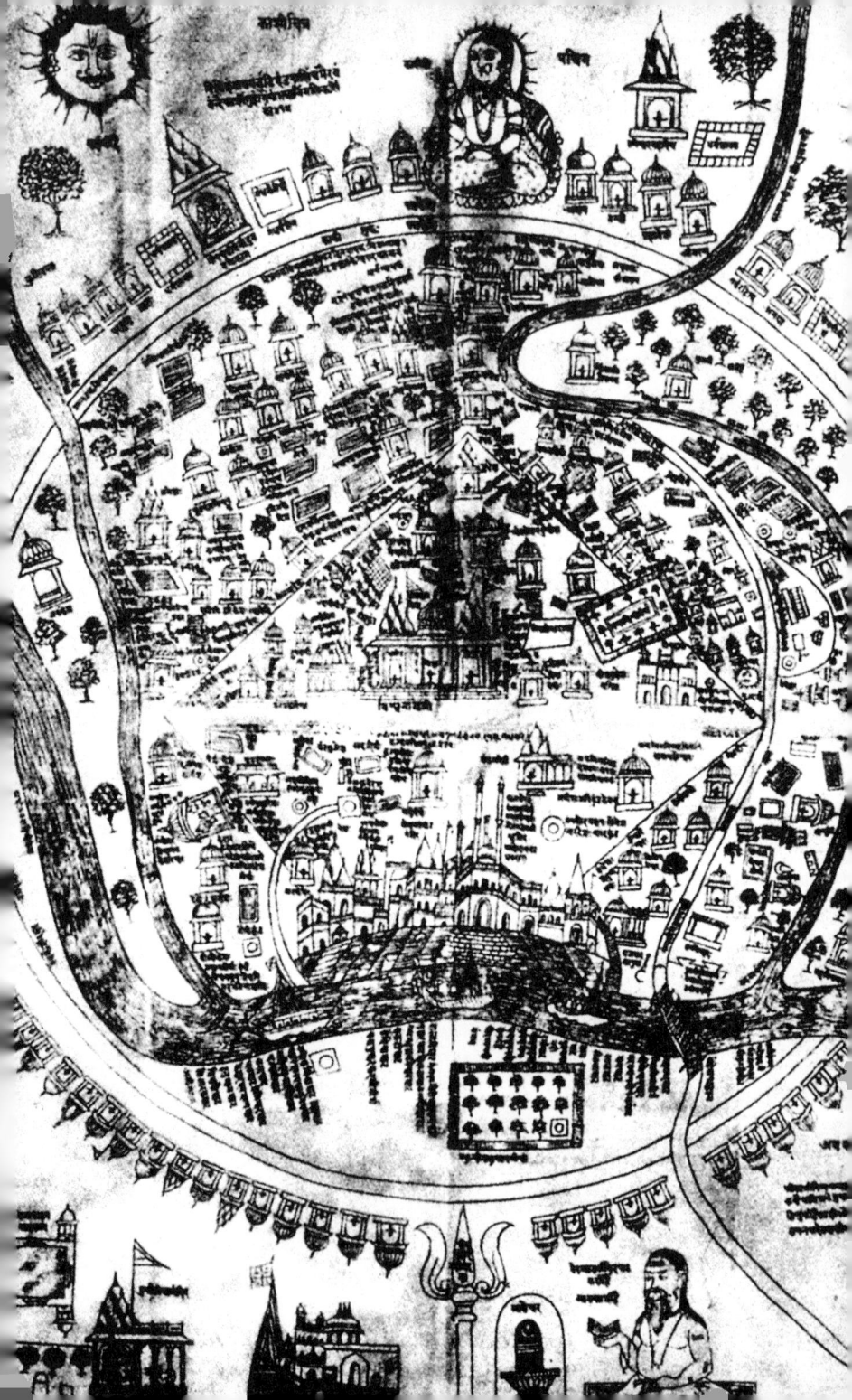

16장에서는 구체적인 건물 한 채를 짓기 위해 개별 언어를 어떻게 구성하는지를 배웠다.

이제부터 2부의 마지막 장인 이 장에서 이런 언어들이 얼마나 많이 어울려 한 도시의 공용어가 되는지를 살펴볼 것이다.

우선 서로 다른 건축 작업을 위해 열두 가지 언어를 만들어냈다고 하자. 이는 각각 집, 정원, 도로, 이웃, 창문, 사무실, 공연장, 아파트 건물, 사무실 건물, 가게, 성소^{聖所}, 강변, 도심의 분주한 네거리를 만드는 언어이다.

서로 다른 언어를 만드는 과정에서 우리는 그 패턴들이 겹친다는 것을 알게 된다.

예를 들어, '입구의 전이공간'은 정원에 쓰이는 언어의 일부이면서 집을 위한 언어의 일부도 된다.

'횡단보도'는 거리 언어의 일부이면서 분주한 네거리 언어의 일부이기도 하다.

'알코브'는 집 언어의 일부이면서 일터 언어의 일부도 된다. 그리고 이면 독특한 실외라면 강변 언어의 일부가 될 수도 있다.

'양면채광'은 종류를 불문하고 사람이 생활하는 건물의 모든 실내에 적용된다. 그래서 그 패턴은 방을 만드는 모든 언어에 포함된다.

그리고 좀더 세심하게 살펴보면, 다른 언어 내의 패턴들과 유사성이 있음을 알 수 있는데, 이것은 이 패턴들을 조정하면 좀더 일반적이고 유용한 언어로 훨씬 다양하게 활용할 수 있음을 암시한다.

예를 들어 '학과의 중심구역Department Hearth'은 우리가 오리건 주립대학교에서 발견하여 이름붙인 패턴이다. 병원 건축을 하는 동안에는 '근접통행로Tangent Paths'라는 패턴을, 페루에서 집을 지을 때는 '가족실의 동선Family Room Circulation'이라는 패턴을 발견했다.

이 패턴들에는 모두 본질이 같은 관계들이 통합되어 있다. 즉 이 패턴들은 모두 집단의 중심부에 공동의 공간을 두었으며, 이 공간은 사람들이 본관으로 들어가거나 나올 때마다 자연스럽게 지나가도록 배치되었다.

그렇다면 이 모든 언어에 들어맞으면서도 더 깊이 있고 더 일반적인 패턴이 필요할 것으로 보인다. 그것을 우리는 '중심부의 공공구역'이라고 이름 붙였다.

여러 언어에서 나온 패턴들을 모두 포함하면서 더 광범위한 구조로 묶어주는 언어를 구성할 수 있다는 것은 점점 분명해진다.

구조적으로 보면, 이 더 큰 언어는 더 작은 언어들과 똑같다. 하지만 큰 언어는 그 작은 언어들을 모두 담고 있다.

우리는 8, 9년 전에 그런 언어들을 구축하기 시작했다. 그 작업을 하기 위해, 우리는 수백 가지 패턴을 찾아 정리했다. 그리고 나서 그 패턴들을 대부분 버렸다. 모호해서 버리기도 했고, 발상은 같으면서도 좀더 섬세한 패턴을 발견했기 때문에 버리기도 했다. 또는 경험에 비추어 타당성이 없어서 버리기도 했고, 쾌적한 느낌을 주는 장소와 불쾌한 느낌을 주는 장소의 차이점을 실증적으로 설명하지 못해서 버린 경우도 있었다.

남은 253가지 패턴은 처음에 비하면 아주 적지만, 지금까지도 우리는 그것들을 소중하게 생각한다. 그 패턴들은 명확한 언어를 만들어내는데, 이 언어에 대한 자세한 설명은 『패턴 랭귀지』에 실려 있다.

우리가 만든 언어는 지역에 필요한 패턴으로 시작한다.(1-7)

자치지역Independent Regions, 도시의 분포The Distribution of Towns, 손가락 모양의 도시와 농촌City Country Fingers, 농업 골짜기Agricultural Valleys, 레이스형 전원도로Lace of Country Streets, 전원형 도시Country Towns, 전원지대The Countryside.

도시에 쓰이는 패턴도 있다.(8-27)

하위문화의 모자이크Mosaic of Subcultures, 분산된 일터Scattered Work, 도시의 마력Magic of the City, 지구교통구역Local Transport Areas, 7,000명의 지역사회Community of 7,000, 하위문화의 경계Subculture Boundary, 분별할 수 있는 근린Identifiable Neighborhood, 근린의 경계Neighborhood Boundary, 공공 운송망Web of Public Transportation, 환상도로Ring Roads, 학습 네트워크Network of Learning, 상점가 망Web of Shopping, 미니버스Mini-buses, 4층 제한Four-Story Limit, 9퍼센트의 주차장9% Parking, 평행도로Parallel Roads, 성지Sacred Sites, 물가로의 접근Access to Water, 생애 주기Life Cycle, 남성과 여성Men and Women.

관문

지역사회와 동네에 쓰이는 패턴도 있다.(28-48)

중심에서 벗어난 도심 Eccentric Nucleus, 밀도동심원 Density Rings, 활동의 결절점 Activity Nodes, 산책로 Promenade, 상점가 Shopping Street, 야간활동 Night Life, 환승 지점 Interchange, 세대의 공존 Household Mix, 공공성의 정도 Degrees of Publicness, 주택군집 House Cluster, 연립주택 Row Houses, 계단식 주택 Housing Hill, 노인과의 공존 Old People Everywhere, 작업 커뮤니티 Work Community, 띠 모양 공업지 Industrial Ribbon, 개방된 대학 University as a Marketplace, 소도시의 관청 Local Town Hall, 목걸이형 지역사업 Necklace of Community Projects, 다점포 시장 Market of Many Shops, 건강센터 Health Center, 틈새 주택 Housing in Between.

동네 안에 있는 공유지를 위한 패턴도 있다.(49-74)

루프형 지구도로 Looped Local Roads, T자형 교차로 T-Junctions, 녹지도로 Green Streets, 보도와 자동차의 네트워크 Network of Paths & Cars, 주관문 Main Gateways, 횡단보도 Road Crossing, 높여진 보도 Raised Walk, 자전거통로와 보관소 Bike Path & Racks, 도시의 어린이 Children in the City, 축제 Carnival, 조용한 후면 Quite Backs, 접근이 용이한 녹지 Accessible Green, 소규모 광장 Small Public Squares, 높은 곳 High Places, 거리에서의 춤 Dancing in the Street, 연못과 개울 Pools and Streams, 출산장소 Birth Places, 성역 Holy Ground, 공유지 Common Land, 연결된 놀이터 Connected Play, 공공 옥외실 Public Outdoor Room, 묘지 Grave Sites, 고요한 물가 Still Water, 지역 스포츠 센터 Local Sports, 모험 놀이터 Adventure Playground, 동물 Animals.

동네 안의 사유지와 사설 시설을 위한 패턴도 있다.(75-94)

가족The Family, 소가족 주택House for a Small Family, 부부용 주택House for a Couple, 1인가구 주택House for One Person, 자기만의 집Your Own Home, 자치 운영되는 작업장과 사무실Self-Governing Workshops & Offices, 친근하고 소소한 서비스Small Service Without Red Tape, 사무실의 연결Office Connections, 장인과 도제Master and Apprentices, 10대의 사회Teen-Age Society, 상점가 작은 학교Shopfront Schools, 어린이집Children's Home, 개인 상점Individually Owned Shops, 노천카페Street Cafe, 길모퉁이 잡화점Corner Grocery, 선술집Beer Hall, 여인숙Traveler's Inn, 버스정류장Bus Stop, 음식 가판대Food Stands, 대중과 잠자기Sleeping in Public.

복합 건물의 전체적인 배치를 위한 패턴도 있다.(95-126)

복합 건물Building Complex, 층수Number of Stories, 가려진 주차Shielded Parking, 동선영역Circulation Realms, 주건물Main Building, 보행자 도로Pedestrian Street, 건물간 통로Building Thoroughfare, 출입구의 동질성Family of Entrance, 소규모 주차장Small Parking Lots, 대지의 정비Site Repair, 남향의 외부공간South Facing Outdoors, 정연한 외부공간Positive Outdoor Space, 채광Wings of Light, 연결된 건물Connected Buildings, 기다란 주택Long Thin House, 주출입구Main Entrance, 반쯤 가려진 정원Half-Hidden Garden, 입구의 전이공간Entrance Transition, 자동차와의 연결Car Connection, 공지의 계층화Hierachy of Open Space, 활기찬 중정Courtyards Which Live, 계단형 지붕Cascade of Roofs, 감싸는 지붕Sheltering Roof, 옥상정원Roof Garden, 아케이드Arcades, 보행로와 목적지Paths and Goals, 보행로의 형태Path Shape, 건물의 정면Building Fronts, 보행자 밀도Pedestrian Density, 활동이 일어나는 지점Activity Pockets, 계단 의자Stair Seats, 중심부의 특징Something Roughly in the Middle.

관문

건물과 방을 위한 패턴은 다음과 같다.(127-158)

친밀도의 변화Intimacy Gradient, 실내채광Indoor Sunlight, 중앙의 공용공간 Common Areas at the Heart, 현관 내실Entrance Room, 내부통로의 흐름The Flow Through Rooms, 짧은 통로Short Passages, 무대가 되는 계단Staircase as a Stage, 선적인 조망Zen View, 명암의 태피스트리Tapestry of Light and Dark, 부부의 영역Couple's Realm, 아이들의 영역Children's Realm, 동향취침Sleeping to the Ease, 농가의 부엌Farmhouse Kitchen, 도로에 면한 테라스Private Terrace on the Street, 자기만의 방A Room of One's Own, 연속되는 휴식공간Sequence of Sitting Spaces, 모여 있는 침실Bed Cluster, 욕실Bathing Room, 대형창고Bulk Storage, 유연한 사무공간Flexible Office Spaces, 회식Communal Eating, 소규모작업집단Small Work Groups, 친밀감 있는 접수대Reception Welcomes You, 대기장소A Place to Wait, 소회의실Small Meeting Rooms, 반사적인 사무실Half-Private Office, 임대공간Rooms to Rent, 10대의 보금자리Teenager's Cottage, 노인의 보금자리Old Age Cottage, 안정된 작업Settled Work, 가내 작업장Home Workshop, 노천계단Open Stairs.

건물들 사이의 정원과 통행로를 위한 패턴들은 다음과 같다.(159-178)

양면채광Light on Two Sides of Every Room, 건물 가장자리Building Edge, 볕이 드는 장소Sunny Place, 북쪽 면North Face, 옥외실Outdoor Room, 도로에 면한 창Street Windows, 거리로의 개방Opening to the Street, 외랑Gallery Surround, 1.8미터 발코니Six-foot Balcony, 지면과의 연결Connection to the Earth, 계단식 사면Terraced Slope, 과일나무Fruit Trees, 나무가 있는 곳Tree Places, 야생정원Garden Growing Wild, 정원의 담장Garden Wall, 트렐리스가 있는 산책

로Trellised Walk, 온실Green House, 정원의 앉을 곳Garden Seat, 텃밭Vegetable Garden, 퇴비Compost.

여러 방들 사이에서 가장 작은 방과 벽장을 위한 패턴도 있다.(179-204)

알코브Alcoves, 창가Window Places, 불The Fire, 식사의 분위기Eating Atmosphere, 가려진 일터Workspace Enclosure, 부엌의 배치Cooking Layout, 좌석의 원형 배치Setting Circle, 공동 침실Communal Sleeping, 부부 침실Marriage Bed, 침실 알코브Bed Alcove, 옷방Dressing Room, 천장 높이의 변화Ceiling Height Variety, 실내공간의 형태The Shape of Indoor Space, 세상을 보는 창Windows Overlooking Life, 반개방 벽Half-Open Wall, 실내창Interior Windows, 계단의 용적Staircase Volume, 측문Corner Doors, 두꺼운 벽Thick Walls, 방 사이의 벽장Closets Between Rooms, 볕이 드는 조리대Sunny Counter, 개방된 선반Open Shelves, 허리 높이의 선반Waist-High Shelf, 붙박이 좌석Built-in Seats, 어린이 동굴Child Caves, 비밀 공간Secret Place.

건축과 재료의 전체적인 구조를 위한 패턴은 다음과 같다.(205-213)

친목공간을 위한 구조Structure Follows Social Space, 효율적인 구조Efficient Structure, 양호한 자재Good Materials, 단계적 보강Gradual Stiffening, 지붕 배치Roof Layout, 바닥과 천장의 배치Floor and Ceiling Layout, 외벽의 두께Thickening the Outer Walls, 측주Columns at the Corners, 기둥의 배치Final Column Distribution.

건축의 세부 요소를 위한 패턴도 있다.(214-232)

나무뿌리형 기초Root Foundation, 슬래브 바닥Ground Floor Slab, 박스형 기둥Box Columns, 테두리 보Perimeter Beams, 구조벽막Wall Membranes, 바닥-천장 볼트Floor-Ceiling Vaults, 지붕 볼트Roof Vaults, 자연스러운 문과 창Natural Doors Windows, 낮은 창턱Low Sill, 깊은 창틀Deep Reveals, 낮은 입구Low Doorway, 두꺼운 틀Frames as Thickened Edges, 기둥이 있는 곳Column Place, 기둥의 연결부Column Connections, 계단 볼트Stair Vault, 배관 공간Duct Space, 복사열 난방Radiant Heat, 돌출된 지붕창Dormer Windows, 지붕끝 장식Roof Caps.

마지막은 장식의 세부 요소와 색깔을 위한 패턴들이다.(233-253)

바닥Floor Surface, 겹침 외벽Lapped Outside Walls, 부드러운 내벽Soft Inside Walls, 활짝 열리는 창Windows Which Open Wide, 창이 달린 견고한 문Solid Doors With Glass, 걸러진 빛Filtered Light, 작은 창유리Small Panes, 1센티미터 테두리Half-Inch Trim, 의자가 있는 곳Seat Spots, 현관 벤치Front Door Bench, 앉을 수 있는 벽Sitting Wall, 캔버스 지붕Canvas Roofs, 올려진 화단Raised Flowers, 덩굴식물Climbing Plants, 틈이 있는 포장석Paving with Cracks between the Stones, 부드러운 타일과 연와Soft Tile Brick, 장식Ornament, 따뜻한 색Warm Colors, 다양한 의자Different Chairs, 빛의 집중Pools of Light, 자신의 물건Things from Your Life.

여기에서 나온 언어는 기본적으로 한 도시에 적용할 수 있을 정도로 복잡하고 풍부하다.

이 언어들은 규모에 상관없이 모든 종류의 사회시설, 주요 건물과 야외공간, 나아가 도시에서 일어나는 모든 종류의 건축 작업에 적용될 만큼 근원적인 방식을 담고 있다.

하지만 아직 그것은 언어로서 완전히 살아 있다고 할 수 없다.

언어로서 살아 있으려면, 우선 그 구성원들의 공통된 미래상을 담아내야 하고, 그곳의 고유한 문화를 반영해야 하며, 어린 시절의 수많은 추억과 그 지역만의 생활방식들을 연관시키면서 공동체의 꿈과 희망을 담고 있어야 한다.

우리가 구성하고 정리한 언어는 물론 우리 자신의 문화적 지식을 바탕으로 한 것이다. 하지만 그것은 다소 추상적이고 산만하기 때문에 특정 시대와 장소, 현지의 풍습과 기후, 음식문화, 건축 재료에 기반하여 더 구체적으로 다듬어야 한다.

한 민족의 공용어 되고 살아 있는 언어가 되기 위해서는 훨씬 더 심오한 것을 품고 있어야 한다. 그것은 민족의 삶의 원칙 및 부모와 조상에 대한 사랑과 존경을 표현해야 한다. 또한 개인으로서 그리고 공동체로서 그들의 목표를 구현할 수 있는 능력을 부여해야 한다. 이 모든 가치들이 개인들의 특수한 환경에 맞아야 하고 그곳에서 자라는 꽃들과 그곳에서 부는 바람과 그곳에 있는 공장 등에 구현될 수 있어야 한다.

더 나아가 살아 있는 언어는 개인적이어야 한다.

언어가 살아 있다는 것은 사회 또는 도시의 구성원 각자가 이 언어를 자신만의 방식대로 쓸 수 있다는 뜻이다.

그렇게 되면 언어는 불변의 법칙, 따라야 할 규칙, 건물이나 도시를 올바르게 만들기 위한 지식에 그치지 않고, 훨씬 더 심오한 것, 느낌으로 알 수 있는 것, 몸으로 체험하는 것이 될 것이다. 즉 삶의 방식에 대해, 함께 살아가고 일하면서 느끼는 희망과 두려움에 대해 그곳 사람들이 가장 내면에 지니고 있는 태도를 보여주는 것이다. 간단히 말해 살아 있는 언어는 그 사회 구성원들이 바라는 삶의 방식에 대한 공동의 지식이다.

모든 사람이 인생관을 표현하는 도구로써 자신의 패턴 언어를 갖고 있는 상황, 이런 심오한 단계는 책에 있는 패턴들을 무작정 흉내 내서는 도달할 수 없다.

나는 '입구의 전이공간'이 좋은 패턴이라고 단언할 수 있다. 그리고 어떤 문제 때문에 이 패턴이 생겨나게 됐는지를 설명할 수 있고, 이 패턴을 만드는 물리적 관계도 상세히 설명할 수 있다. 하지만 여러분은 이 패턴을 즉시 자신의 언어에 포함시키지는 않을 것이다. 이 특성이 있는 몇 개의 입구들을 직접 찾아 그것들이 얼마나 멋진가를 보고, 그런 특성들이 없는 다른 입구들과 비교한 다음 마음에 드는 입구들과 그렇지 않은 입구들의 차이점을 눈으로 정확히 확인한 후에야 그 패턴을 여러분의 언어에 포함시킬 것이다.

살아 있는 언어는 끊임없이 각자의 머릿속에서 재창조되어야 한다.

일상 언어(영어든 프랑스어든)도 각자가 머릿속에서 창조한 것이지 배운 것이 아니다.

   어린아이가 부모나 주변 사람들한테서 언어를 '배울' 때 그 아이는 언어에 있는 규칙을 배우지 않는다. 그 아이는 규칙들을 보거나 들을 수 없기 때문이다. 아이는 오직 주변 사람들이 뱉어내는 문장들을 들을 뿐이다. 그때 아이가 하는 것은 자기 스스로 규칙체계를 만들어내는 것이다. 그 규칙은 말 그대로 아이가 처음으로 혼자 힘으로 창조한 것이다. 아이는 자신이 들은 것과 비슷한 언어를 만들어낼 때까지 이 규칙들을 끊임없이 고쳐나간다. 그리고 이 단계에 이르렀을 때 우리는 그 아이가 언어를 '배웠다'고 말한다.

물론, 그 아이의 규칙들은 부모의 규칙들과 유사하다. 그 규칙들은 대략 같은 종류의 문장들을 만들어내야 하기 때문이다. 하지만 사실 그 아이가 '배운' 언어는 순전히 자신의 머리로 창조해낸 규칙체계이다. 그리고 그는 평생을 통해 자신의 언어를 고치고 다듬고 깊이 있게 만들어 나간다. 늘 규칙을 만들어내고 개선시킴으로써 자신의 언어를 발명하는 것이다.

패턴 언어도 마찬가지다.

여러분에게는 패턴 언어를 창조해낼 수 있는 선천적인 능력이 있다. 하지만 정확한 내용, 여러분의 언어 안에 있는 패턴들의 구체적인 성격은 여러분에게 달려 있다. 여러분은 그것들을 스스로 창조해야 한다.

여러분의 경험은 다른 사람들의 경험과 똑같을 수 없기 때문에 여러분이 만들어낸 패턴은 다른 사람들이 만들어낸 패턴과 조금씩 다를 수밖에 없다.

그렇다고 해서 객관적이고 심오하고 변치 않는 진리가 없다는 뜻은 아니다.

다만 혼자 힘으로 이 진리를 찾은 사람은 이 진리를 바탕으로 자기만의 진리를 스스로 얻어낸다는 뜻이다.

각자의 언어를 스스로 만들어냄에 따라 그 언어는 생명력을 얻기 시작한다.

그리고 개인에 따라 서로 패턴이 다른 것처럼 문화에 따라 그보다 훨씬 다른 패턴이 있을 것이다.

사람들마다 언어가 조금씩 다른 것은 그들의 삶과 그들 내면에 있는 힘이 어느 정도 다르고, 그래서 똑같은 힘의 구조라도 힘을 얻는 사람도 있고 피로를 느끼는 사람도 있기 때문이다.

서로 다른 두 문화의 경우, 그 안에 있는 힘들은 개인의 경우보다 차이가 더 클 것이다. 그래서 똑같은 힘의 구조에 대해 한 문화권에서는 생명을 북돋우는 것으로 느끼는 반면, 다른 문화권에서는 생명을 갉아먹는 것으로 느낄 가능성이 더 커진다.

문화적 배경이 다른 사회는 그들의 언어 안에 포함된 패턴의 집합도 서로 다를 것이다.

예를 들어, 남아메리카 지역이라면 동네에 적용하는 언어 안에 '산책로Promenade'가 포함될 가능성이 높다. 그들은 저녁에 산책하는 습관이 있기 때문이다. 프라이버시를 중시하는 문화는 집에 '활기찬 중정'이라는 패턴을 포함시킬 가능성이 높다. 그 패턴은 거리에 어느 정도 노출된 '도로에 면한 테라스' 패턴보다 호젓하기 때문이다.

개인과 마찬가지로 사회도 한 패턴에 대해 서로 다른 변형판을 가지고 있는 경우가 흔하다.

많은 사람들이 자신의 언어에 '친밀도의 변화' 패턴을 가지고 있다고 해보자. 순수하게 페루식이라면 그 가족은 사람들이 가장 많이 드나드는 방을 앞쪽에 두고, 가족실은 좀더 뒤쪽에 둘 것이며, 부엌과 침실은 거리에서 가장 먼 쪽에 둘 것이다. 그리고 이 순서를 엄격하게 지킬 것이다.

영국 사람들도 이 패턴을 조금 바꿔 자신들의 언어에 포함시킬 수 있지만 조금 고쳐서 부엌을 더 앞쪽에 둘 것이다.

작업장이 많은 동네라면 이 패턴을 그대로 사용하는 것은 별 의미가 없다. 하지만 거기에서도 이 패턴을 수정하여 활용할 수 있다. 즉 작업장에서도 앞쪽과 뒤쪽이 있을 터이므로, 앞쪽은 좀더 개방적이고 뒤쪽은 조용한 곳으로 사용하는 것이다.

또한 동네가 다르다면 구성원들은 그들의 언어에서 구조가 다른 패턴을 조합할 것이다.

예를 들어, 어떤 동네에서는 '중심부의 공공구역'과 '농가의 부엌'을 조합해서 사용한다고 하자. 이것은 농가식 부엌을 집의 중심에 두어 누구나 드나드는 친목 활동의 중심지로 만든다는 뜻이다.

근처의 다른 동네에서는 이 두 패턴을 자신들의 언어에 포함시키되 이 두 가지를 조합하지 않을 수도 있다. 예를 들면, 그들은 집에 '중심부의 공공구역'을 두고 있지만 그곳은 주로 편하게 들락날락하는 장소로 집 앞쪽에 있다. 그리고 '농가의 부엌'은 아담하고 사적인 공간으로 집 뒤쪽에 있으며, 그 가족들과 친한 사람들만 만나는 곳이다.

그렇다면 한 도시에서 공유되는 언어의 구조는 개별 언어보다 훨씬 복잡하고 방대하다는 것을 알 수 있다.

단순한 하나의 네트워크가 아니라 네트워크들의 네트워크, 구조들의 구조, 개인들이 각자 건축 활동을 하면서 스스로 창조한 다양하고 유연한 언어들의 거대한 저장고라는 것이다.

이런 종류의 구조가 존재한다면, 우리가 일반적으로 쓰는 살아 있는 언어처럼 도시 안에도 살아 있는 패턴 언어가 있는 것이다.

일상적인 언어를 생각해보라. 한 가지 모국어를 쓰는 사람들은 모두 공용어를 쓰면서도 각자 자신만의 언어를 머릿속에서 만들어냈고, 그래서 누구나 자기만의 특유한 언어가 있다. 그런 특유함 때문에 우리는 누군가가 선호하는 단어, 그 사람이 말하는 스타일, 그가 뭔가를 설명하는 재밌고 특이한 방식을 알아보는 것이다. 하지만 이렇게 각자의 언어를 가졌음에도 서로 겹치는 부분은 엄청나게 많고, 그 겹치는 부분 때문에 우리가 쓰는 언어를 공용어라고 하는 것이다.

유전학에서도 똑같은 현상이 일어난다.

한 종種의 개체가 염색체에 가지고 있는 유전자 세트는 다른 개체들과 약간만 다를 뿐이다. 만일 두 개체가 혈통적으로 아주 가까운 사이라면 겹치는 유전자가 아주 많을 것이고, 다른 것은 몇 가지 안 될 것이다. 겹치는 유전자가 적어지면 우리는 일정한 기준에 따라 두 개체를 아종亞種으로 분류한다. 그리고 겹치는 부분이 어떤 기준에 못 미친다면 그 두 개체를 완전히 다른 종으로 분류한다.

종의 유전적 특징은 그것의 유전자 풀 gene pool에 의해 정해진다.

이 유전자 풀은 현재 그 종에 속하는 모든 개체가 갖고 있는 모든 유전자를 모아놓은 것이다. 이 유전자들 중 어떤 것들은 다른 것들보다 더 널리 공유된다. 그 종의 공통적인 특징은 가장 많이 공유되는 유전자들에 의해 규정된다. 그리고 덜 흔한 유전자는 개별 가계나 혈통에 특징을 부여한다.

그 종에서 나오는 새로운 개체들은 그 유전자 풀에서 뽑아낸 유전자들의 조합이므로(아주 드물게 나타나는 돌연변이 외에는), 전체적으로 볼 때 유전자 풀에 포함된 유전자들의 통계적 분포는 대략 일정하다. 하지만 진화가 이루어지면서 어떤 유전자는 사라지고 어떤 유전자는 배로 늘어난다.

이와 마찬가지로 공동의 패턴 언어는 패턴 풀 pattern pool로 규정된다.

사회 구성원들이 각자 패턴 언어를 가지고 있다고 해보자. 그리고 그 사람들의 언어에 포함된 모든 패턴들의 집합을 패턴 풀이라고 하자. 그 패턴들 중 어떤 것은 다른 것들보다 훨씬 더 자주 나타난다. 가장 많이 나타나는 패턴은 누구나 공유하고 있는 패턴이고, 그보다 덜 나타나는 것은 소수의 사람들만 공유하는 패턴이다. 소수만 공유하는 패턴들은 아마 그 사회의 하위문화 집단에서만 나타나는 독특한 패턴일 것이다. 그리고 거의 나타나지 않는 패턴은 순전히 개인적인 패턴으로서 누군가의 개성을 나타낸다.

이처럼 공동의 패턴 언어는 한 사람의 머릿속에 있는 한 가지 언어가 아니라 패턴 풀에 있는 패턴 중 전체적으로 널리 퍼져 있는 것을 말한다.

구성원들이 이런 식으로 하나의 언어를 공유하면 그 언어는 저절로 진화하기 시작한다.

패턴 풀이 있고, 수천 명의 사람들이 이 풀에서 패턴들을 선택해 사용하고, 교환하고, 다른 것으로 대체하면, 이 언어는 저절로 진화하게 된다.

좋은 패턴은 더 널리 사용되고 나쁜 패턴은 사라지기 때문에, 그 패턴 풀에는 점점 더 좋은 패턴들이 남게 될 것이다. 따라서 공동의 언어는 더 바람직한 방향으로 진화한다고 추측할 수 있다. 그래도 여전히 개인들은 이 공동 언어에 속하면서도 하나밖에 없는 자신만의 언어를 가지고 있다.

이런 의미에서 한 사람의 패턴 언어는 항상 독특하지만 한 사회의 전체적인 언어 집합은 그 패턴 풀의 전반적인 특성을 나타내면서 점차 공용어를 향해 나아간다고 할 수 있다.

언어가 진화한다는 것은 그것이 한 패턴씩 서서히 진화할 수 있기 때문이다.

유전적 진화는 유전자가 개별적으로 변화할 수 있기 때문에 가능한 것이다. 유전자는 독립적이어서, 새로운 종은 한 번에 하나의 유전자가 바뀌는 과정을 통해 진화한다. 그렇지 않으면 복잡한 유기체의 진화는 결코 일어나지 않았을 것이다.

패턴들의 개선에서 열쇠가 되는 것도 그것이 조금씩 바뀐다는 사실이다. 여러분이 쓰는 언어가 100가지 패턴으로 구성되어 있다고 하자. 패턴들은 각자 독립적이므로 한 번에 하나씩 바꿀 수 있다. 그리고 각 패턴을 하나씩 따로따로 개선할 수 있기 때문에 그 집합들은 항상 더 좋은 방향으로 변화한다(만일 그 패턴들이 서로 연결되어 있다면, 패턴 하나를 바꿀 때마다 다른 패턴 쉰 개도 함께 바꿔야 한다. 그러면 그 시스템은 불안정해져서 조금씩 개선시키는 것이 불가능하다.).

이 말은 우리가 한 번에 하나의 패턴을 정의하고 논의하고 비평하고 개선할 수 있다는 말이다. 그래서 한 언어 안에 있는 패턴 하나에 결함이 있다고 해서 다른 패턴들까지 모두 버릴 필요는 없다. 누가 만든 어떤 패턴이든 다른 패턴 언어에 끼워맞출 수 있다는 것이다. 간단히 말해 누군가가 정말 좋은 패턴을 만들어냈다면, 그것은 널리 퍼져 세상에 존재하는 패턴 언어의 일부가 될 수 있다. 수백만 가지 언어들에 포함된 다른 패턴들이 무엇이든 상관없이 말이다.

이 분명한 사실 때문에 패턴 언어들의 진화는 계속 축적되는 것이다.

사람들이 주위 환경에 대한 의견을 교환하고 패턴들을 교환함에 따라 패턴 풀에 들어 있는 패턴의 종류는 끊임없이 변화한다.

어떤 패턴은 영영 사라지고 어떤 패턴은 사용 횟수가 점점 줄어들고 어떤 패턴은 몇 배로 늘어나는가 하면 새로운 패턴이 생겨나기도 한다. 좋은 패턴과 나쁜 패턴을 판단하는 기준이 있기 때문에 사람들은 좋은 패턴은 베껴 쓰고 나쁜 패턴은 사용하지 않는다. 그래서 좋은 패턴은 몇 배나 더 널리 쓰이만 나쁜 패턴은 점점 쓰이지 않다가 결국 사라진다.

사람들이 언어들을 고쳐나가고 패턴을 더하거나 삭제하는 동안 장소나 개인에 따라 독특하면서도 널리 쓰이는 공용어의 저장고는 저절로 다음과 같은 진화를 하게 된다.

첫째, 좋은 패턴들은 살아남고 나쁜 패턴들은 사라진다. 둘째, 좋은 패턴들은 지속되고 나쁜 패턴들은 사라지기 때문에 그 언어는 더 많은 사람들이 사용하게 될 것이다. 어느 지역에서든 공용어는 진화하게 마련이다. 셋째, 마을마다 지역마다 문화마다 서로 다른 패턴들을 선택하기 때문에 자연스럽게 분화가 일어난다. 그래서 지구상에 존재하는 방대한 패턴 언어들은 점차 특화된다.

물론, 이런 진화는 절대 끝나지 않는다.

진화의 과정은 항상 심오함과 완전함을 향해 이동하지만 거기에는 끝이 없다. 더 이상 진화하지 않는 완벽한 언어, 즉 일단 만들어지면 영원히 그 상태로 지속되는 언어는 없다. 지금까지 어떤 언어도 완성된 적은 없었다.

그 이유는 다음과 같다. 각 언어는 환경에 맞는 어떤 구조를 구체적으로 정의한다. 그 구조가 현실에서 구현되면 그 구조 자체에서 새로운 힘이 생겨나고 그 힘은 새로운 충돌을 낳는다. 그 충돌을 해결하려면 새 패턴이 필요하고 그 패턴을 기존의 언어에 새로 추가하면 다시 새로운 힘이 생겨난다.

이것이 발전의 영구적인 순환 과정이다. 언어의 진화가 멈출 가능성은 없고, 또 그럴 필요도 없다. 그냥 진화의 과정에서는 최종적인 평형상태가 없다는 사실을 받아들여야 한다. 평형상태에 가까운 순간적인 단계는 있다. 하지만 그것뿐이다. 평형상태에 대한 추구, 찰나의 확신, 다시 부서지기 전에 멈칫하는 순간의 파도. 이것들은 항구성에 가장 가깝다고 할 수 있지만 결코 완벽한 상태는 아니다.

항상 변화하고는 있지만 각 언어는 문화의 생생한 그림이며 삶의 방식이다.

언어에 담겨 널리 사용되는 패턴들은 삶에 대한 공통의 가치관을 반영한다. 패턴들은 그들이 살고 싶은 방식, 아이들을 키우고 싶은 방식, 음식을 요리하고 싶은 방식, 가족들과 살고 싶은 방식, 한 장소에서 다른 장소로 이동하고 싶은 방식, 일하는 방식, 그들의 집이 햇빛을 받는 방식, 물에 대한 느낌, 무엇보다 그들 자신에 대한 태도를 보여 주는 것이다.

언어는 삶의 다양한 요소들을 서로 짜맞추는 방식 그리고 공간 안에서 그 요소들에 구체적인 의미를 부여하는 방식을 패턴들의 관계를 통해 보여주는 삶의 태피스트리이다.

무엇보다 언어는 수동적인 그림이 아니다. 언어에는 힘이 있다. 사람들을 변화시키고, 그들의 환경을 변화시키는 힘을 가진 것은 활기 있고 강력한 언어이다.

언젠가 수백만 명이 패턴 언어들을 사용하고 그것들을 계속해서 만들어낼 날을 생각해보라. 그들이 주고받는 수많은 시詩와 그들이 창조해낸 거대한 이미지들의 태피스트리가 자신들의 눈앞에서 생명을 얻게 되는 광경은 참으로 감동스럽지 않겠는가?

그런데도 무표정한 얼굴로 시는 허황된 것이고 패턴들은 이미지일 뿐이라고 말할 수 있겠는가? 이미지의 세계가 실제 세계를 좌우하는데 말이다.

옛날에는 도시가 우주의 이미지를 바탕으로 건설되었다. 그 형태는

하늘과 땅을 확실히 연결하기 위한 것이었고, 완전하고 일관성 있는 삶의 방식을 표현하기 위한 것이었다.

살아 있는 패턴은 그보다 더 큰 의미가 있다. 그것은 모든 사람이 이 세계와 연결되어 있음을 강력한 용어를 통해 보여준다. 누구든 패턴 언어를 사용하면 자신을 둘러싼 장소가 어디든 새로운 삶을 창조하면서 이 사실을 재확인할 수 있을 것이다.

그리고 이런 점에서 살아 있는 언어는 결국 하나의 관문이라는 것을 알 수 있을 것이다.

일단 우리가
관문을 지었다면,
우리는
그곳을 통과하여
시간을 초월한
건축법을
행할 수 있다.

방식

THE WAY

이제 우리는 수천 가지의 창조적 활동을
통해 풍부하고 복잡한 도시의 질서가
실현되는 과정을 자세히 살펴볼 것이다.
일단 공동의 패턴 언어를 확립했다면 우리는
지극히 평범한 활동을 통해 도로와 건물들을
살아 있게 만드는 힘을 갖게 될 것이다.
언어는 씨앗과 같이 유전적인 시스템이어서
우리가 하는 수백만의 작은 활동들에
전체를 구성하는 힘을 부여한다.

18

언어의 유전적인 힘

The Genetic
Power of
Language

●

한 패턴 언어의 변형판을 어떤 도시나 동네 또는 어떤 집단이나 가족이 받아들여 그들의 주변세계를 재건축하는 바탕으로 삼았다고 하자.

이때 이용된 공동의 패턴 언어는 그 도시에 형태를 부여하는 끊임없는 건축이나 해체 과정과 어떤 관계가 있을까?

우선 도시의 구성원은 모두 각자의 주변 환경을 만들어낼 능력이 있다는 것을 알아두자.

전통 사회의 농부는 자신의 집을 자기 힘으로 아름답게 짓는 방법을 '알고' 있었다. 그를 부러워하는 우리는 그 농부가 그렇게 할 수 있었던 것은 당시의 사회 덕분이라고 생각한다. 하지만 옛날 농부에게 있던 집짓기 능력은 그가 사용한 패턴 언어 덕분이었다.

그러므로 오늘날 도시민들에게 완전한 패턴 언어가 있다면 그들에게도 농부와 똑같은 능력이 생길 것이다. 건물을 새로 짓든 보수를 하든 계획한 것들(벤치, 화단, 방, 테라스, 작은 오두막, 집 전체, 모여 있는 집 몇 채, 도로, 상점, 카페의 트렐리스, 공공 복합단지, 지역 재개발까지)을 스스로 해낼 힘을 얻는 것이다.

패턴 언어가 있는 사람은 주위 세계의 어떤 곳이라도 설계할 수 있다.

그 사람이 '전문가'가 될 필요는 없다. 전문성은 이미 언어 안에 있기 때문이다. 그는 전문가와 똑같이 도시계획에 기여할 수 있고, 자기 집을 설계할 수 있고, 방 하나를 리모델링할 수도 있다. 어느 경우든 그는 그 작업과 관련된 패턴들을 알고 있고, 그 패턴들을 조합하는 법을 알고 있고, 그가 다루는 특정 패턴들을 더 큰 패턴에 끼워맞추는 법을 알고 있기 때문이다.

자신의 주변 환경을 직접 설계하는 것은 굉장히 중요하다.

도시는 살아 있는 생명체이다. 도시의 패턴들은 활동의 패턴이자 공간의 패턴이다. 그리고 도시를 형성해가는 과정에서 끊임없이 지어지고 파괴되고 재건설되는 것은 공간뿐이 아니다. 활동의 패턴도 마찬가지다. 그렇기 때문에 더욱 그 구성원들이 도시를 직접 만들어가야 하는 것이다.

만일 그 도시의 패턴들이 단지 벽돌과 모르타르에만 있다면, 이런 벽돌과 모르타르는 누구나 만들 수 있는 것 아니냐고 주장할 수도 있을 것이다.

하지만 도시의 패턴들은 활동의 패턴들이고, 패턴에 반영되는 활동의 주체인 주민들이 느끼고 창조하고 유지하지 않으면 활동은 일어나지 않기 때문에, 전문가들이 주민 대신 도시를 살아 있게 만드는 것은 불가능하다. 살아 있는 도시는 오직 패턴들이 그 도시 구성원들에 의해 창조되고 유지되는 과정에서만 만들어지는 것이다.

이 말은 살아 있는 도시의 성장과 부활은 무수한 작은 활동들로 성립

된다는 의미이다.

공동의 언어가 사라진 도시에서 몇 사람의 손으로 이루어지는 건설과 설계는 과장되고 서툴다.

하지만 도시의 모든 구성원들이 자신의 집을 스스로 짓고 도로 건설이나 공공건물 건축에 참여하고 건물의 모퉁이에 정원이나 테라스를 지을 수 있게 되면, 이 단계에서는 도시의 성장과 부활이 수백만 가지 활동의 합작품이라 할 수 있다.

도시는 이런 작은 수백만 가지의 활동이 무수하게 합치고 합친 흐름이며, 각각의 활동은 그 도시를 가장 잘 알고 현재의 환경에 가장 잘 적용할 수 있는 사람들의 손으로 진행된다.

이 흐름 안에서 주민들은 끊임없이 짓고, 개축하고, 해체하고, 유지하고, 수리하고, 변화시키고, 다시 짓는다.

방, 건물, 동네 그 어느 것도 하루아침에 한 번의 건축으로 이루어지지 않는다. 그것은 오랜 기간에 걸쳐 이름 없는 사람들이 축적한 수천 가지 활동의 결과이며, 그것 또한 고정불변인 것은 아니다.

하지만 이 모든 활동들이 개별적으로 이루어지는데도, 이 흐름이 무질서를 낳지 않을 거라는 보장은 어디에 있는가?

이 흐름의 근저에 존재하는 패턴 언어는 어떻게 해서 올바른 방향으로 나아가게 되는 것인가?

그것은 창조의 과정과 보수의 과정이 밀접하게 관련되기 때문이다.

식물이 씨앗에서 자라날 때 그 성장 과정은 유전물질에 의해 유도된다. 세포 하나하나에는 DNA가 있고, 각 세포는 유전물질이 지시하는 성장 과정을 따름으로써 생명체 전체에서 자신이 맡은 역할을 수행한다. 각 세포는 똑같은 재료를 갖고 있기 때문에 독립적으로 성장하면서도 서로 협조하여 완전한 생명체를 만드는 것이다.

그리고 생명체가 다 자란 후에 치료 과정에서도 똑같은 유전 과정이 개입한다. 내가 칼에 베었다면 처음에 나를 만들었던 것과 똑같은 유전 과정이 이번에는 벤 상처를 치료하는 더 작은 과정을 책임지게 되고, 상처 주변의 모든 세포도 원래의 상태를 회복하도록 도와준다.

사실 유전자가 배胚를 형성하는 유전적 성장 과정과 칼에 벤 상처를 치료하는 과정은 다르지 않다. 유전자는 매일 매순간 끊임없이 생명체를 조종하고 있기 때문이다.

처음에 고정된 것으로 보이던 생명체도 사실은 끊임없는 과정의 흐름이다.

세포들은 끊임없이 생겨나고 죽는다. 오늘 존재하는 생물은 어제의 생물과 다른 물질로 이루어져 있다. 변화의 흐름 속에서도 그 생물의 특성을 좌우하는 주요한 불변요소는 보존되지만, 그것도 시간이 흐르면서 서서히 변한다. 그래서 정확히 말하면 거기에는 성장과 퇴화의 지속적인 흐름이 있을 뿐이다. 그 과정에서 '생물'은 하나의 실체라기보다는 그 흐름의 근저에 있는 불변하는 것들이 지닌 특성이다. 하지만 그 특성도 날마다 새로 태어나고 형태가 바뀐다.

한 도시나 건물도 과정들의 연속된 흐름이다.

오늘날 우리가 바라보는 런던이나 뉴욕은 5년 전의 런던이나 뉴욕과는 다른 도시이다. 생명체와 마찬가지로 도시에서도 끊임없이 새로운 건물을 세우고, 오래된 건물을 허물고, 재건축하거나 개축하는 과정이 일어나는 것이다.

그리고 생명체와 다름없이 도시에서도 변치 않고 남아 있는 것들이 있다. 그 흐름 뒤에 불변의 연속성, 특성, 어떤 '실체' '구조'가 똑같은 모습으로 남아 있는 것이다.

세포들이 공유하는 유전자들처럼, 변화의 흐름 안에 이런 구조와 불변의 영속성을 보장하여 건물과 도시를 온전하게 유지해주는 것은 패턴 언어이다.

우리는 한 도시나 공동체에서 쓰이는 공동의 패턴 언어가 삶의 근본 토대, 전형적인 사건, 구성원들이 바라는 삶의 방식들을 규정한다고 배웠다.

지금부터 우리가 배울 것은 완전해져서 널리 사용되는 패턴 언어는 환경과 건물, 사건, 장소 등이 느리게 맥박 치듯 성장하고 죽어가는 도시의 역사까지 총괄한다는 사실이다.

도시에서 벌어지는 끊임없는 창조 과정을 떠올려보라.

어떤 도로는 확장되고 어떤 도로는 폐쇄된다. 슈퍼마켓이 지어지고 새 주택이 들어서고 오래된 주택이 재건축된다. 사무실로 쓰이는 공공 건물, 주택가 한쪽에 조성되는 공원, 거리에서 춤추고 먹는 사람들, 그들에게 음식을 파는 노점상들, 앉아서 길거리를 바라볼 수 있도록 만들어진 자리가 이어진다. 한 소녀가 구석에 앉아 쿠션을 꿰맨다. 과수원에 꽃이 핀다. 노인들은 천으로 된 의자를 가지고 나와 꽃이 핀 나무 아래 앉는다. 새 호텔이 문을 연다. 농가가 헐린다. 버스정류장이 있던 길모퉁이는 사람들이 모여 이야기를 나누는 장소가 된다. 호텔이 새로 들어서면 택시가 필요해지고, 택시 회사는 택시 승차장을 만든다.

이 모든 건물과 도시, 그 안에서 이루어지는 활동을 결정하는 것은 구성원들이 공동으로 사용하는 패턴 언어이다. 정확히 말하면 특정 활동과 깊이 관련된 언어이다.

간단히 말해 도시가 새로운 활동을 낳고 오래된 활동을 유지하고 그것들을 수정하고 바꾸는 흐름은 공통의 패턴 언어가 조종한다. 이것은 살아 있는 식물이 서서히 꽃을 피우는 과정을 그 안에 있는 씨앗이 지휘하는 것과 똑같다. 어떻게 언어가 그런 일을 할 수 있을까?

구체적인 건물의 문제에는 모두 그에 맞는 언어가 있다. 전체로서의 도시에도 언어가 있다. 도시 내의 작은 건축 업무에도 그 나름의 언어가 있다.

가장 큰 규모의 패턴 언어는 도시 전체를 망라한다. 이 언어에는 그 도시의 다양한 문화와 하위문화에 적용되는 언어가 하위언어로 포함되어 있다. 여기에는 특정 기후나 특정 지역에 맞는 하위언어가 포함되어 있고, 결과적으로 개별 지역의 언어도 포함되어 있다. 또 이 개별 지역의 언어들은 여러 종류의 건물에 사용된 언어, 개별 장소에 지어질 개별 건물에 사용된 언어를 포함하고 있다. 그리고 이 언어들은 다시 더 작은 하위언어들, 즉 서로 다른 가족과 개인들이 자신들의 방과 정원, 소소한 부분들에 사용한 하위언어들을 포함하고 있다.

다음은 창가 좌석에 사용되는 언어이다.

선적인 조망
창가
붙박이 좌석
두꺼운 틀
깊은 창틀
활짝 열리는 창
작은 창유리
걸러진 빛

다음은 주택에 필요한 언어이다.

가족
반쯤 가려진 정원
나무가 있는 곳
채광
주출입구
친밀도의 변화
중심부의 공공구역
동향취침
활기찬 중정
실내채광
농가의 부엌
연속되는 휴식공간
부부의 영역

가내 작업장

동네의 공유지를 보수하는 데 쓰이는 언어는 다음과 같다.

활동의 결절점
보도와 자동차의 네트워크
녹지도로
주관문
접근이 용이한 녹지
소규모 광장
높은 곳
거리에서의 춤
성역
공공 옥외실
노상카페

다음은 팽창하는 도시의 경계를 정하는 데 필요한 언어이다.

손가락 모양의 도시와 농촌
농업 골짜기
레이스형 전원도로
지구교통구역
환상도로
성지

건축 작업을 할 때마다 패턴들이 몇 가지씩 생겨난다.

공동의 패턴 언어가 있는 도시에서, 이 몇 가지 패턴들도 항상 그 도시를 구성하는 몇 백 가지 패턴에서 선택된다. 그래서 패턴들이 무관해 보이고 물리적으로 연결되어 있지 않더라도 다양한 건축 행위가 일어남에 따라 점차 그 몇 백 가지 패턴들이 반복해서 재창조되면서 그 도시는 일관성 있는 구조로 발전한다.

그렇다면 모든 건축 행위는 도시 건설이라는 더 큰 규모의 과정에 기여한다는 것을 알 수 있다. 각 건축 행위에 쓰이는 패턴 언어는 도시를 건설하는 데 쓰인 더 큰 패턴 언어의 일부이기 때문이다.

한 염색체 안에 있는 각각의 유전자 또는 유전자군이 그 생명체의 개별 부위를 성장시키고 치료하듯이 한 도시의 공용어에 속하는 하위언어는 개별 구조물을 완전하고 일관성 있게 짓는 데 일조한다.

생물과 마찬가지로 건물의 신축 과정과 보수 과정은 뚜렷한 차이가 없다. 각 신축 과정은 그것이 속한 더 큰 규모의 일부를 보수하는 것과 마찬가지다. 어느 건물도 독립적으로 완전함을 이룰 수 없다.

그리고 더 광범위하게 공유되는 패턴 언어는 신축 작업과 보수 작업의 근저에 존재하면서 도시를 온전하게 유지시키는 일관된 구조, 즉 불변의 영속성이 사라지지 않도록 지켜준다.

하지만 거대한 언어에 속하는 하위언어들이 지휘한다고 해서 이 무수한 소규모 활동들이 그냥 융화되는 것은 아니다.

공동의 언어에는 이런 단순한 조정 기능보다 훨씬 고차원적인 통합력이 있다. 본질적으로 이와 같은 융화 작용은 각 패턴이 그 언어의 네트워크를 통해 다른 패턴들과 연결되어 있기 때문에 가능한 것이다. 그리고 이런 명백한 구조로 인해, 어떤 건축 행위를 하든 해당 패턴의 경계를 넘어 다른 패턴들의 성장을 촉진한다는 더 중요한 결과를 낳는다.

한 언어 내의 개별 패턴 언어는 다른 언어들과 연결되어 있기 때문에 나머지 패턴들이 변화하고 발전하는 데 영향을 미칠 수 있다.

하나의 언어에서 각 패턴들의 위아래로 다른 패턴들이 연결된 형태를 떠올려보라. 예를 들면, '도로에 면한 테라스' 패턴은 거리와 관련된 '녹지도로' '공지의 계층화'와 '공유지' 같은 더 큰 패턴을 완성하면서, 동시에 그 아래에 있는 '옥외실' '반개방 벽'과 '부드러운 타일과 연와' 같은 더 작은 패턴들에 의해 완성된다.

공동의 언어를 사용하여 패턴 하나를 이 세상에 등장시킬 때, 우리는 자동적으로 이런 더 큰 패턴들과 더 작은 패턴들을 함께 등장시키는 것이다. 우리가 공용어의 틀 안에서 '도로에 면한 테라스'를 만드는 것은 '공지의 계층화'를 거리에 실현시키는 것이며, 이것은 다시 '녹지도로'를 형성하는 데 일조하는 것이다. 또한 트렐리스를 세우거나 기둥을 한 줄로 세워 에워싸는 '옥외실' 그리고 거리와 반쯤 연결된 '반이 개방된 벽'이 '도로에 면한 테라스' 패턴을 뒷받침할 것이다. 거기에 타일이나 벽돌 또는 나무로 바닥을 깔아 작은 화초들이 그 사이에서 자라도록 하면서 점차 닳고 사용한 흔적이 나타나게 할 수도 있다.

각 언어는 상위언어의 구조를 끌어당기면서 그 언어와 연결된 더 큰

패턴들도 함께 연결시킴으로써 전체 구조를 고쳐나간다.

그래서 하나의 언어 내에서 어떤 활동을 하든 상위의 패턴은 변화될 수밖에 없다. 여러 건축 활동의 흐름에서 하나의 활동은 항상 전체의 일부이기 때문에 어떤 건축 행위도 독립적일 수는 없다.

공유지와 도로를 보수하기 시작한 공동체 구성원들은 그와 함께 도시 전체의 교통과 밀집도, 그리고 쇼핑 구역과 관련된 더 큰 패턴을 발생시킨다.

집에 필요한 언어를 가지고 집을 한 채 짓는 사람은 동시에 집 밖에 있는 거리의 변화에 일조하고 그 거리를 형성하는 패턴들까지 만들어내게 된다.

아이가 자신의 방을 만드는 일을 돕는다면 그 아이는 계단에 필요한 더 큰 패턴들 그리고 방 밖의 공동의 공간에 필요한 더 큰 패턴들을 만들어내는 일까지 돕는 것이다.

벽을 수리하기 위해 벽돌 한 장을 놓는 일도 그 벽을 고치는 데서 끝나는 것이 아니라 앉을 자리, 테라스 또는 그 벽에 붙여 만든 벽난로까지 변화시키는 것이다.

도시가 활기차게 그 구조를 유지하고 영속적으로 존재하려면 패턴 언어가 반드시 있어야 한다.

패턴 언어는 그곳에서 일어나는 모든 개별 행동들을 지휘하며, 별것 아닌 것처럼 보이는 사소한 건축 행위들도 모두 언어 안의 그 패턴들에 의해 조종된다. 또한 건축 행위들은 이런 패턴들을 날마다 조금씩 생성시켜 점진적인 창조와 해체를 통해 그 장소가 계속 살아 있게 만든다. 살아 있는 것은 이 과정의 최종 결과물이 아니라 끝 없는 흐름 그 자체이다. 이 과정이 끝나고 남는 결과물이란 없다. 살아 있는 건물과 도시는 그 언어의 지휘를 받아 끊임없이 새로 태어나는 영원히 멈추지 않는 흐름이기 때문이다.

이제 우리는 공동의 패턴 언어에 담긴 무한한 힘을 알게 되었다.

생명이 태어나는 과정은 부분들로 이루어진 전체의 끊임없는 창조로 특징지을 수 있다. 세포들은 서로 협조하여 기관을 만들고 최종적으로 완전한 생명체를 만든다. 사회 구성원들의 개별 활동은 서로 협조하여 조직을 형성하고 이것이 발전하여 더 큰 조직을 형성한다.

그리고 무엇보다도 개별 활동들의 협동 작업이 전체를 만들어낸다는 점에서 패턴 언어는 도시에서 생명의 원천이다.

이 과정에서 각각의 건축 행위는 공간이
분화되는 과정이다. 그 과정은 미리 만들어진
부속품들을 조합하여 완제품을 만드는 것이
아니라, 배아의 발달처럼 전체가 부분들보다
먼저 존재하고, 그다음에 분할을 통해 부분들을
생성시키는 일종의 심화 과정이라 할 수 있다.

19

분화되는 공간

Differentiating Space

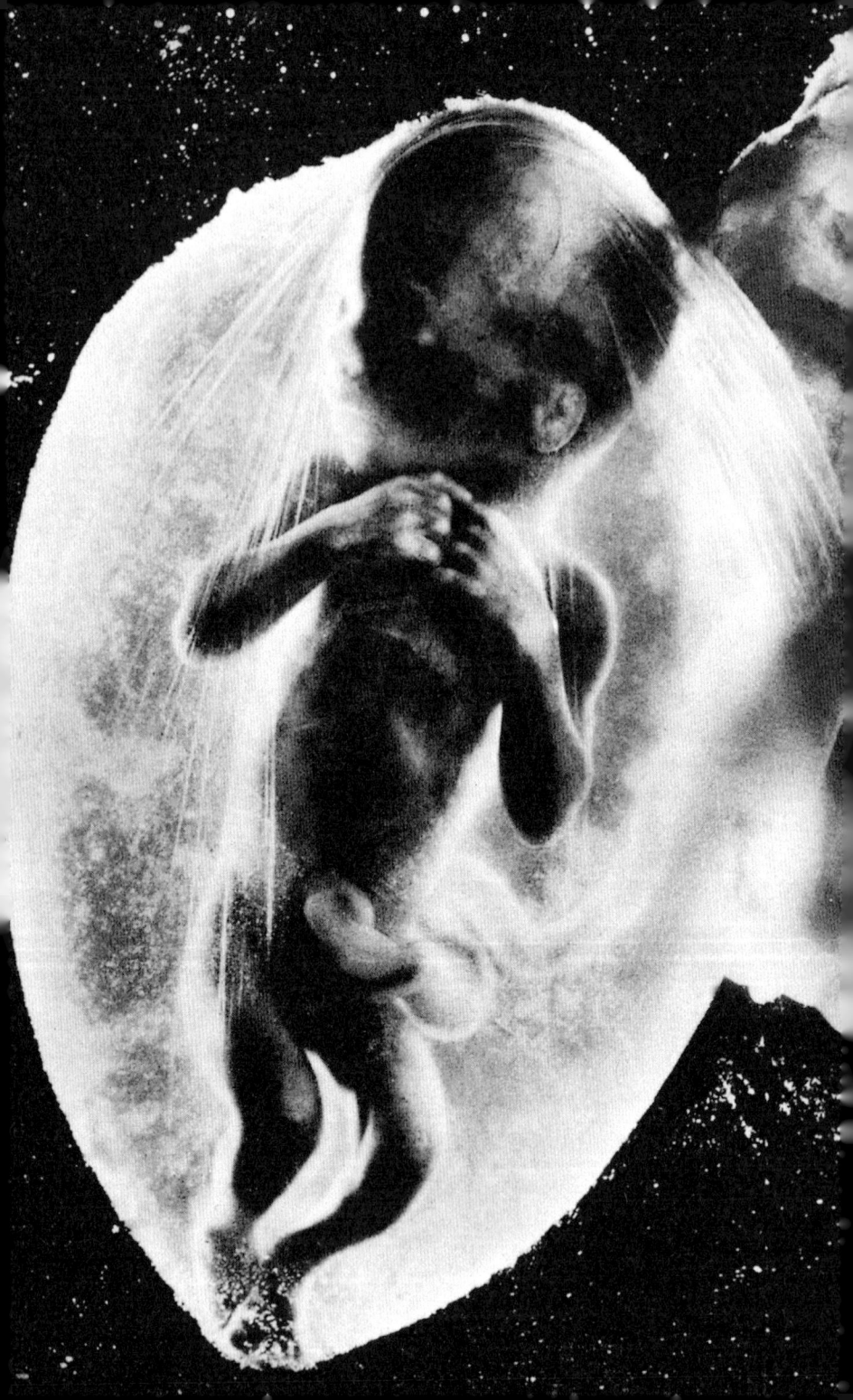

●

이제 단 한 가지 건축 행위만 생각해보자.

우리가 지금까지 살펴봤듯이, 더 큰 언어의 일부로서 이 건축 행위에만 적용되고 이 건축 행위에만 질서를 부여하는 어떤 언어가 있다.

그런데 이 언어는 정확히 어떻게 작동하는 것일까?

21장과 22장에서는 그 과정이 정확히 어떻게 작용하여 건물을 상세하게 계획하게 해주는지 그 구체적인 사례를 살펴볼 것이다. 이어서 23장에서는 설계된 건물이 지속적인 발달 과정을 거쳐 어떤 식으로 지어지는지를 살펴볼 것이다.

하지만 그 사례를 제대로 이해하려면 먼저 패턴 언어가 작동하는 방식 두 가지를 이해해야 한다. 이 장에서는 언어 내에서 패턴의 질서order가 중요하다는 것을 배울 것이다. 그다음에는 연속된 과정에서 각 패턴의 강도intensity가 중요하다는 것을 배울 것이다.

먼저 살아 있는 모든 시스템의 구성 요소에 관한 기본적인 사실을 상기해보자.

전체 내에서의 위치에 따라 각 부분들은 조금씩 다르다. 한 나무의 가지 하나하나는 그 나무에서 차지하는 위치에 따라 조금씩 그 형태가 다르다. 같은 가지에 달려 있는 나뭇잎들도 위치에 따라 세세한 형태가 모두 다르다.

그 가지들과 나뭇잎들이 서로 다른 이유는 살아 있기 위해서 그에 맞는 패턴을 지녀야 하기 때문일 것이다. 이 말은 그것들이 서로 겹치고 섞인 수백 가지 패턴을 포함하고 있어야 한다는 뜻이다. 그런데 이런 복합식 패턴은 오직 자연의 세계에서만 볼 수 있다.

그렇다면 이런 특성을 지닌 건물이나 장소가 어떤 방식을 통해 지어질지 스스로 물어보자.

어떤 방식이 수백 가지 패턴을 한정된 공간에 채워 넣게 해줄 것인가?

8장에서 다뤘던 내용 즉 수백 가지 패턴이 상호작용하는 구조물은 항상 각 요소에 개성을 부여한다는 사실을 떠올리며 좀더 구체적으로 이렇게 물을 수도 있다. 각 부분이 조금씩 다른 건물을 창조하려면 어떤 방식을 써야 할까?

사람들은 흔히 디자인을 무언가를 통합하고 짜맞추고 조합하는 과정이라고 생각한다.

이런 관점에서 보면 전체는 부분들을 조립함으로써 만들어진다. 먼저 부분들이 생겨나고 그다음에 전체 형태가 만들어진다는 것이다.

하지만 이미 형태를 갖춘 부분들을 조합하는 방식으로는 자연의 특성을 지닌 뭔가를 만들어낼 수 없다.

전체가 존재하기 전에 이미 부분들이 만들어진 상태라면 그것들은 당연히 똑같은 형태일 것이므로, 전체 내에서의 위치에 따라 부분 하나하나가 개성을 갖추기란 불가능하다.

더 중요한 것은, 분명히 살아 있는 장소에서라면 저절로 나타나는 패턴의 종류가 조립식으로 구성한 장소에서는 절대 나타나지 않는다는 것이다.

위치에 따라 패턴들을 수정하는 과정을 거치지 않고서 살아 있는 장소를 만든다는 것은 불가능하다.

설명을 쉽게 하기 위해 어떤 '농가의 부엌'의 핵심 구성 요소가 큰 식탁과 그것을 둘러싼 가스레인지, 조리대라고 하자. 그리고 한쪽 구석에 알코브를 둘 계획이라고 하자. 이 알코브는 보통 알코브와는 약간 달라야 한다는 것을 쉽게 알 수 있을 것이다. 그것은 부엌 조리대의 일부가 되거나 어떤 식으로든 그것과 연결되어야 할 것이다. 어쩌면 식탁과 특이한 방식으로 연결될 수도 있다.

더 나아가 조금은 특별한 이 알코브에 '창가'와 '창턱', 즉 앉을 자리와 낮은 문턱을 포함해야 한다고 하자. 여기서도 물론, 이 '창가'는 알코브가 가지고 있는 특정 형태를 감안하여 그 특성을 나타내야 할 것이다. 그곳은 조리기구가 자리를 차지하지 않는 유일한 구석이기 때문에 빛이 조금밖에 안 들 수도 있다. 또 부엌은 환기가 다른 곳보다 더 필요하기 때문에 천장이 특히 높을 수도 있다. 부엌에서 나오는 수증기와 물기에 대비하여 바닥이 타일로 되어 있거나 벽이 타일로 되어 있을 수도 있다.

정리하면 각 부분은 전체에서 차지하는 위치에 따라 구체적인 형태가 정해진다.

이것이 분화 과정이다.

이 과정은 설계를 연속적인 세분화 행위로 본다. 작은 부분들을 하나씩 더하는 것이 아니라 전체 조직을 통째로 움직여 주름지게 하듯이 구조를 만들어낸다는 것이다. 분화 과정에서 전체는 부분들을 낳는다. 부분들은 3차원적 공간에서 점차 늘어가는 천의 주름과 같다. 전체와 부분들의 형태가 동시에 생겨나는 것이다.

분화 과정의 이미지는 배胚의 발생 과정과 같다.

배는 하나의 세포에서 시작된다. 그 세포는 자라서 세포덩어리가 된다. 이어서 연속되는 분화 과정을 통해 각 세포는 마지막 단계까지 분화하고, 구조는 점점 더 복잡해져 완전한 인간이 만들어지는 것이다.

그때 가장 먼저 일어나는 일은 이 덩어리가 내부와 중간층, 그리고 외부로 나뉘는 것이다. 이것들은 나중에 내배엽과 중배엽, 외배엽으로 분화되어 마지막에는 각각 골격, 살, 피부로 변한다.

그런 후에 세 개의 층으로 나뉜 이 세포덩어리에 축이 생긴다. 이 축은 내배엽에서 생성되어 다 자랐을 때는 인간의 척추가 된다.

이어서, 축이 생긴 이 덩어리는 한쪽 끝에 머리가 생긴다.

나중에는 척추선과 머리를 기준으로 해서 2차 구조인 눈과 팔다리가 생겨난다.

이런 식으로 발생의 각 단계마다 기존의 구조를 바탕으로 새로운 구조가 생겨난다. 본질적으로 발생 과정은 연속적인 조작이며, 매 조작은 이전 과정에 의해 생겨난 구조를 세분화하기 위한 것이다.

패턴 언어의 힘을 빌려 머릿속에서 설계를 해나가는 것도 이와 똑같은 이치다.

언어 덕분에 우리는 머릿속에서 한 번에 하나의 패턴을 공간에 대입해봄으로써 건물의 이미지를 떠올릴 수 있다.

설계 작업 초반에는 열린 공간이 '대충 여기'이고, 건물은 '대충 저기'에 지을 거라는 계획을 세울 것이다. '열린 공간'의 패턴이나 '건물'의 패턴이 이 단계에서는 아주 상세하게 정해지지 않는다. 그것들은 크기도 불명확하고 외곽선도 불명확한 구름 두 점이나 마찬가지이다. 이 단계에서는 '열린 공간'이라는 구름이 완전히 열린 공간이 될 것인지도 확실히 모르고, 건물이라는 구름이 완전히 지붕이 덮인 공간이 될 것인지도 확실히 모른다. 확실한 것은 이 단계에서 설계라는 것은 구름의 규모에 따라서 정확해질 수 있다는 것, 그리고 더 작은 규모의 자세한 설계는 나중에 바뀔 수도 있다는 것만 염두에 두고 구름 두 점을 대충 놓았다는 것이다.

과정이 진행됨에 따라 우리는 그 건물에 '입구'를 정할 수도 있다. 여기서도 입구라고 하는 패턴의 크기는 정확하지 않고, 단지 더 큰 구름들과의 관계를 감안한 위치와 그 옆에 있는 요소들과의 관계만 보여줄 뿐이다. 그보다 더 정확한 사항은 알 수 없다.

설계 과정이 더 진행되면 기둥 세울 자리를 정할 것이다. 이 기둥은 일정한 높이와 두께가 있겠지만 이것 역시 첫 단계에서는 더 아는 것이 없다. 나중에 기둥의 모양, 철근, 기초 등을 정하면서 그 기둥은 좀더 명확해질 것이다.

이 애매모호한 패턴들을 더 정확하게 만들려면 그것의 외형과 내부를 결정할 더 작은 패턴을 정해야 한다.

각 패턴은 공간을 분화하는 운영자 operator이다. 즉 원래는 차이가 없던 곳에서 패턴이 차이를 만들어내는 것이다.

운영자가 항상 그 패턴의 실제 사례를 만들어낸다면 그 운영자는 구체적이고 분명하다.

그러면서도 그것은 주위의 다른 패턴들과 상호작용을 하여 독특한 패턴을 실현시키기 때문에 무척 광범위한 영향을 미친다.

언어 안에서 운영자들은 순서대로 배열되는데, 그것들이 하나씩 차례로 실현됨에 따라 점차 완전한 공간이 나타난다. 이 건축물은 비슷한 유형의 다른 공간들과 그 패턴들을 공유한다는 점에서는 일반적이지만 주위 환경에 따라 형태가 조금씩 달라진다는 점에서는 고유하다.

언어는 이런 운영자들의 연속된 체계이며, 그 안에서 각 운영자는 앞 단계의 분화된 이미지를 더 세세하게 분화한다.

패턴들은 형태상의 중요도에 따라 배열되기 때문에 그 언어를 사용하게 되면 전체 건물은 연속적으로 분화되어 갈수록 규모가 더 작은 완전함이 나타난다.

패턴 언어를 적절하게 사용하면 건물을 자연의 일부로 만들 수 있다. 패턴의 연속적인 분화 작용에 의해 각 단계에서는 새로운 완전함이 만들어지고, 이 완전함들은 그것이 속한 더 큰 완전함에 맞게 적용되어 무한하게 다양해질 뿐 아니라 완전함 사이에 존재하는 부분들도 분화 작용으로 인해 그 자체로 완전함이 되기 때문이다.

다음 사례는 분화 과정에 따라 그 형태가 구체적으로 나타나는 간단한 발코니이다.

내가 살고 있는 집에는 소나무들을 내다볼 수 있는 퇴창이 있다. 나는 그 창밖으로 거실 높이와 똑같이 지면에서 1.8미터 정도 높이의 발코니를 만들기로 했다. 다음은 그 설계가 완성되기까지의 과정이다.

나무가 있는 곳 나는 소나무를 발코니의 오른쪽 기둥 근처에 심기로 했다. 그렇게 하면 그 아름다운 노송이 발코니의 한쪽 모서리에 가지를 뻗어 자연 차양 역할을 할 수 있을 것 같았다.

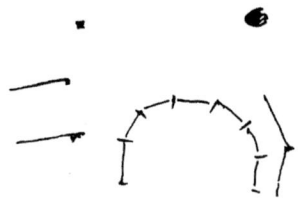

볕이 드는 장소 나는 낮 동안 햇빛이 머무는 왼쪽의 구석 자리를 확보하기 위해 발코니의 왼쪽 기둥을 최대한 왼쪽에 두려고 했다.

친목공간을 위한 구조 나는 중간에 기둥을 하나가 아니라 두 개를 더 세우기로 했다. 그러면 양쪽 모서리에 모여서 이야기를 나누기 좋은 직경 1.5미터 정도의 공간이 두 군데 생기기 때문이다. 기둥을 중간에 하나만 세우면 발코니를 양분하기 때문에 그런 아담한 공간이 생기지 않을 것이다. 양분하면 양쪽 구석 공간이 너무 넓어지기 때문이다.

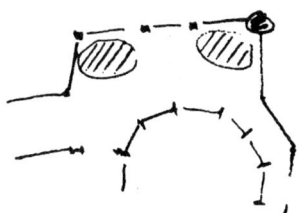

측주 마당의 양쪽 구석에 모여서 이야기를 나눌 수 있을 만큼 넓게 만들고 싶었기 때문에 두 기둥 사이의 간격보다는 양쪽 구석의 공간이 넓어야 했다. 반면 이 기둥들의 간격에 따라 중간 보들의 위치가 달라지기 때문에 중간 간격을 될 수 있는 한 벌리고 싶었다. 하지만 너무 좁게 만들어서 공간을 낭비하고 싶지도 않았다. 이런 고민 끝에 마침내 기둥 사이의 간격을 차례로 1.7, 0.9, 1.7미터로 정했다. 만일 지주들의 간격이 똑같았다면, 양쪽 구석은 너무 좁아서 활용하기 어려웠을 것이다.

테두리 보 오른쪽 보는 비스듬히 놓아, 소나무와 직각으로 만나게 했다.

바닥면 널빤지는 발코니의 전체 모양에 맞춰 재단했다.

만일 조립식 부품을 사서 이 발코니를 지으려고 했다면 어떤 모양이 됐을지 상상해보라.

예를 들어, 똑같이 1.2미터 폭으로 생산된 조립식 널빤지가 있다고 하자. 그렇다면 거기 서 있던 오래된 소나무는 활용할 수 없었을 것이다. 조립식 판자는 일반적인 기둥에 맞게 제작되기 때문에 그 상태로는 비스듬히 서 있는 나무와 연결시킬 방법이 없는 것이다.

또한 보와 비스듬히 서 있는 나무도 연결시킬 수 없었을 것이다. 그래서 사각형들을 조합한 다소 불편해 보이는 형태가 되었을 것이고, 그 결과 발코니와 소나무 윗부분과 발코니 아래의 나무 사이에 깔끔한 선이 나오지 않았을 것이다.

조립식 판자를 사용했다면 발코니 폭도 3.7미터나 4.9미터로 만들어야 했을 것이다. 그런데 4.9미터는 너무 넓고, 3.7미터로 하면 그 공간을 제대로 활용할 수 없을 뿐 아니라 햇빛이 비치는 왼쪽 공간도 없어져버린다.

발코니 양쪽을 효율적인 공간으로 활용할 수도 없을 것이다. 기둥을 똑같은 간격으로 세우면 양쪽의 공간을 충분히 활용할 만한 공간이 나오지 않기 때문이다.

간단히 말해 조립식 판자를 사용했다면 그 자체로 유기적인 이 발코니는 만들지 못했을 것이다.

각 단계에서 내리는 결정이 이전의 더 큰 결정과 모순되지 않고, 앞으로 내릴 작은 결정들에 구속받지 않는 분화 과정만이 그 발코니를 자연 속에서 살아 있는 생명체로 만들어준다.

물론, 이 과정이 효력을 나타내는 것은 언어 내의 그 패턴들에 정해진 순서가 있기 때문이다.

예를 들어 집 한 채를 짓는 데 필요한 패턴들을 무작위로 도입한다고 해보자. 그렇게 해서는 짜임새 있는 집의 형태를 떠올릴 수 없다. 잘못된 순서로 패턴을 활용하면 분명히 이 패턴들이 충돌할 것이기 때문이다. 이를 명확히 이해하기 위해 어떤 사람이 여러분에게 집을 짓는 데 필요한 패턴들을 한 번에 한 가지씩 읽어준다고 하자. 여러분은 그가 불러주는 패턴들을 들으면서 머릿속에서 잘 구성된 집을 지어보려고 노력한다. 그런데 그가 패턴들의 순서를 다음과 같이 무작위로 불러준다고 해보자.

옥외실 가족실은 일종의 옥외실을 향해 열려 있다.

알코브 가족실을 둘러싸고 여러 개의 알코브가 자리 잡고 있다.

자동차와 집의 연결 부엌은 집의 입구 쪽에 가깝다.

아이들의 영역 아이들 침실은 부엌에 가깝다.

농가의 부엌 가족실과 부엌은 나란히 있고 그 사이에 반개방형 조리대가 있다.

이 목록을 이 순서대로 하나씩 읽어간다면 집의 형태를 일관성 있게 구성할 수 없다. 마지막 패턴을 읽은 뒤에 '앞으로 되돌아가야' 할 것이다. 처음 네 가지 패턴을 읽었을 때 여러분은 이미 가족실, 정원, 아이들 침실, 그리고 부엌을 어떤 형태로든 연관지어 구성해버렸을 것이기 때문이다. 그리고 만일 그렇게 구성한 형태가 다섯 번째 패턴, 즉 부엌과 가족실이 서로 개방된 형태와 충돌하지 않는다면 그것은 순전히 우연의 일치일 뿐이다.

그때까지 상상 속에서 부엌과 가족실을 분리해 놓았다면 그것을 변경해야 할 것이다. 그리고 그것을 변경한다는 것은 사실상 첫 번째 단계로 되돌아간다는 것을 의미한다.

선택한 패턴들을 순서대로 하나씩 사용하여 단계적으로 설계할 수 있다면 우리는 머릿속에서 제대로 구성된 집을 오직 한 채만 떠올릴 수 있을 것이다.

그리고 한 채만 떠올리기 위해서는 순서상 선행한 패턴을 통해 내가 그때까지 구축한 이미지와 그 후의 매 패턴이 서로 부딪치지 않아야 할 것이다.

이렇게 되려면 패턴의 순서가 간단한 조건 세 가지를 충족시켜야 한다.

먼저 언어 네트워크에서 패턴 A가 패턴 B 위에 있으면 B를 취하기 전에 A를 먼저 취해야 한다. 이것은 가장 기본적인 규칙이다. 예를 들면, 어떤 언어에서 '거실' 패턴이 '알코브' 패턴 위에 있으면(그래서

'거실'이 '알코브'를 하위 패턴으로 포함하고 있으면) 대략적으로나마 '거실'의 이미지를 먼저 구성해두지 않으면 '거실' 형태에 알코브를 절대 끼워 넣을 수 없다.

둘째, A 바로 위에 있는 모든 패턴들을 순서상 최대한 가깝게 두어야 한다. 만일 '동선의 문제'와 '자동차와 집의 연결'이 모두 '주출입구' 바로 위 패턴이면, 그것들은 둘 다 '주출입구'를 등장시키기 위해 무대를 마련하는 역할을 한다. 그래서 그 두 패턴을 결합하기 쉽게 가까이 두어야 통일성 있는 입구의 틀이 만들어질 것이다.

셋째, 패턴 A 바로 아래 있는 모든 패턴들을 순서상 최대한 가깝게 두어야 한다. 그래서 예를 들면, '복합 건물' 바로 아래 오는 '정연한 외부공간'과 '채광' 패턴은 서로 가까워야 한다. 집터에 집을 지으려 할 때 우리는 정원의 형식을 좌우하는 열린 공간과 건물의 형태를 동시에 결정하게 된다. 하나를 정하면 다른 하나는 저절로 정해지기 때문에 그렇게 될 수밖에 없다. 건물은 열린 공간을 결정하고, 열린 공간은 건물을 결정한다. 그래서 가능한 한 이 두 패턴은 가까이 누어야 한다.

패턴의 적용 순서가 이 세 가지 조건을 더 잘 충족시킬수록 구성되는 건물의 상이 더 짜임새가 있다는 것은 실험을 통해 입증되었다.

패턴들의 순서가 이 조건을 완벽하게 충족한다면, 설령 '문외한'일지라도 그 패턴들을 하나하나 들으면서 머릿속에서 탄탄한 구조의 건물 이미지를 자연스럽게 만들어낼 수 있을 것이다. 모든 패턴들을 들은 후에는 자신이 완성한 설계를 명확하게 설명할 수 있고, 다른 사람들을 그 건물로 안내하여 함께 '걸으면서' 여러 각도에서 본 형태를 설명할 수도 있다. 간단히 말해 그 설계는 통일성이 있고 완전하다.

반면 패턴들의 순서가 세 가지 조건에서 더 멀어질수록 그로 인해 구성되는 건물의 이미지는 더 엉성해진다.

예를 들어 한 언어의 어떤 패턴 바로 위에 순서상 멀리 떨어져 있는 패턴이 있다면 이 두 패턴의 관계는 앞으로의 설계에서 혼란을 일으킬 가능성이 아주 크다. 더 심한 경우 작은 패턴이 순서상 더 큰 패턴 앞에 와서 첫째 조건을 위배하게 되면, 그 두 패턴 사이에 오는 패턴들은 이어지는 설계에서 모두 누락될 수도 있고 심지어 완전히 잊힐 수도 있다.

일관된 이미지를 만들어내게 도와주는 패턴 언어에 자연의 힘이 있다는 것은 바로 이런 이유에서이다.

우리는 언어를 사용하여 언제든 이 세 가지 조건에 부응하는 순서를 정할 수 있다. 예를 들어 여러분이 어떤 언어를 사용하여 집 한 채를 설계한다고 해보자.

우리는 언어가 네트워크 구조, 즉 단계별로 연결되어 있다는 사실을 16장에서 배웠다. 설명을 위해 우리가 지으려는 집에 필요한 언어가 100가지 패턴을 포함하고 있다고 하자. 이 100가지 패턴을 올바른 순서로 정렬하려면 일종의 여행을 시작하면 된다. 말하자면 그 언어의 네트워크를 누비면서 한 번에 패턴 하나씩을 골라내는 것이다. 다만 대략 아래쪽으로 내려가면서 앞뒤로도 움직여 가능한 한 세 가지 조건을 만족시키는 방향으로 가야 한다.

언어에서 우리가 취한 순서들은 거의 자동적으로 세 가지 조건을 충족시킬 것이다.

물론, 패턴 순서는 해당 건축계획의 상세한 내용에 따라 조금씩 달라지게 마련이다.

그 이유는 패턴들은 환경에 따라 서로 조금씩 다른 관계로 맺어지고, 이것은 우리가 세 가지 조건을 충족시키려 할 때 그들의 순서에도 영향을 주기 때문이다. 예를 들어 대지의 폭이 좁은 곳에 집을 지을 때 '소규모 주차장' 패턴은 그 설계에서 주도적인 역할을 하게 된다. 그래서 그 패턴은 순서상 앞에 와야 한다. 반면 그보다 넓은 대지에 집을 짓는다면 차를 아무데나 세울 수 있기 때문에 이 패턴은 순서상 나중에 올 수 있다. 대신 '나무가 있는 곳' 같은 다른 패턴들은 이 설계에서 핵심적인 역할을 하기 때문에 더 앞에 와야 한다.

어느 경우에나 그 설계에 가장 적절한 패턴의 순서가 있게 마련이다. 그리고 우리는 각 패턴이 형태상 다른 패턴에 어느 정도 영향을 주는지 알고 있기 때문에 즉시 순서를 정할 수 있다.

패턴의 순서는 그 언어에 의해 생성되므로 설계의 핵심이라 할 수 있다.

일단 적절한 순서가 정해지면 통일감 있는 건물을 설계하는 능력은 거의 자동적으로 생겨난다. 그래서 아무런 어려움 없이 아름답고 빈틈 없는 설계를 할 수 있다. 순서를 정확히 짜면 별다른 노력 없이 아름다운 통일체를 만들어낼 수 있는데, 그것이 우리 머리의 본성이기 때문이다. 하지만 순서를 정확히 짜지 못하면, 즉 순서에 일관성이 없거나 패턴 자체가 불완전하면 아무리 노력해도 빈틈없는 설계를 완성할 수 없다.

통념에 의하면 건물은 한 단계 한 단계 순서에 따라 설계할 수 없다고 들 한다.

하지만 어떤 특징이 주도적이고 어떤 특징이 부수적인 것인지 모른다면 건물의 구조를 이해할 수 없고 그 형태를 설계할 수도 없다. 말하자면 머릿속에서 형태상의 순서를 확실히 정하는 것이 예술가로서의 능력을 발휘하는 데 기초가 된다는 것이다. 이런 점에서, 예술가가 실제로 순서를 정하는 것은 설계 작업에서 핵심적인 일이다. 패턴들의 적용 순서를 명확히 인식한 때야말로 당면한 작업을 진심으로 이해한 순간이라고 말할 수 있다.

순서가 좋지 않다는 것은 순서가 '틀렸다'는 것이다.

하지만 언어에서 정해진 순서가 효력을 발휘하는 이유는 어떤 단계에서든 건물을 하나의 완전한 존재로 다루기 때문이다.

각 패턴은 건물 전체에 펼쳐져 있는 하나의 영역으로서, 그 건물에 채색을 하고 건물을 비틀고 건물의 형태를 결정한다. 각 패턴은 전체 형태에 영향을 주기 때문에 우리는 패턴들을 한 번에 한 가지씩 단계별로 취할 수 있다. 이때 전체라는 것은 바로 이전까지의 패턴들을 종합한 결과를 말한다.

자연계에서 생명체는 항상 완전한 존재로 생겨나 완전한 존재로 성장한다.

임신한 첫날부터 아기는 완전한 존재로 시작하여 태아일 때도 완전한 존재이고 태어날 때까지 하루하루를 완전한 존재로서 자라난다.

그 과정은 부분들을 덧붙이는 과정이 아니라 완전한 하나가 팽창하고 주름을 만들듯 스스로 세분하는 과정이다.

하나의 파도도 완전한 존재로서 형성된다. 그것은 파도 시스템의 일부로서, 처음 생성되어 부풀고 부서지고 사라지는 동안 진정으로 살아 있는 완전한 존재의 일부이다.

산도 완전한 존재로서 형성된다. 지각이 융기하면서 산의 형태가 잡힌다. 그리고 크기가 점점 커지는 동안 바위 하나하나와 모래 알갱이들도 완전한 존재가 된다. 오늘날 우리가 알고 있는 이 상태를 만들기까지 수천 년 동안 미완성인 요소는 하나도 없다.

하나의 건물도 완전한 존재로 시작되어 모양을 갖춰갈 때 생명이 깃드는 법이다.

우리는 처음부터 건물의 완전한 형태를 생각하기 때문에 그것은 완전한 존재로 시작되고 우리가 머릿속으로 작업하는 동안에도 완전한 존재로 유지되나가 원건한 상태로 마무리된다. 머릿속에서 진행되는 각 과정은 그것을 분화하고 더 섬세하게 가다듬지만 그동안에도 우리는 머릿속 이미지를 바탕으로 그것을 완전한 존재로 생각하고 조작한다.

각 단계에서는 먼저 어느 정도 광범위한 패턴들이 정해진다. 그러고 나면 소규모 패턴들이 이 광범위한 패턴들의 구조 안으로 비집고 들어간다. 물론, 이런 조건에서 그 소규모 패턴들은 약간씩 달라지게 마련이다. 이미 틀이 잡힌 큰 구조 안으로 끼워 맞춰지면서 형태가 조정되기 때문이다. 우리는 이런 유형의 설계를 하면서 대규모 패턴들은 그 설계를 좌우하기 때문에 소규모 패턴들보다 더 중요하다는 것을 자연스럽게 깨닫게 된다. 전체 패턴에서의 위계에 따라 각 패턴은 중요도와 영향을 미치는 범위가 달라지는 것이다.

그러므로 패턴 언어를 제대로 사용한다면 자연의 일부가 되는 공간을 만들 수 있는 능력이 생기는 것이다.

    자연의 특성은 좋은 설계에 추가될 수 있는 어떤 것이 아니다. 그것은 언어의 질서에서 곧바로 나오는 특성이다. 언어 내에 있는 패턴의 순서가 정확할 때 그 설계는 분화 과정을 통해 피는 꽃처럼 순조롭게 전개된다.

    이제 설계가 전개되는 과정을 상세히 알아볼 단계가 되었다.

설계는 한 번에 패턴 하나씩 단계별로
진행된다. 각 단계는 하나의 패턴에만
생명을 불어넣는다. 그리고 결과물의
생명력은 각 단계에서 어느 정도의 생명력이
부여되었는지에 따라 달라진다.

20

패턴은
한 번에
하나씩

One Pattern
at
A Time

여러분이 어떤 건축 작업을 하려고 하고 그에 맞는 패턴 언어가 있고 이 언어 내의 패턴들이 적절한 순서로 정리되어 있다고 하자.

　설계를 위해 여러분은 언어 내에서 패턴을 하나씩 선택하여 앞서 사용한 패턴들의 결과물을 더 분화하는 데 그 패턴을 사용한다.

　그런데 각 패턴은 정확히 어떤 방식으로 작용하는 것일까?

패턴들을 순서대로 전개하는 어떤 시점에서든 그 건축물은 부분적으로 다듬어진 완전한 존재이며, 순서상 앞에 온 패턴들이 형성해놓은 구조를 갖추고 있다.

　이제 우리는 이 완전한 존재에 다음 패턴을 끼워넣어야 하는 문제에 봉착했다. 새 패턴의 구조를 이 완전한 존재에 주입하여 그다음에 올 패턴들에게 생명을 주면서도 기존의 상태를 심도 있게 발전시켜야 하는 것이다.

　이 작업을 정확히 어떻게 해야 하는 것일까?

예를 들어 살아 있는 '창가'를 만들려 한다고 하자.

우선 알고 있는 독특한 창문, 특히 가장 아름다운 창문들을 모두 떠올려보라. 눈을 감고 그런 창문들에 집중하면서 경험을 바탕으로 그 패턴에 대한 직관을 끌어내려 노력해보라.

또한 '창가'를 살아 있게 만드는 특정한 성격에 집중하라. 빛, 앉을 자리, 창턱, 어쩌면 밖에서 자라고 있을 꽃들, 고요함과 독립성, 즉 '창가'를 하나의 '장소'가 되게 만들어주는 것들 말이다.

원하는 건물에 이 패턴이 들어가 있다면 어떻게 보일지 생각해보자.

그냥 눈을 감고 그 문을 통과하고 있다고 상상하면 된다. 여러분이 짓고 있는 방이나 건물에 '창가'가 있다고 상상해보는 것이다.

패턴에 관한 지식은 장소에 대한 지식과 결합하면서 여러분에게 말을 걸어올 것이다. 그리고 지으려는 그 건물에서 그 패턴이 어떤 형태로 나타나게 될지를 알려줄 것이다.

그 패턴이 분명하게 드러나게 하려면 다른 세부사항들을 아직 생각해서는 안 된다. 창유리의 사세한 배치도 아직 신경 쓰면 안 된다. 그것은 나중의 패턴에 따라 결정될 것이다. 창턱의 정확한 높이도 알 필요가 없다. '낮은 창턱'이라는 패턴에 따라 결정될 것이기 때문이다. 천장 높이도 생각할 필요는 없다. '천장 높이의 변화' 패턴이 나중에 결정해줄 것이다.

이 단계에서 여러분이 명확히 결정해야 할 유일한 사항은 전체, 즉 '창가' 자체의 공간이다. 그것이 얼마나 크고 그 안으로 빛이 어떻게 들어오고, 햇빛과 방의 내부를 고려할 때 사람들이 어떤 식으로 앉아야 할지, 특히 어떻게 해야 '창가'가 정말로 '창가'다울 것인지, 그리고 빛을 어떻게 이용해야 할지를 먼저 알아야 한다. 패턴이 구체적으로 다루는 것은 바로 이런 것들이기 때문이다.

가장 중요한 것은 여러분이 그 패턴을 진지하게 받아들여야 한다는 것이다.

말로만 그 패턴을 사용한다고 하는 것은 아무 소용이 없다.

예를 들어 이런 경우를 본 적이 있다. 어떤 사람이 해변에 2층짜리 별장을 지으려 하고 있었다. 그는 아래층과 위층을 외부계단으로 연결하고 싶었다. 그 패턴들을 자신의 설계에 어떻게 도입할 것인지를 설명하면서 외부계단의 맨 위 층계참이 위층의 '입구의 전이공간' 패턴이라고 했다.

나는 그에게 이렇게 말했다. "가로와 세로가 0.9미터, 1.2미터밖에 안 되는 이 좁은 층계참은 '입구의 전이공간' 역할을 전혀 못해요. 당신은 이 층계참을 그렇게 부르고 그 패턴을 실현했다고 믿고 싶겠지만 이건 층계 맨 위 칸일 뿐이죠. '입구의 전이공간'은 빛이 변하고 높이가 변해서 누구든 그 자리에 서면 분위기가 갑자기 달라졌다는 것을 느낄 수 있어야 하거든요."

정말로 계단 맨 위 칸에 '입구의 전이공간'을 구현하고자 한다면 먼저 눈을 감고 스스로에게 물어보라. 이곳이 세상에서 가장 멋진 '입구의 전이공간'을 보여준다면 어떤 모습일 것인가?

상상해보라. 나는 눈을 감는다. 그 자리에 서면 계단 아래쪽에서 보이지 않던 풍경이 돌연 시야에 들어온다. 여름이면 그 자리가 재스민 향기로 충만하다. 이 계단 꼭대기까지 올라오는 동안 내 발소리가 들린다. 아마 거기에는 삐걱거리는 디딤판 하나가 있어 좀 다른 소리가 날 수도 있다. 이어서 나는 투조透彫된 목재로 둘러싸인 계단을 떠올린다. 맨 위 칸에서는 바다가 내려다보인다. 머리 위쪽에는 재스민

덩굴이 타고 올라가는 트렐리스가 있다. 문 맞은편에는 앉아서 미풍에 실린 냄새를 맡을 수 있는 의자가 있다. 계단은 느슨하게 짜여 있어 계단을 오를 때 발판에서 삐걱거리는 소리가 난다.

이제 정말 뭔가가 만들어졌다.

이제 이 '입구의 전이공간' 패턴은 이름만이 아닌 실제로 살아 있는 뭔가가 되었다. 물론, 지금으로서는 조금 생소하긴 하다. 계단을 좀 더 낮게 둘러싸고 투조된 무늬 사이로 햇빛이 들어오게 하려면 계단을 어떻게 만들어야 할까? 바다를 돌아보게 하려면 맨 위쪽의 층계참을 어떻게 놓아야 할까? 이제 그곳은 평범한 '층계 맨 위 칸'이 아니다. 그것이 품고 있는 어떤 특성 때문에 내가 잊을 수 없는 곳이 된 것이다. 그리고 이 특성은 내가 마음대로 만들 수 있는 것이 아니라, 그 패턴에 진지하게 몰두함으로써 천천히 생겨나는 것이다.

최선을 다해 집중하면 각 패턴은 참으로 놀라운 특성들을 만들어낸다.

포기하지 않고 성실하게 그 패턴을 구현하면 그리고 그것을 끝까지 밀고 나아가면 거기서 천천히 특성이 드러난다. 그것은 정말 묘하다. 놀랍기까지 하다. 너무 극적이라 자신이 한 일 같지가 않다. 밋밋하지 않고 뭔가가 꽉 찬 느낌이다.

예를 들어 이 장의 두 번째 사진에 담긴 '감싸는 지붕' 패턴에서 옆으로 뻗어 있는 지붕은 굉장한 것이다.

이 지붕은 말로만 감싸는 게 아니다. 이 지붕을 지은 사람은 대담하게, 그리고 그것이 정말로 필요하다는 확신을 갖고 그것을 지은 것이다. 미봉책으로 지은 곳이 없고 대충 타협해서 지은 곳도 없다. 그것은 어느 모로 보나 빈틈없는 보호지붕이다.

세 번째 사진에서 '걸러진 빛' 패턴도 효과적으로 구현되어 있다.

이 사진이 의미있는 이유는 반드시 돈이 있어야 패턴을 제대로 구현하는 것이 아님을 보여주기 때문이다. 이 지극히 단순한 오두막집에 사는 사람들은 '걸러진 빛'을 간절히 원했기 때문에 줄기가 실을 타고 올라가도록 운치 있게 창문 앞에 콩을 심었다. 그들은 그 패턴을 진심으로 받아들였기 때문에 자신들의 환경에 맞게 독창적으로 활용할 수 있었던 것이다.

특이한 환경에 놓인 바위나 나무들에서도 그런 강렬함을 느낄 수 있다. 한쪽 구석에서 자라는 나무가 바람을 한쪽으로만 받고 그 아래에는 바위가 있다면 그 나무는 불규칙적으로 자란다. 특수한 환경과 유전자의 상호작용에 의해 강렬한 개성을 내뿜는 것이다. 패턴들이 최대한 강렬하게 구현되면서 주변 환경과 자유로운 상호작용을 할 때 우리는 그와 똑같은 효과를 목격한다.

첫 번째 사진에서 우리는 '양면채광' 패턴이 더할 나위 없이 강렬하게 구현되어 있는 것을 볼 수 있다.

햇살이 쏟아져 들어와 빛으로 가득 찬 방은 누구나 경험해봤을 것이다. 커튼은 아마 노란색이었을 것이고, 나무 창틀은 흰색이었을 것이다. 마룻바닥에서 햇빛이 떨어지는 자리는 고양이가 주로 차지했을 것이고, 그곳에는 부드러운 쿠션이 놓여 있었을 것이다. 그리고 창밖으로는 꽃이 만발한 정원이 보였을 것이다.

자신의 경험을 돌이켜보면 분명히 이런 장소, 생각만 해도 숨이 멎을 것같이 아름다운 그런 장소를 떠올릴 수 있을 것이다.

첫 번째 사진에 있는 토프카피 궁전의 멋진 방을 보자. 그 방 자체가 하나의 커다란 창문 같다. 창문에 대해 심혈을 기울이고 진지하게 고민하면, 즉 빛이 어디에서 들어오는지를 살펴 방의 위치를 잡으면 여러분도 그런 방을 만들 수 있다. 무조건 두 면에서 빛이 들어오게 하는 것이 아니라 모든 방향에서 가장 멋지고 가장 아름다운 빛이 들어올 수 있도록 최적의 장소를 찾는다면 말이다. 그렇게 노력하면 가능한 일이다.

여러분은 자신이 그렇게 아름다운 방을 만들 수 있다는 말이 믿기지 않을지도 모른다.

그래서 '양면채광'이라는 패턴을 대하게 되면 각 방이 모두 두 면씩 외부에 면하고 있는지, 창문이 두 군데에 무난하게 자리 잡고 있는지 마지못해 건성으로 확인한다.

하지만 그런 태도로는 아무것도 얻을 수 없다. 지금까지 존재한 어떤 방보다 아름답고 눈부신 방을 여러분이 직접 만들 수 있다고 굳게 믿고 진지하게 임해야 한다. 그래야만 최고의 방을 만들 수 있다.

그렇게 하기 위해 여러분이 할 일은 머릿속에서 그 일이 일어나도록 내버려두는 것이다.

스스로에게 이렇게 말해보라. 내가 그 방에 들어가려고 한다. 아직 들어가지는 않았지만 방문을 통과하고 있다. 그리고 놀랍게도 지금까지 본 것 중 가장 아름다운 방이 나타난다. '양면채광' 패턴이 거기에 구현되어 있다. 내가 본 어느 방보다도 아름답게, 사진으로 본 토프카피 궁전만큼 강렬하게. 문을 통과하기 전에 스스로에게 이렇게 얘기하라. 그런 다음에는 눈을 감고 상상 속에서 옆방에서 문을 활짝 열고 그 방으로 들어선다. 그러면 거기에 그런 방이 있다.

그런 방이 있는 것이다. 의식적으로 노력을 하지 않아도 어느 순간 여러분의 머릿속에서는 두 방향에서 빛이 들어오는 방, 생전 처음 보는 찬란한 광경이 떠오를 것이다.

그 패턴을 만들어내려고 의식적으로 노력하지 말라. 그렇게 하면 이미지와 계획이 머릿속에서 패턴을 왜곡시키고 밀어내기 때문에 결코 현실화되지 못할 것이다. 그리고 거기에는 하나의 '설계'만 남게 될 것이다.

머릿속으로 들어오려는 발상들을 물리쳐야 한다. 과거에 잡지에서 본 사진, 친구들의 집은 머릿속에서 지워버려라. 패턴만 붙잡고 다른 것들은 모두 버려야 한다.

억지로 노력하지 않아도 그 패턴과 실제 환경이 여러분의 머릿속에 적당한 형태를 만들어낼 것이다. 그것을 억누르지만 않는다면.

이것이 언어의 힘이고, 언어가 창조적인 이유이다.

여러분의 머리는 패턴과 현실세계를 왔다 갔다 하는 창의력의 불꽃이 일어나는 매개체이다.

여러분 자신은 이 창의력의 불꽃이 일어나는 매개체일 뿐 창조자는 아니라는 것이다.

예전에 버클리에 있을 때 나는 페루에 지을 우리 주거 단지를 계획하며 그것을 설계도에 그려보고 있었다. 그런데 그곳에 도입한 '골목길' 패턴 중 하나가 대지에서 적당한 자리를 잡지 못해 도로를 설계 안에 어떻게 끼워 맞춰야 할지 고민하고 있었다. 그 패턴이 우리에게 하는 말을 알아듣지 못하고 있었던 것이다. 그래서 나는 그 대지를 상상 속에서 걸으며 둘러보기로 했다.

리마의 실제 대지에서 6,437킬로미터나 떨어진 버클리의 사무실에 앉아서 나는 눈을 감고 그 시장을 산책하기 시작했다. 거기에는 좁은 길들이 많았고 대나무로 짠 망이 길 위에 그늘을 드리우고 있었다. 그 길들을 향해 작은 노점들과 과일장수들의 수레가 늘어서 있었다. 나는 어느 나이든 아낙의 수레 앞에서 걸음을 멈추고 오렌지 하나를 샀다. 그 자리에 섰을 때 내 몸은 우연히 북쪽을 향하고 있었다. 나는 오렌지를 먹기 시작했다. 물론, 상상 속에서 말이다. 그런데 그것을 먹기 시작하면서 갑자기 이런 생각이 들었다. '잠깐, 그 길이 어디에 있지?' 그러자 그 길이 어디에 있는지, 그리고 시장과 어떻게 연결되어 있는지 저절로 떠올랐다. 그 길은 내가 북쪽을 향한 상태에서 오른쪽 저편에 있었다.

그것이 자연스럽다는 것은 분명했다. 그 길은 시장을 향해 곡선을 그리며 이어져야 하고 저쪽에서 시장과 만나야 했다.

거기서 멈추고 나는 다시 내 방 책상으로 돌아와 설계를 완성하려 했다. 그리고 자연스럽게 떠오른 그 길의 위치가 지난 며칠 동안 우리가 설계도에 반영하려던 방식과 완전히 딴판이라는 것을 퍼뜩 깨달았다. 하지만 그 패턴이야말로 정확하면서 다른 패턴들의 조건을 모두 만족시키는 것이었다.

그 길의 가장 자연스러운 위치를 불현듯 깨달은 것은 내가 상상

속에서 현장에 들어가 오렌지를 먹어봤기 때문이었다.

이런 식으로 패턴들이 스스로 형태를 갖추게 하는 방식이 별나다고 생각할 수도 있다.

이렇게 하려면 통제하려는 욕구를 버리고 패턴이 그 일을 하도록 내버려두어야 한다. 이렇게 하지 못하는 이유는 대부분 패턴의 원리에 대한 믿음이 없어 자신이 직접 결정하려 하기 때문이다. 하지만 여러분이 사용하는 패턴들이 익숙한 것이라면, 그것이 합당하다고 생각한다면, 합당하다는 확신이 든다면, 그리고 그것들이 심오하다는 믿음이 있다면 두려워할 이유가 없다. 또한 그 설계에 대한 통제권을 넘겨주는 것을 두려워할 이유도 없다. 그 패턴이 합당하다면 반드시 여러분이 설계를 주도할 필요는 없는 것이다.

한 번에 하나의 패턴만 취한다면 그 디자인이 제대로 구현되지 못할 거라는 걱정이 생길지도 모른다.

한 번에 하나의 패턴만 취한다면 모든 패턴이 어긋나지 않고 꼭 맞게 결합된다는 것을 어떻게 보장한단 말인가? 한 번에 패턴 하나씩 끼워 맞추다가 갑자기 아홉 번째나 열 번째 단계에서 지금까지 만들어 낸 설계와 이번에 넣을 패턴을 맞추는 것이 불가능하다는 걸 알게 된다면 어떻게 한단 말인가?

설계 과정에서 우리가 가장 두려워하는 것은 모든 패턴들이 제대로 발현되지 않는 상황이다. 하지만 이 두려움만 놓아버린다면 우리는 살아 있는 건물을 얻게 된다.

예를 들어 집을 지으려고 하는데 입구를 어디에 만들어야 할지 고민하고 있다고 하자. 그러는 동안 이런저런 문제들이 떠오른다. 여기에 출입문을 내면 식당을 만들 공간이 생길까? 하지만 그쪽에 출입문을 내면 침실용 알코브에 적당한 공간이 부족할지도 몰라. 어떻게 해야 하지? 어떻게 출입문을 내야 나중에 이런 문제들이 저절로 해결될까?

하지만 순서상 나중에 다뤄야 할 패턴들을 고민하다가는 당장의 패턴을 최대한으로 구현할 수가 없다.

패턴이 실패하는 이유는 항상 이런 초조함 때문이다. 초조함에 휘둘리면 '머릿속에서 억지로 짜낸' 경직되고 생명력 없는 배치가 나올 수밖에 없다. 패턴을 완벽하게 구현하는 데 가장 큰 장애가 바로 이런 초조함이다.

예를 들어 쉰 가지 패턴으로 이루어진 집을 짓는다고 하자. 그런데 이 쉰 가지 패턴이 어떤 식으로도 충돌하지 않는다는 것이 도저히 믿어지지 않는다. 그래서 각 패턴이 어느 정도라노 구현되노록 조정해주는 더 큰 체계가 필요할 거라는 생각을 한다.

바로 이런 사고방식이 패턴을 망치는 것이다.

이런 발상이 생명의 싹을 짓밟는 이유는 패턴들을 적당히 타협시키는 순간 모든 생명이 사라지기 때문이다.

그런 식으로 생각할 필요는 전혀 없다. 패턴들 사이에는 아무런 타협도 필요 없다. 패턴들 사이의 타협을 생각하기 시작한다는 것은 모든 패턴에는 각자 '변형의 규칙'이 있다는 사실을 잊고 있다는 말이다. 모든 패턴이 변형의 규칙이라는 말은 모든 패턴은 어떤 구조를 만나든 중심을 교란시키지 않으면서도 그 안에 새로운 구조를 도입함으로써 원래의 구조를 변형시키는 힘이 있다는 뜻이다.

내가 '주출입구'를 만들려 한다고 하자.

하나의 규칙인 '주출입구'의 특성상 나는 이 패턴이 없는 건물이라면 어느 구조에도 이 패턴을 적용할 수 있다. 이미 존재하는 건물이어도 좋고 부분적으로는 내 머릿속에서 만들어낸 것이어도 좋다. 어쨌든 이미 지어진 형태의 중심은 흔들지 않으면서 가장 아름답고 멋진 형태로 '주출입구'라는 패턴을 그 건물에 포함시킬 수 있다는 말이다.

불안해할 이유는 전혀 없다.

아름다운 '주출입구'를 만들려고 마음먹었다면, 나중에 그곳에 아름다운 '입구의 전이공간'을 구현할 수 있을 것인가를 걱정하는 것은 아무 소용이 없는 일이다.

'주출입구'를 설계에 포함시키는 순간에는 그것이 가장 멋지게 구체화된 형태만 생각하고, 나중에 '입구의 전이공간'을 도입할 순서가 되었을 때 이 패턴 역시 가장 충실하고 완벽한 형태로 포함시킬 수 있으리라고 굳게 믿으면 된다.

그것이 가능한 것은 언어의 질서 때문이다.

19장에서 봤듯이 언어의 질서란 완전한 건물을 만들어내기 위해 패턴들이 하나씩 운용되는 순서이다. 그것은 형태적인 순서로서, 배胚가 발생해가는 방식과 유사하다.

그것은 또한 각 패턴이 고유의 특성을 완전히 발현시켜나가는 과정과도 똑같다. 언어의 질서를 바르게 지킨다면 패턴들 사이에 생기는 방해와 충돌은 언어의 질서에 의해 거의 사라지기 때문에, 한 번에 하나의 패턴에 심혈을 기울일 수가 있다.

언어가 규정하는 순서를 벗어나지 않는다면 우리는 나중에 구현되는 패턴들도 그때까지 구현된 설계에 짜맞출 수 있다는 확신을 갖고 한 번에 한 가지 패턴에만 집중할 수 있다.

 그리고 각 패턴에 충분히 집중할 수 있으면 그 패턴의 특성을 온전히 발현시킬 수 있다.

 그리하여 생명력을 부여하는 그 신비하고 강렬한 힘을 패턴 하나하나에 불어넣을 수 있게 된다.

개별 패턴들을 순서대로
구현해가면서
우리의 머릿속에서는
자연의 특성을 지닌
완전한 건물이 문장처럼
쉽게 구체화될 것이다.

21

단독 건물 설계하기

*Shaping
One
Building*

●

우리는 패턴들이 우리 머릿속에서 어떻게 하나의 건물을 만들어내는지를 알아챌 준비가 되었다.

   그것은 의외로 쉽게 만들어진다. 우리가 말할 때 문장이 저절로 만들어지듯이 건물도 거의 '저절로' 만들어진다.

   이 과정은 평범한 사람들이나 건축을 하는 사람들의 머릿속에서 어렵지 않게 일어날 수 있다. 전문가든 보통 사람이든 누구나 제 힘으로 살아 있는 건물을 만들어낼 수 있다는 말이다.

먼저, 우리가 집 한 채를 짓는 데 쓰이는 언어를 알고 있다고 하자.

   사용되는 패턴들을 한 번에 한 가지씩 살펴보자.

   필요한 패턴 말고는 아무것도 더하면 안 된다.

   천천히 집의 이미지가 머릿속에서 떠오를 것이다.

다음은 내가 이런 식으로 조그만 집을 일주일 간 설계하면서 대충 적어놓은 메모이다.

우리 사무실 뒤쪽에 조그만 별채 겸 작업실을 짓기로 결정했다. 사람이 살 수 있을 정도로 널찍하고 손님들도 묵을 수 있는 곳 그리고 작업과 숙식을 해결하는 데도 무리가 없고 사용하지 않을 때는 아는 사람에게 세를 줄 수도 있는 곳을 짓고 싶었다.

앞에는 현재 사무실이 있는 큰 집이 있고 그 뒤에는 작은 별채가 하나 더 있다. 오래된 주차장도 있다. 큰 집에는 위층으로 올라가는 외부계단이 있다. 나는 이 작업실을 짓는 데 3,000달러가 넘게 자재비를 들이는 것은 비경제적이라는 결론을 내렸다. 90평방센티미터당 자재비를 8달러라고 하면(우리가 직접 지을 것이므로 인건비는 없다.), 우리는 대략 37평방미터의 작업실을 지을 수 있었다.

내가 그 작업실을 짓는 데 선택한 언어들은 다음과 같다.

작업 커뮤니티

가족

복합 건물

동선의 문제

층수

1인 가구 주택

남향의 외부공간

채광

연결된 건물

정연한 외부공간

대지의 정비

주출입구

입구의 전이공간

계단형 지붕

옥상정원

감싸는 지붕
아케이드
친밀도의 변화
현관 내실
무대가 되는 계단
선적인 조망
명암의 태피스트리
농가의 부엌
욕실
가내작업장
양면채광
건물의 가장자리
볕이 드는 장소
옥외실
지면과의 연결
나무가 있는 곳
알코브
창가
불
침실 알코브
두꺼운 벽
개방된 선반
천장 높이의 변화

먼저 할 일은 수리였다.

기존의 별채는 본채와 분리되어 있다. 주차장은 거의 방치된 상태다. 바로 뒤편의 나무는 가지를 쳐야 하고, 잔디도 안 깎은 지 오래된 상태이다. 가장 큰 문제는 본채 2층과 뒤쪽 별채를 쓰는 사람들이 두 건물이 서로 단절되어 있다고 느낀다는 것이다. 남향이면서 아카시아 나무 아래에 위치한 정원은 가장 아름다운 부분이 사용되지 않고 있었는데, 주변에 아무것도 없이 밋밋하고 그곳으로 이어지는 길도 없어서 자연스럽게 발길이 뜸해진 상태였다.

이런 문제를 모두 해결하기 위해 나는 우선 '남향의 외부공간'과 '정연한 외부공간' 패턴을 포함한 건물을 짓기로 했다.

'남향의 외부공간' 패턴을 구현하기 위해 나는 햇빛을 받으며 본채 뒤쪽을 향해 내민 널따랗고 멋진 테라스를 생각해봤다. 우리가 새 작업실의 서쪽과 남쪽에 테라스를 만들면, 그것은 나무들 사이의 열린 공간에 들어가므로 햇빛도 충분히 받을 수 있을 것이다. 일하기에도 좋고, 뭔가를 만들기에도 좋다. 날씨가 좋으면 작업대를 그곳에 내놓고 일할 수도 있을 것이고, 테이블과 의자를 몇 개 내놓고 앉아서 술을 마실 수도 있다. 햇빛이 떨어지는 정확한 장소('볕이 드는 장소')를 알기 위해서는 하루 동안 그 자리를 지켜봐야 한다. 햇빛은 나무 사이를 통과하면서 몇 군데만 떨어지기 때문에 그 지점들을 정확히 알아내려면 심혈을 기울여야 한다.

이 모든 것을 고려해볼 때 작업실을 최대한 북쪽에 두는 것이 좋을 것 같다. '정연한 외부공간'을 구현하기 위해서도 대지 뒤쪽으로 건물을 두는 것이 좋을 듯하다. 그래야 차고와 앞에 있는 나무들 사이의 공간 형태가 좋을 것 같기 때문이다. 그 위치에서 별채를 위한 공간은 남북 방향으로 폭은 4미터, 길이는 7.6미터까지 가능하다. 기존 별채와의 관계를 보면('복합 건물' '연결된 건물'), 기존 별채에는 욕실이 없어서 두 별채가 공용으로 사용할 수 있는 욕실을 만들면 큰 도움이 될 것 같다. 그 두 별채 사이가 적절한 장소이다.

다음에는 '층수' '계단형 지붕' '감싸는 지붕' '옥상정원' 패턴에 의해 건물의 전체적인 형태가 결정된다.

대부분은 1층으로 짓지만, 우리는 2층 건물을 시도해보기로 했다. 위층은 개방된 침실 공간으로 하는 것이 좋을 것 같았다. 2층 건물 북쪽에 자리 잡아야 남쪽이 '옥상정원' 패턴이 될 수 있다. 그 위치가 정해졌으니 개방된 침실 공간은 2.4×4미터 정도로 하는 것이 적당할 것 같고, 1층 위쪽인 평평한 남쪽 지붕을 향하게 해야 할 것이다. 이것은 '계단형 지붕' 패턴을 구현하는 데도 부합한다. 북쪽에 사는 우리 이웃이 자기 집 정원 바로 앞에 너무 높은 담이 있다는 느낌을 받지 않도록 낮춰서 짓고, 알고브의 지붕은 북쪽에서 낮추는 것이 좋겠다. 남쪽 지붕이나 출입구 쪽도 마찬가지다. 이렇게 하면 건물 가장자리가 손에 닿을 정도로 낮은 지붕 몇 개가 만들어진다.('감싸는 지붕' '계단형 지붕')

전체적인 형태가 이렇게 정해졌다면, '동선의 문제'와 '작업 커뮤니티'는 이 대지를 빈틈없이 활용하는 방안을 알려준다.

'동선의 문제'를 적용하는 것은 적절하지 않다. 그리고 '작업 커뮤니티'를 이용해 본채와 연결하는 것도 문제가 있다. 가장 큰 문제는 이것이다. 뒤쪽 별채로 가는 길은 두 개다. 하나는 차고 진입로 쪽이고 다른 하나는 어두운 숲길이다. 진입로도 나쁘진 않지만 직접 연결되지 않는다는 문제가 있다. 본채 뒤쪽 현관에서 옆길로 이어진 길도 있지만 역시 직선로가 아니라는 문제가 있다. 연결성과 동선을 명확하게 하려면 뒤쪽 현관을 개방하여 새 작업실의 테라스와 직접 연결하는 것이 좋을 것이다. 뒤쪽 현관에서 몇 미터밖에 되지 않으므로 커피나 우산, 의자, 작업대 등 우리가 테라스에 둘 만한 것들을 가지러 왔다 갔다 하는 것이 자연스러워질 것이다. 두 건물을 연결하기 위해 땅에 타일을 깔 수도 있다. 아래쪽의 관목 숲이 어두우므로 가지를 치고, 죽은 나무들은 베어내어 길을 좀더 밝게 해줘야 한다. 죽은 나무들을 많이 베어내어 그곳에 잔디를 심고 나무는 드문드문 몇 그루만 남겨둘 수도 있다.

'대지의 정비' 패턴은 그 건물 주변에서 정확히 무엇을 보호해야 하는지를 정해준다.

북쪽에 서 있는 나무는 이웃사람이 원하던 대로 잘라낸다. 그 대신 우리는 그 사람 집 울타리까지 건물을 바싹 붙여 지을 수 있기를 기대해본다. 그 나무를 베어내면 그 집의 잔디밭이 항상 햇빛을 받을 수 있기 때문이다. 나무를 잘라내는 것은 아쉬운 일이지만, 뒤쪽의 나무들이 너무 무성해서 어쩔 수 없다. 하나를 잘라내면 나머지 다른 나무들은 더 건강하게 자랄 것이다. 그리고 가장 중요한 것은, 그렇게 하면 우리 북쪽에 자리 잡은 이웃의 정원을 정돈하는 데 도움이 된다. 더불어 그가 '남향의 외부공간' 패턴을 구현하는 데도 도움이 된다.

대지를 정돈하는 동안 차고 옆에 있던 작은 사과나무와 그 아래서 흰 꽃을 피운 채 자라고 있는 달래가 어느 때보다 아름다워 보인다. 우리는 건물을 짓는 동안 그것들 주위에 말뚝을 박아 보호한다. 밟혀서 뭉개지기 쉽기 때문이다.('대지의 정비')

'대지의 정비'와 '옥상정원'을 조합하면서, 옥상정원을 2.4-2.7미터 높이로 하면 어떨까 생각했다. 그렇게 하면 동쪽과 서쪽에 있는 나무의 낮은 나뭇가지들로 둘러싸여 가장자리가 보기 좋게 만들어지기 때문이다. 나는 그 나무들과 적당한 위치에서 만나도록 이 옥상정원의 대략적인 위치를 가늠하여 대지에 말뚝을 박는다.

이제 눈을 감고 좀더 깊이 몰두하며 패턴을 어떻게 적용해야 가장 자연스럽고 단순한 방식으로 그 건물에 생명력을 불어넣을 수 있을지를 궁리한다.

'주출입구' 패턴을 도입하면 건물에 접근하는 방식과 출입구의 위치가 결정된다.

새 작업실로 가는 방법은 두 가지다. 사무실 뒤쪽 현관으로 가거나 차고 진입로로 가는 것이다. 이 두 가지 접근 방식을 살리려면 작업실 입구는 어디에 두어야 하고 형태는 어떠해야 할까? 두 가지 경우 모두 전면 테라스가 떠올랐다. 처음에는 현관이 있는 입구나 아케이드를 생각했지만, 그렇게 하면 그곳이 너무 어두울 것 같다. 눈을 감으니 작업실의 주요 공간에서 조금 앞으로 나온 지점, 블랙베리 관목 바로 뒤 그리고 그때까지 서 있는 아카시아나무 옆에 현관문이 떠오른다. 현관 한쪽에 조그만 의자가 놓여 있는 상상을 한다. 그곳은 햇볕을 쬐며 앉아 있기에 자연스러운 자리다. 출입문의 틀은 공들여 꾸며져 있다. 과하지 않게 조각되어 있거나 색칠이 되어 있는 정도이고, 앞으로 약간 돌출되어 있을 수도 있다. 욕실은 기존 별채에 가깝게 뒤쪽에 있다는 것을 알고 있고, 이 두 별채를 연결하는 짧은 아케이드가 있을 것이라고 짐작하지만, 작업실 입구와 뒤쪽에 있는 아케이드의 관계는 어떻게 될지 명확히 떠오르지 않는다. 입구를 약간 비스듬하게 내서 진입로와 좀더 면하게 할지, 아니면 완전히 서향으로 할지도 정하지 못한 상태다. 처음에는 서향이어야 한다고 생각했지만 대지를 정돈하고 나니 대각선 방향도 가능할 것 같다. 사과나무와 아카시아나무 사이의 작은 대각선을 차지하는 것이 왠지 자연스러워 보인다. 계단 문제도 남는다. 입구 근처에서 위로(외부에서도)올라가도록 해야 할까? 아니면 아예 뒤쪽 모서리로 가져가서 숨겨야 할까?('노천계단' '무대가 되는 계단')

'친밀도의 변화'와 '실내채광'은 내부의 전체적인 배치를 결정한다.

'친밀도의 변화'는 이렇게 작은 건물에서는 큰 의미가 없지만 다음 경우라면 생각해볼 만하다. 현관문 안쪽의 작은 의자나 창가의 의자. 차단된 '침실' 영역이 될 만큼 뒤쪽으로 숨겨진 계단. 현관문으로 나오지 않고도 욕실로 갈 수 있도록 만들어진 계단, 즉 욕실로 이어지는 작은 아케이드로 갈 수 있는 뒷길. '실내채광'에 의하면 주요 사용 공간은 테라스와 차고와 본채를 향해야 하고, 이웃집 쪽인 북쪽 면은 어두운 옷장이나 저장 공간으로 남겨두어야 한다. 북쪽 면 전체는 저장 알코브 공간으로 만드는 것이 적당할지도 모른다. 이렇게 하면 '북쪽 면' 패턴을 구현하는 데도 도움이 된다. 여기에는 나중에 놓게 될지도 모를 부엌 조리대와 가스레인지 자리도 포함된다.

'무대가 되는 계단' '선적인 조망' '명암의 태피스트리' 패턴들은 위층으로 올라가는 계단의 위치를 정한다.

작업실 내의 주 공간에 서 있으면 계단이 출입문 맞은편에서 올라가도 좋을 것 같다는 생각이 든다. 이것이 가장 합당한 방법이다. 그렇게 하면 주공간을 만드는 데도 도움이 되고 옥상 테라스의 뒤쪽에서 살짝 위를 향한 지붕을 만드는 데도 도움이 되기 때문이다. 그리고 지붕을 잘 활용하기 위해 남서쪽을 향해 자리 잡은 아름다운 2층 영역과도 좋은 각도가 된다. 이렇게 되면 계단은 꼭대기에서 창문을 향하게 되는데, 이 창문에서는 북쪽에 있는 이웃집 정원을 내다볼 수 있다. (이것은 그곳을 바라볼 수 있는 유일한 장소이므로 새로운 전망이라 할 수 있다.) 또한 '빛으로의 초대' 패턴을 구현하게 해준다. '명암의 태피스트리' 패턴의 다른 특성들도 구현하려면 뒤쪽(부엌자리)에서 아케이드로 이어진 문을 향하는 곳에 빛이 있어야 한다. 그러려면 작은 분수나 안뜰이 빛을 모아 기존의 별채를 향해 우리를 끌어내는 역할을 하는 것이 좋겠다. 물론, 주공간에서 테라스가 있는 현관 쪽을 향해 내다보는 것도 빛을 내다보는 것이다.

'아케이드' 패턴에는 본채와 별채 서쪽을 연결하는 방식이 담겨 있다.

뒤쪽에 있는 작은 아케이드는 '부엌'과 기존 별채 사이에 있고 욕실이 딸려 있는데, 나는 그 별채에서 수지와 의논을 했다. 우리 둘은 그녀의 침실 창문을 바라봤다. 나는 처음에 거기에 출입문을 내고 싶었지만 그렇게 하면 분명히 방 내부의 구조가 흐트러진다는 데 의견이 일치했다. 문을 하나 더 내면 너무 작은 방이 복도처럼 좁아 보일 것이기 때문이다. 그래서 나는 거기에 창문틀을 그대로 둔 채 넘어다니는 계단처럼 창문 안쪽에는 계단을 하나 만들고 바깥쪽에는 계단 두 개를 만드는 게 어떻겠냐고 제안했다. 우리는 창틀에 여닫이 창문을 달고 8센티미터 정도 아래에 창턱을 만들기로 했다. 그러면 수지가 창밖으로 난 계단 두 개를 내려가 아케이드로 가면 욕실을 이용할 수 있는 것이다.

'동향 취침' 패턴은 빛을 고려하여 지붕의 형태를 자세히 정하는 데 도움이 된다.

나는 수지의 침실 창문을 통해 빛이 들어오는 각도를 봤다. 새로 지을 작업실 때문에 아침에 수지의 침실에 햇빛이 안 들어갈 우려가 있었다. 그래서 우리는 지붕 끝선이 올 것으로 예상되는 지점에 대나무를 두고 그 창문을 통해 햇빛이 충분히 들어올 만한 위치까지 움직여 보았다. 창문에서 밖을 내다보니 지붕이 동쪽과 서쪽으로 기울게 하고 박공을 남쪽과 북쪽에 두어야 할 것 같았다. 그래야 침실로 햇빛이 더 잘 들어올 수 있기 때문이다. 박공 끝을 이렇게 하는 것이 개방형 침실공간에 적합하다. 그래야 침실이 옥상정원을 직접 향하기 때문이다.('감싸는 지붕')

'입구의 전이공간' 패턴은 건물 앞쪽 영역을 어떻게 계획할 것인지를 가르쳐준다.

이 패턴에 대해서는 신경을 쓰지 못하고 너무 늦게까지 내버려두었다. 나는 어떤 식으로든 '트렐리스가 있는 산책로'나 '트렐리스'를 활용하려 생각하고 있었다. 테라스를 독립시켜 남쪽을 바라보게 하면서도 본채로부터 어느 정도 보호하고 싶은 의도가 있었기 때문이다.

이렇게 하면 테라스를 좀더 '옥외실'답게 만들 수 있을 것이고, 진입로보다는 본채와의 연결성을 더 강조하는 효과도 거둘 것 같다. 그래서 나는 눈을 감고 상상해봤다. 재스민이 뒤덮인 트렐리스 아래를 지나 진입로로 들어선다. 차고에 붙여 지은 트렐리스에서 주출입구로 가는 일종의 대기실인 테라스의 밝은 빛을 향해 걸어간다. 그러면 테라스는 전체가 하나의 방 역할을 하게 된다. 모서리를 이루고 있는 나무들도 테라스의 옥외실 역할을 강조한다.

'농가의 부엌'은 주공간 내부에 특징을 부여한다.

새로 지을 별채는 작업실로도 쓰고 살림도 할 공간이지만, 내부를 '농가의 부엌'으로 꾸미는 것이 가장 좋을 것 같다. 그러려면 가운데 큰 테이블을 두고 그 주변에 의자를 두어야 한다. 천장 가운데에는 조명을 달고 좀 떨어진 자리에는 소파나 안락의자를 놓는 게 좋다. 나는 이런 배치를 생각하고 그 안으로 들어가는 상상을 하다가 출입문과 내부 사이에서 '현관내실'의 특성을 끌어내려면 내부의 요소들을 약간 뒤로 물러나게 하는 것이 생각보다 중요하다는 것을 깨닫는다. 이렇게 작은 건물에서는 '현관 내실'이 차지하는 비중이 거의 느껴지지 않을지도 모르지만 말이다. 나는 두 의자 사이에 서서 햇빛을 받아 밝게 빛나는 자리로 걸어가는 상상을 한다. 그리고 두 번째 문, 아마도 '낮은 입구'패턴을 취하고 있을 두 번째 문을 통과하여 본래의 '농가부엌' 형태를 띤 주공간으로 들어간다.

'지면과의 연결'과 '계단식 사면'은 건물 외부의 가장자리 형태를 마무리하는 데 도움을 준다.

물론, 테라스도 어느 정도는 지면과 연결된다. 하지만 나는 테라스가 지면과 만나는 외곽선을 어떻게 할 것인지를 고민하고 있었다. 테라스 자체가 타일로 만들어져 있다면(땅에 바로 놓을지 시멘트를 깔고 그 위에 놓을지는 아직 확정하지 않았다.) 둘레는 '앉을 수 있는 벽' 패턴으로 할 수도 있다. 하지만 그렇게 하면 너무 형식적이고 폐쇄적인 느낌이 든다. 더 좋은 방법으로는 단순한 콘크리트 블록으로 둘레를 에워싸는 것을 생각해 볼 수 있다. 하지만 이것은 좀 황량한 느낌을 준다. 눈을 감으니 암석 정원에 꽃을 심어놓은 형태의 유연한 계단이 떠오른다. 통행길로 이어지는 정식 계단을 몇 군데 두고 나머지는 이런 계단으로 테라스 가장자리를 두를 수 있을 것 같다.

땅의 경사도는 '계단식 사면'이 필요할 정도는 아니지만 테라스 뒤쪽보다 앞쪽이 분명히 몇 센티미터 낮다. 땅고르기나 흙돋우기는 최소한으로 하고 땅의 형태에 맞춰 집을 짓기 위해 등고선을 따라 자연스러운 계단을 만들기로 했다.

지면과의 연결에 관해 아직 해결하지 못한 문제가 두 가지 있다. 남쪽 작은 사과나무 주변은 정확히 어떻게 처리할 것인가와 건물의 서쪽벽, 즉 입구 주변과 욕실 아케이드 사이는 어떻게 할 것인가이다. 아카시아나무 아래의 공간은 입구의 일부가 된 '창가' 때문에 완전히 막힐 수도 있고, 아예 아카시아나무 안으로 흡수될 수도 있다. 이렇게 되면 그 건물의 주변을 따라 걷는 것이 불가능하고 건물 안을 통과해야만 욕실 아케이드로 갈 수가 있다. 그렇게 해야 맞는 걸까? 너무 답답해 보일 것이다.

'창가'와 '현관 내실'은 입구의 상세한 배치를 결정할 수 있게 해준다.

설계를 좀더 진전시키기 위해, 우리는 나가서 대지를 둘러보며 지면을 어떻게 사용할 것인지 좀더 구체적으로 상상해보았다. 그리고 특별히 현관부터 시작했다. 테라스로 향하도록 비스듬한 위치에 현관문을 낼 것인가, 아니면 아카시아 나무가 있는 서쪽을 향하게 할 것인가, 아니면 차고가 있는 남쪽을 향하게 할 것인가? 남쪽을 향하게 하면 비스듬한 방향에 문을 내는 것보다 테라스와 덜 직접적이지만 그게 가장 나을 것 같았다. 그렇게 하면 '입구의 전이공간' 효과도 얻을 수 있고, 테라스 입구를 향하게 할 때보다 집 내부가 한눈에 들여다보이지 않기 때문이다. 또한 작은 사과나무를 한쪽에 두고 유용하게 이용할 수도 있다. 현관문 안쪽의 딱 맞는 서쪽 자리에 '창가'를 두게 되어 '현관 내실'을 구현하는 데도 도움이 된다. 우리는 그 위치를 분명히 느낄 수 있도록 그곳에 18센티미터 말뚝을 박아 표시했다.

사과나무와 달래가 짓밟히지 않도록 보호해야 하기 때문에 문으로 이어지는 접근로를 따라 부드럽게 곡선을 그리는 낮은 담을 설치하는 것이 자연스러울 것이다. 이것은 '현관벤치'가 될 것이다.

그다음에 '알코브'는 내부 공간을 더 세분화한다.

이제 우리는 방안에 서서 현관문과 뒤쪽의 부엌 조리대를 바라보며 방의 실제 형태를 어떻게 하는 것이 최선일지를 고민한다. 현관문 오른쪽에 '창가'를 만들면 아름다운 효과를 낼 수 있다. 문 왼쪽, 사과나무의 왼쪽 편에 알코브를 하나 더 두면 딱 좋을 것 같다.

'계단 영역 Staircase Bay'은 실내에서 거두는 효과를 실감하려면 계단의 네 모퉁이를 어떻게 해야 하는지를 가르쳐준다.

나는 계단을 매우 가파르게 구상한다. 밑변은 2.1미터, 높이는 2.5미터, 그리고 2층 침실로 갈 때만 이용하므로 폭은 0.6미터 정도만 하려 한다. 우리는 부엌 뒤 카운터가 건물의 북쪽 벽에서 0.9미터 앞으로 나오고, 바로 그 선에서부터 위로 올린다는 것을 고려하여 계단 맨 위 칸의 자리를 정한다. 개방된 침실 공간이 침대 길이로 충분한 남북 방향으로 2.1미터라면, 그리고 계단이 그 안에 포함되고 꼭대기 계단참이 0.9미터라면 꼭대기 계단참의 위치는 대지 경계선에서 남쪽으로 1.8-2.1미터까지 오고, 맨 아래 계단은 남쪽으로 4.3미터까지 온다. 계단을 바라보니 남동쪽 알코브를 조금 가린다. 그래서 우리는 알코브를 사과나무쪽으로 더 확장해서 사과나무와 주공간의 연계성을 높인다. 0.6미터 정도의 이런 확장은 놀라운 효과를 가져온다. 우리는 여기에도 말뚝을 박아 표시하고, 그 안에 사과나무를 향해 서쪽으로 창문을 하나 낼 생각을 한다.('창가')

'두꺼운 벽'은 '농가의 부엌'의 내부 가장자리 선을 결정한다.

이제 '농가의 부엌'이 될 공간 한가운데에 서서 계단 아래에 둘 의자나 벽장을 상상한다. 동쪽 정원을 바라볼 수 있도록 계단 아래쪽에 창문을 내는 것도 괜찮을 것이다. '두꺼운 벽'을 구현하는 부엌 카운터 너머 북쪽 벽에 작은 창문을 내는 것도 좋다. 2층에 대해 얘기를 나누다가 우리는 남쪽 벽의 하중이 '농가의 부엌'의 아치형 천장 바로 위에 온다는 것을 깨닫는다. 그러면 중간에 리브가 필요할 것이고, 이 리브는 전등을 걸 만한 지점으로 방 중간에서 훌륭한 중심이 될 것이다.(빛의 집중)

'천장 높이의 변화'가 위층과 아래층을 완결짓는다.

이 패턴은 지금까지 진행되어온 과정에 따라 거의 저절로 완성된다. 나는 주공간의 중심부 위에 약 2.5미터 높이의 커다란 아치형 천장을 떠올린다. 부엌 카운터가 있는 뒤쪽 벽, 남쪽의 주 알코브, 그리고 문 옆의 '창가'는 모두 '테두리 보'에서 튀어나와 있는데, 대체로 2미터이고 1.7미터나 1.5미터만 되는 지점도 있다. 위층의 침실은 지붕 바로 아래에 있으며 서쪽으로 갈수록 낮아진다. 알코브에 있는 침대는 높이가 1.4-1.5미터밖에 되지 않는다.

대체적으로 이 설계안은 일주일 동안 틈이 나는 대로 생각하면서 만들었다.

메모에서 보듯 나는 각각의 연관된 패턴들을 차례로 고민했다. 한 가지 패턴을 생각하느라 한 시간을 보낼 때도 있었지만 그 패턴을 어떻게 적용할 것인지 한 시간 내내 생각한 것은 아니다. 운전하거나 음악을 연주하거나 사과를 먹거나 정원에 물을 주는 등 다른 일을 하면서 패턴이 이 특정한 대지와 거기에서 생긴 문제를 해결하며 내 머릿속에서 적당한 형태로 떠오르기를 기다렸다. 대부분의 경우 내가 핵심적인 아이디어를 얻은 것은 그때까지 완성된 설계 안으로 걸어 들어가서 지금 생각하는 패턴을 거기에 적용한다면 어떻게 보일지 스스로 물었을 때였다. 답변은 거의 항상 즉각 돌아왔다. 하지만 그 답변은 내가 정말 설계 안에 들어가서 주위에 있는 것들을 만져보고 냄새를 맡아봤을 때만 돌아왔다.

그리고 나는 절대 건물을 그림으로 그리지 않았다. 건물이 내 머릿속

에서 완벽하게 설계되어 있었기 때문이다.

전체 형태를 구상하는 유일한 방법은 머리의 유연함을 이용하는 것이다. 머릿속의 전체 설계안은 설계가 진행되면서 그리고 새 패턴들이 언어에 제시된 순서에 따라 제 역할을 하면서 조금씩 바뀌고 다시 자리를 잡아야 한다. 순서에 따라 새로 들어오는 패턴은 이전의 패턴들이 짜놓은 전체 설계를 바꿔가는데, 각 패턴이 전체를 흔들어 모양을 바로잡으면서 그것을 재편성하는 식이다.

이것은 그 설계가 지극히 유동적인 매체를 통해 제시될 때만 가능한 일이다. 변화에 대해 미미한 저항이라도 있는 매체에서는 결코 일어날 수 없다. 아무리 대충 그리더라도 그림은 분명히 경직된 방식이다. 발아 상태의 설계가 실제로 요구하는 수준보다 훨씬 상세한 부분까지 간섭하여 그것을 구체화하기 때문이다. 사실 모래, 진흙, 그림, 바닥에 있는 종잇조각들 같은 머리 이외의 모든 매체들은 같은 의미에서 모두 경직되어 있다. 진정한 의미에서 유연한 매체, 즉 새로운 패턴이 들어올 때 전체 디자인을 발전시키고 변화시키는 단 하나의 매체는 우리의 머리이다.

머릿속에 떠오르는 형태는 유연하다. 그것은 하나의 이미지이지만 본질만을 담고 있다. 그래서 새 패턴 아이디어로 인한 변화의 영향을 받으면 그 이미지는 거의 저절로 변화한다. 머리라는 매체 내에서는, 새 패턴이 들어오면 특별히 노력하지 않아도 그때마다 설계가 전체적으로 수정되는 것이다.

수많은 단어를 무작위로 골라 연습장에서 문장을 만든다고 생각해보라.

말도 안 되는 희한한 문장들이 나올 것이다. 발화 행위는 주어진 상황에 대해 자연스럽고 즉각적으로 나오는 반응이다. 의식하지 않을수록 그 상황과 더 직접적인 관련이 있고 더 아름다운 문장이 된다. 이런 자연스러움은 훈련과 질서가 뒷받침된 언어의 규칙 덕분이다. 이런 규칙으로 완전한 문장을 창조하는 일은 머릿속에서 유연하면서도 순식간에 진행된다.

패턴 언어도 마찬가지다. 패턴은 훈련을 통해 익힌다. 언어의 질서도 훈련을 통해 익힌다. 하지만 그 순서대로 패턴들을 사용할 수 있는 것은 직접 경험에서 나오는 자연스러움과 즉시성을 통해 그 규칙을 조합하려는 진정한 의지가 있을 때뿐이다. 종이 위에 패턴을 조각조각 이어 붙여서 설계를 할 수는 없다. 자신이 실제 건물 안에 들어간 듯한 경험을 해봐야 그것을 설계할 수 있는 것이다. 그리고 그 일은 오직 머릿속에서만 가능하다.

실제로 본 것처럼 건물이 생생하게 나타나게 하려면 종이 위에 그릴 것이 아니라 눈을 감고 머릿속에서 그려봐야 한다.

지금까지 설명한 작은 건물을 우리는 그림을 전혀 사용하지 않고 지었다. 내 머릿속의 눈으로 보면서 말뚝을 박아 경계를 정하고, 건축에 필요한 패턴 언어를 사용했을 뿐이다. 이때 사용한 방식은 23장에서 설명할 것이다.

물론, 시험 삼아 지은 이 작은 건물은 이 장의 초입에 나온 지극히 아름답고 간결한 집들과는 거리가 멀다. 우리가 그런 집을 짓기 위해서는 몇 년의 경험이 더 필요할 것이다.

우리가 지은 건물은 너무 엉성하고 너무 격식이 없으며 세부 형태를

총괄하는 건축 패턴들이 충분히 조화를 이루지도 않았다. 또한 빈틈이 보이기도 한다. 하지만, 이 건물은 어떤 정신의 출발점이며, 몇 단계만 더 나아가면 장래에 감동을 줄 만한 특성을 품고 있다.

누구나 언어를 사용하여 이런 식으로 건물을 설계할 수 있다.

누가 설계하든 이런 식으로 만들어진 건물들은 평범하고 자연스럽다. 각 부분은 전체 설계에서 차지하는 위치에 맞게 형태를 갖추기 때문이다.

    그것은 아주 오래전부터 사용되던 방식이다. 옛날 농부들은 집을 '설계'하는 데 시간을 들이지 않았다. 그들은 어디에 어떻게 지을 것인지만 간단히 생각해보고, 곧바로 집을 짓기 시작했다. 우리가 언어를 사용하는 방식도 마찬가지다. 중요한 것은 속도이다.

    언어를 배우는 데는 시간이 걸리지만 집을 설계하는 데는 몇 시간이나 며칠밖에 걸리지 않는다. 그보다 시간이 더 걸린다면 그 설계는 정직하지 못한 것이고 '계획적인' 것이고 유기적이지 못한 것이다.

이 언어는 우리가 실제로 하는 말과 똑같다.

우리가 말을 할 때 문장들은 말하는 속도만큼이나 빠르게 머릿속에서 저절로 만들어진다. 그리고 이것은 패턴 언어도 마찬가지다.

    건물이 1,000년 동안 그 모습으로 존재했을 것 같은 느낌, 펜에서 저절로 나오는 듯한 글처럼 자연스러운 느낌이 드는 특성은 의식적으로 궁리하지 않고 언어가 자유롭게 건물을 짓도록 내버려둘 때 저절로 생겨난다.

나는 내가 이런 방식으로 패턴 언어를 처음 사용했던 때를 아직도 기억하고 있다. 나는 전율을 느낄 정도로 그 방식에 사로잡혔다. 몇 가지 간단한 법칙은 내 머리를 유연하게 열어줬고, 그 규칙들을 바탕으로 착상한 그 집은 내가 생각해내고 내 느낌을 바탕으로 구성한 것인데도 내 머리만 통했을 뿐 저절로 현실세계에 생겨난 것 같았다.

그것은 강물 속으로 다이빙을 하는 것처럼 두려운 일이었지만, 한편으로는 우리가 직접 조종하지 않기 때문에 짜릿한 일이기도 하다. 패턴들이 생명을 얻고, 스스로 새 패턴을 낳는 과정에서 우리는 단지 매개물의 역할을 할 뿐이다.

마찬가지로 한 집단을 이루는 사람들은
공동의 패턴 언어를 따름으로써
마치 똑같은 생각을 하는 것처럼
더 큰 공공건물들을 생각해낼 수 있다.

22

건물군 설계하기

Shaping
A Group of
Buildings

●

우리가 21장에서 배운 것은 패턴들이 순서대로 구현되는 것을 방해하지만 않으면 개인이 머릿속에서 대지 위에 하나의 건물을 지을 수 있다는 것이다.

    이제 한 걸음 더 나아가, 한 집단이 똑같은 방식으로 공동의 언어를 이용하여 하나의 대지 위에 큰 규모의 건물을 설계하는 과정을 살펴볼 것이다.

보통 여러 사람이 모여 하나의 예술작품을 만들어내거나 통합적인 뭔가를 만들어내는 것은 불가능하다고들 한다. 참여한 사람들이 각자 다른 방향을 추구하기 때문에 결국 최종 결과물은 아무런 감동도 없는 타협물로 전락한다는 것이다.

    공동의 패턴 언어를 사용하면 이런 문제들을 해결할 수 있다. 앞으로 보게 되겠지만 집단의 구성원들도 공동의 패턴 언어를 사용한다면 한 사람이 머릿속에서 만들어내는 것과 똑같은 방식으로 공동의 설계를 할 수 있다.

다음은 어떤 병원을 설계한 사례이다.

캘리포니아에 세워질 이 정신과 병원은 인근 주민 5만 명이 이용할 시설이었다. 그 건물은 실내 면적이 약 2,322평방미터로, 기존 종합병원의 중심에 있는 3,716평방미터의 대지에 세워질 예정이었다. 이 설계에는 병원 원장(정신과 의사 라이언 박사)과 진료 경험이 많은 의료진 그리고 우리 환경구조센터 연구원 두 명이 참여했다.

이번에도 설계 과정은 패턴 언어에서 출발했다.

우리는 기존의 패턴 언어들 중에서 적합해 보이는 일련의 패턴들을 라이언 박사에게 보냈다.

그리고 중요하다고 생각하는 패턴들은 선택하고, 관련 없는 패턴들은 삭제해달라고 했다. 그리고 거기에 없는 특수한 패턴이나 새로운 '아이디어'를 추가해달라고 했다. 물론, 의료원에 특별히 필요한 요소나 '패턴들'을 포함해서 말이다. 아래에서 라이언 박사가 새로 추가한 패턴들에는 별표(*)를 붙였다.

첫 토론을 마친 후, 우리는 다음과 같은 마흔 가지 패턴으로 된 언어를 도출해냈다.

복합 건물
층수
가려진 주차장
주관문
동선의 문제
주건물
보행자 도로
*성인 주간치료 Adult Day Care

방식

*청소년 주간치료 Adolescent Day Care

*아동 주간치료 Child Day Care

*외래 환자 Outpatient

*입원 환자 Inpatient

*행정실 Administration

*응급실 Emergency

출입구의 동질성 Family of Entrances

남향의 외부공간

채광

정연한 외부공간

반쯤 가려진 정원

공지의 계층화

활기찬 중정

계단형 지붕

감싸는 지붕

아케이드

보행로와 목적지

보행자 밀도

친밀도의 변화

중앙의 공용공간

현관 내실

명암의 태피스트리

농가의 부엌

유연한 사무공간

소규모 작업집단

친밀감 있는 접수대

대기장소

소회의실

반사적인 사무실

양면채광

건물의 가장자리

옥외실

실내공간의 형태

천장 높이의 변화

이 언어는 점차 변해갔다.

토론이 잦아지면서 의료원에 꼭 필요하다고 여긴 패턴들에 대한 참여자들의 생각이 바뀌었다. 근처에 있는 종합병원에서 입원 환자들을 받기 때문에 그들은 '입원 환자' 패턴이 꼭 필요하지는 않다는 결론을 내렸다. 그다음에 작업요법 occupational therapy을 위한 전용 공간이 필요하다는 것 그리고 그곳이 '주건물'이 될 것이라는 것도 드러났다.

라이언 박사는 이 '주건물'에 '온실'이 있어야 한다고 판단했다. 그러면 환자들이 화초를 길러 그것들을 정원에 옮겨 심고 돌볼 수 있기 때문이다.

'온실'에 관해 토론하다보니 '반쯤 가려진 정원'이 더 중요한 것 같았다. 그래서 그 패턴이 건물에서 핵심적인 위치를 차지하게 되었다.

그 후에 우리는 '어린이의 집' 패턴이 중요하다는 것을 깨달았다.

부모들이 치료를 받는 동안 어린 자녀들을 의료원 근처에 두어야 하기 때문이다. 그래서 아이들이 놀고 물장난을 할 수 있도록 '고요한 물가'와 '분수대Fountain' 패턴을 도입했다.

'회식' 패턴에 관해서는 다소 논란이 있었는데, 결국 이 패턴도 넣기로 했다. 의료진과 환자들이 자주 점심을 함께 먹는 것이 큰 도움이 된다는 데 의견이 일치했기 때문이다. 돌아가면서 식사를 준비하는 것은 별로 현실적이지 않아서 없던 일로 했다.

참여자들은 의료원 생활의 여러 성격을 의논했고 그 과정에서 패턴이라는 매개체를 이용하여 해결책을 찾았다.

언어에는 매개체가 있어서 사람들은 그 안에서 의견충돌을 해결하고 전체적으로 그 건물과 내부시설을 공동으로 구상했다.

사람들은 보통 어떤 시설의 미래상을 정할 때 막막함을 느끼는데, 그 이유는 자신들이 명시할 내용을 표현할 언어도 없고 매체도 없기 때문이다. 그런 상황에서는 일치된 의견을 구축하면서 충돌하는 문제를 점차 해결해나갈 방법이 없다.

하지만 패턴 언어라는 토대가 있으면 한 집단의 구성원들은 점차 자신들과 자신들의 활동 그리고 주위 환경을 통합된 하나로 보게 된다.

마침내 의료원 설계에 참여한 사람들이 모두 그 패턴 언어에 동의하자 설계를 시작할 준비가 되었다.

이 단계에 이르렀을 때 의료원을 운영하게 될 사람들은 미래상을 공유하고 있었다. 운영 방향이나 대략적인 외관에 관한 것뿐이 아니라 상세한 부분에서도 그 미래상은 동일했다. 그들은 하나의 공동체로서 의료원을 어떻게 운영해갈 것인지, 그 안에 어떤 공간들을 포함할 것인지를 정확히 알게 된 것이다. 간단히 말하면 설계를 시작하기 위해서 그들이 알아야 할 것들을 모두 알고 있었다.

그제야 비로소 우리는 설계에 착수했다.

그 일을 하는 데는 월요일에서 금요일까지 일주일이 걸렸다. 대지에 직접 나가서 주차된 자동차와 장애물 주변을 걸어보았으며, 안개 낀 날에는 외투를 입은 채 커피를 마시거나 춤추듯 손을 흔들어 신호를 하며, 대지 주변을 온종일 돌아다녔다. 건물이 형태를 갖춰감에 따라 바닥에 분필 자국이 보이고 모서리를 표시한 돌이 놓였다. 다른 사람들은 안개 속에서 온종일 여기저기, 그것도 며칠 동안이나 돌아다니는 우리를 보며 도대체 무엇을 하는지 몹시 궁금해했다.

우리는 '복합 건물' 패턴으로 시작했다.

그것이 첫 패턴이었다. 우리는 먼저 근처 검진 센터의 테이블에 둘러앉았다. 우리가 지으려는 이 의료원이 어떻게 하면 '복합 건물' 패턴을 구현할 수 있을 것인가? 이 패턴에 따르면 모든 건물이 서로 개방되어 있어야 하는데, 이는 사회복지 시설의 성격과도 부합한다. 그리고 건물들이 가까이 붙어 있지 않은 경우에는 각각의 건물들이 실제로는 독립적이면서 아케이드와 통행로로 연결되어야 한다.

무엇보다도 라이언 박사는 독립되어 있고 사적인 공간이 보장되는 소규모 건물들이 아주 아주 많아야 한다고 주장했다. 얼마나 많은 건물이 필요하냐고 묻자 아마 서른 동 정도가 필요할 거라고 했다.

복합 건물의 전체 넓이는 2,227평방미터이다. 나는 거기에 작은 건물 서른 동이 들어간다면 각각은 평균 74.3평방미터가 되는데, 가로세로는 7.6×9.1미터 정도 되겠지만 어떤 것들은 그보다 더 작을 거라고 지적했다. 그러면 쓸모가 없었기 때문에 의료진들 사이에 다소 논쟁이 있었다. 얼마 후 라이언 박사가 이렇게 말했다. "음, 그럼 독립된 건물은 여섯 동에서 여덟 동 정도로 줄이되 가까이 모여 있으면서 눈에 쉽게 띄도록 짓지요." 이런 계획을 명확히 정리하고 난 후 우리는 대지로 나갔다.

그다음에는 그 건물군에 '주관문'과 '주출입구' 패턴을 적용했다.

지금부터 사용한 패턴들은 모두 실외에 적용한 것들이다. 우리는 외투를 걸치고 안개 속으로 나가 주위를 살펴봤다. 나는 생각했다. 이 건물군에 주출입구가 한 군데 있다고 하자, 어디에 있을까? 눈을 감고 떠올려보자, 어디에 있는가?

도로를 따라 나 있는가? 한쪽 모퉁이에 나 있는가? 라이언 박사는 이렇게 말했다. "제 머릿속에서는 도로에서 병원 본관으로 이어지는 진입로 어디쯤에 있는 게 떠오르는데요." 그러자 나는 이렇게 말했다. "그럼, 그것이 어디에 있는지 정확히 찾아볼까요? 이 패턴에 의하면 주출입구는 건물에 접근하는 모든 길과 직접 연결되고 눈에 띄어야 합니다. 이런 위치에 맞는 길이 두 군데 있습니다. 하나는 도로에서 걸어서 오는 방법이고, 다른 하나는 병원 주차장 쪽에서 오는 겁니다. 운전해 들어와서 차를 주차시키고 도로 쪽 끝으로 걸어 나오는 겁니다. 이 두 장소에 모두 가서 더 좋은 위치를 떠올려 보죠."

일단 우리 여섯 명은 모두 진입로의 도로 쪽에 서서 뒤를 돌아봤다. 나는 중간지점까지 걸어가서 이렇게 말했다. "제가 서 있는 곳이 입구라고 생각해보세요. 위치가 적당한가요?" 몇 미터 더 움직였다. "지금은요?" 다시 움직였다. "지금은요?" 그들은 멈추라고 하거나 뒤로 가라고, 또는 앞으로 조금 오라고 하면서 모두의 의견이 일치하는 지점을 정했다. 분필로 가장 가까운 곳과 가장 먼 곳을 표시했더니 그 두 지점은 총 61미터의 거리에서 겨우 3미터 정도밖에 떨어져 있지 않았다.

그다음에 우리는 진입로의 다른 쪽 끝, 즉 주차장으로 가서 똑같은 방식으로 지점을 정했다. 그리고 여기서도 차를 타고 들어올 경우에 입구로 가장 적당한 지점으로 느껴지는 곳을 분필로 표시했다. 이 두 지점의 거리도 3미터 정도였다. 입구 자체의 폭보다도 좁았다.

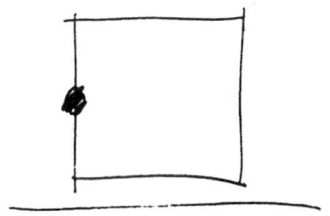

이제 주출입구의 위치가 정해졌다. 나는 그 위치를 표시하고 사람들에게 지금부터 입구의 위치가 설계에서 기정사실이 될 것이라고 설명했다. 나중의 설계를 위해 입구를 옮기거나 하지 않고 거기에서 시작하여 점차 설계가 확장된다는 뜻이었다. 이것은 조금 두려운 일이다. 만일 일이 제대로 안 되면 어떻게 해야 한단 말인가?

주출입구를 정해 놓은 다음 우리는 '동선의 문제' 패턴을 구체화하기 시작했다.

나는 주보행로는 아주 단순한 형태로 주출입구와 연결되어야 하고, 이 주보행로에서 작은 보행로들이 뻗어나가는 방식이 되어야 한다고 설명했다.

우리는 주출입구에 섰다. 그리고 어떻게 이 패턴을 구현할지 궁리했다. 이 대지의 입구에서 보면 맞은편 끝에 크고 멋진 나무 네 그루가 있었다. 그렇다면 주보행로를 그 나무들 쪽으로 내는 것이 자연스러울 것 같았다. 그리고 작은 건물 몇 채를 그 길을 향해 세우되 몇 채는 왼편에 몇 채는 오른편에 세우고 주보행로와 대략 직각이 되게 더 작은 보행로들을 내는 것이다.

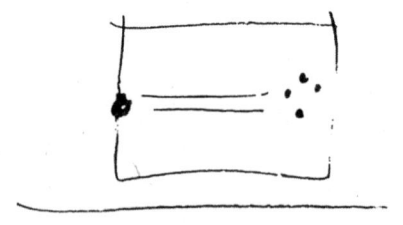

'동선의 문제' 패턴 내에서 우리는 '주건물' 패턴을 배치했다.

이 패턴에서는 어떤 건물군이든 중심과 초점이 될 '주건물'이 있어야 한다. 그리고 이 건물에 접하면서 건물 내부를 들여다볼 수 있는 보행로가 있어야 한다. 그 건물군 옆을 지나가는 사람들이 언제든 접근할 수 있어야 하기 때문이다.

우리는 의료원의 어느 동이 '주건물'의 역할을 하기에 가장 적합한지 토론했다. 그리고 마침내 환자들이 다양한 종류의 창의적인 작업을 하는 작업 치료동이 '심장부'라는 데 의견을 같이했다. 그래서 특별히 지붕을 높게 한 큰 건물을 한가운데에 세우기로 결정했다.

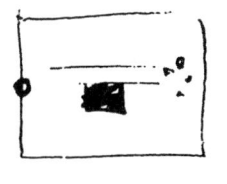

그다음에는 '주건물' 패턴 바깥에 '활동의 결절점' 패턴을 두기로 했다.

건물군 내에서 활동의 결절점이 있어야 한다면, 가장 넓은 길과 다른 넓은 두 길이 직각으로 교차하고 그 주변으로 중요한 건물들이 모여 있는 곳이 자연스러울 것 같았다. 우리는 이 교차 지점을 열린 장소로 조성하여 그곳에 분수대를 만들고, '주건물'과 행정실 건물 그리고 아이들이 놀이를 하는 아동병동의 출입문을 모두 이 지점을 향해 내기로 결정했다.

방식

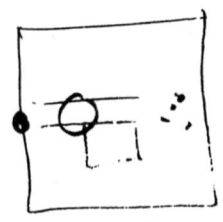

'동선의 문제'의 핵심인 '활동의 결절점' 주변에는 '접수실' '행정실' '외래환자' '성인 주간치료' '청소년 주간치료' '아동 주간치료' 패턴을 배치했다.

이제 우리는 대지에 다양한 건물을 배치했다. 라이언 박사는 이 건물들의 위치에 대해 이미 명확한 계획을 세워놓고 있었기 때문에 어떤 건물이 어디에 배치되어야 하는지 자신의 생각을 말해주었다. 그래서 우리는 대지 주변을 걸으면서 의견을 주고받았다.

한 가지 문제가 생겼다. 외래진료는 두 팀이 맡을 예정이었는데, 라이언 박사는 그 팀들을 입구 바로 오른쪽에 배치할 생각을 하고 있었다. 사람들이 가장 많이 드나드는 건물이기 때문이다.

외래진료를 맡은 두 팀은 각자 구별되는 공간이 필요했으므로 우리는 '동선의 문제'에 관해 고민해보았다. 그리고 모두들 '활동의 결절점'에 서서 그 건물들을 각자 어디에 두어야 환자들이 헷갈리지 않고 찾아갈 수 있을지 궁리했다.

의료진 몇 명이 눈을 감고 생각해보더니, 안뜰을 만들어 두 팀이 이 안뜰을 향해 오른쪽과 왼쪽에 자리 잡으면 명확하고 쉽게 구분될 것 같다는 의견을 내놓았다.

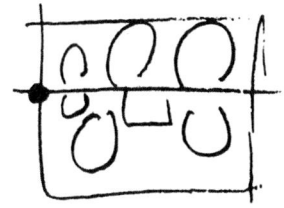

그다음에 '주건물' 근처의 특별한 장소에는 '회식' 패턴이 적절할 것 같았다.

라이언 박사는 음식을 함께 먹는 것은 어느 조직에서나 가장 기본이 되는 행위라는 데 동의했다. 우리는 이 패턴을 어떻게 구현할 것인지, 어떻게 해야 환자들이 정서적으로 더 안정감을 느낄 것인지에 대해 의견을 교환했다.

그 결과 라이언 박사와 의료원 원무과장은 도서관과 원무과에 면하도록 왼쪽 첫 번째 정원에 일종의 간이식당을 두는 것이 가장 적절하다는 판단을 내렸다. 그곳은 설계상 주 교차로에 있는 활동의 결절점과 분수대에서 보이는 곳이었다.

개별 건물의 영역을 결정한 뒤, 우리는 '남향의 외부공간' '채광' '정연한 외부공간' 패턴을 구현했다.

이제 설계 과정에서 가장 어려운 단계에 이르렀다. 지금 우리는 여러 건물들이 대충 어디에 있는지를 알고 있다. 그리고 주요 통행로와 건물 사이의 이동 경로도 대략 파악하고 있다. 이제 건물들의 정확한 위치와 외형을 결정할 때이다. 이 단계는 건물군을 설계하는 과정에서 꽤 어려운 단계에 속하기 때문에 노이로제에 가까울 정도로 초조함을 느낀다. 이 단계가 끝나면 설계된 건물의 대략적인 특성이 드러나기 때문이다. 그래서 사람들은 대지를 걸으며 어떻게 해야 건물들과 바깥 공간이 적절한 형태를 갖추게 될지 현실적이고 구체적인 배치 방법을 고민한다.

항상 그랬듯이 이번에도 설계한 사람들이 모두 긴장하기 시작했다. 사실 이번 의료원의 경우에는 특히 어렵기도 했다. 우리는 오후 내내 고민해봤지만 건물들을 어떻게 배치해야 할지 해답이 떠오르지 않아서 잠자리에 들면서도 고민을 계속했다. 그런데 다음날 아침 간단하고도 효율적인 방안을 찾아냈다.

처음에 나는 건물 사이에 있는 정원들은 모두 남쪽을 감싸는 형태로 조성해야 한다고 생각했다. 그런데 이렇게 하면 그때까지 대칭으로 생각했던 구조가 비대칭이 되어버린다.

또한 정원이나 안뜰이 모두 주요 보행로와 연결되어야 한다는 조건을 생각하면 더 복잡해졌다. 정원이나 안뜰이 보행로와 연결되어야 꽃과 트렐리스가 사람들을 그쪽 공간으로 이끌 수 있기 때문이다.

우리는 마침내 주보행로와의 연결성과 남향 정원이라는 두 가지 효과를 얻을 수 있는 방법을 찾아냈다. 건물의 폭을 넓게 하지 않음으로써 모든 방에서 자연광을 충분히 받을 수 있게 하는 것이다. 그래서 우리는 건물들을 대략 T자 형태로 지어 남향의 정원 북쪽에 자리잡게 했다. 여러 건물의 배치와 실외공간 형태를 처음으로 정한 이 순간에 비로소 우리는 실제로 건축을 시작할 수 있는 건물군을 갖게 된 것이다.

어떤 단계에서든 이 패턴들로 뭔가를 건축할 수 있다는 것은 의심의 여지가 없다. 하지만 말해두고 싶은 사실은 그 과정이 진행되는 것을 처음 경험한 그 사람들은 건물들이 느슨하고 약간 불규칙적으로 배치된 상태에서 문제가 스스로 풀리는 과정을 보고 감탄했다는 것이다.

이것은 사람들이 가지고 있는 두려움을 단적으로 보여주는 예이다. 그 두려움은 언어가 스스로 건물을 만들도록 내버려둘 때 휩싸이는 두려움이다.

설계에 참여한 모든 사람들이 그렇게 오랫동안 언어가 유동적으로 움직이도록 두고 지켜본 것은 그 방식이 좋은 결과를 가져올 것이라는 믿음, 오직 그것 때문이었다.

물론, 틀에 박힌 방식으로 건물을 배치하고 실외 공간을 만드는 것도 가능했을 것이다. 그렇게 하면 구조상의 배치를 훨씬 쉽게 완성했을 것이다. 그리고 건물들의 배치도 그럴듯하게 정해졌을 것이다.

대신 건축의 정신은 죽었을 것이다.

그래서 사방으로 뻗어가는 균형과 불균형의 미묘한 조화가 깨졌을 것이다. 그러한 조화는 모든 건물이 전체에서 차지하는 위치에 따라 독특함을 띨 때 이루어지기 때문이다.

우리는 개별 건물들 내에서 그리고 '동선의 문제'를 해결할 적절한

위치에서 '출입구의 동질성' 패턴도 정했다.

마지막으로 이 건물들이 공간과 크기에서뿐 아니라 들어오는 사람들에게도 통일감을 주도록 우리는 '출입구의 동질성' 패턴을 도입했다. 이 패턴에 따르면 보행로에서 봤을 때 여러 건물들의 입구가 어떤 형식으로든 구분할 수 있도록 전체적으로 비슷해야 한다. 그리고 이용자들이 들어갈 입구들이 '한눈에' 들어오도록 같은 범주의 특성을 갖춰야 한다.

우리는 건물들의 배치를 분필과 돌로 꽤 자세히 표시해놓은 대지를 걸으며 질문을 던져봤다. 다양한 지점에 섰을 때 무엇이 보여야 하고 입구의 형태에서 무엇이 보여야 좋을 것인가? 나는 사람들에게 '출입구의 동질성' 패턴에 관해 설명해주고 나서 각자 서로 다른 지점에 서서 눈을 감아보라고 부탁했다. "이제 '출입구의 동질성' 패턴이 여러분이 원하는 대로 완벽하게 문제를 해결한다고 상상해보십시오. 아주 완벽하게요. 이 패턴이 가장 아름다운 방식으로 적용되었을 때 어떤 모습이 될지 떠올려보는 겁니다."

한 사람이 '통합적인 현관'을 제안했다. 계단을 두 칸 정도 올라간 곳에 적절한 공간을 만들어 사람들이 실외에서 진료시간을 기다릴 수 있게 하자는 것이다. 근사한 목재 기둥도 각 건물 앞쪽에 내밀 듯이 세워보자고 했다.

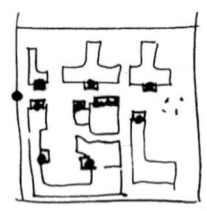

이 단계에서 여러 건물이 모여 있는 건물군으로서의 기본적인 설계는 완성되었다.

'전체적인' 관점에서 의료원을 짓기 위해 필요한 판단은 모두 끝났다. 이제 개별 건물과 개별 정원의 세부사항을 살펴볼 때다.

이를 위해 우리는 의사와 의료원 직원들에게 인원을 소그룹으로 편성하여 건물들을 하나씩 맡아달라고 부탁했다. 그렇게 하면 각각의 건물은 그곳을 가장 잘 아는 사람, 그곳에서 무슨 일이 일어나는지를 가장 잘 아는 사람이 설계할 수 있기 때문이다.

이제 의료원의 전문의들이 개별 건물들의 세부사항을 계획했다.

어린이 환자를 가장 많이 보는 의사들은 어린이 병동과 청소년 병동을 설계했다. 외래환자들을 책임지는 사회복지과 직원들은 외래과 병동을 설계했다. 원무과 직원들은 원무과 건물을 설계했다.

의료원 원장은 규모가 큰 본관 건물을 설계했다.

그는 건물 입구 바로 안쪽 끝에 어린이 놀이방을 계획하여, 놀고 있는 아이들을 볼 수 있을 뿐 아니라 그곳에 들어오는 아이들도 두려움 없이 편안함을 느끼도록 배려했다(눈에 띄는 아동보호 공간Visible Child Care으로 구체화되었다.). 그리고 주대기실의 한쪽 끝에 큰 온실을 만들었다. 환자들이 식물을 돌보고 나중에는 의료원 정원에 심은 식물들까지 돌볼 수 있으면 좋겠다는 기대에서였다.('작업요법') 또한 주대기실 안쪽에 알코브를 지어 몇몇이 모여 이야기를 나눌 수 있게 했다.('가족실 알코브Family Room Alcoves') 밖에는 큰길을 따라 아케이드를 실계했다. 완진히 기려지지도 않고 완전히 개방되지도 않는 치목공간을 만들어 사람들이 어울리게 하기 위해서였다.

건물의 각 구성 요소들은 21장에서 설명한 과정을 따라 세심하게 설계되었다.

예를 들어 이 설계에 영향을 준 패턴으로 '짧은 통로'가 있는데, 이 패턴은 길게 뻗은 복도가 사람들에게 차가운 느낌을 준다는 데 착안한 것이다. '친밀감 있는 접수대'는 환자를 맞이하는 건물에는 격식을 차린 접수 창구가 아니라 친근한 분위기가 필요하므로, 안락한 의자와 벽난로, 마음을 느긋하게 해주는 커피 같은 것이 필요하다는 주장을 받아들인 결과물이다. '농가의 부엌'은 가정집과 가장 관련이 깊은 패턴인데, 이것은 큰 테이블이 있는 부엌이 공동체의 토론을 위해

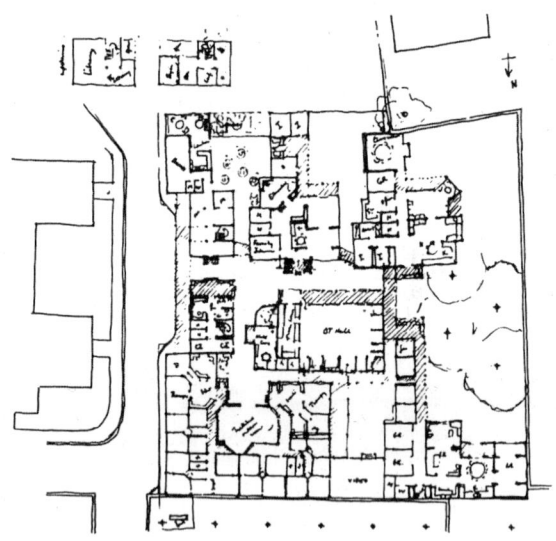

무척 편안한 장소라는 것을 보여준다. 이 패턴은 주간 치료 프로그램 세 군데서 채택되었다.

'유연한 사무공간'은 오늘날의 사무실 건물처럼 업무 공간이 계속해서 이어지는 형태와 달리 수많은 소규모 작업실과 알코브로 되어 있다. '가족실 알코브'도 가정집에서 흔히 쓰는 패턴인데, 아담하고 천장이 낮은 알코브가 널따란 방을 향하면서 약간 떨어져 있을 때 모여 있는 사람들로부터 고립되지 않으면서도 혼자 또는 단둘이 조용히 앉아 있을 수 있는 공간이 된다는 것을 보여준다.

이제 우리는 한 집단의 구성원들이 건물군을 어떻게 설계하는지를 알게 되었다.

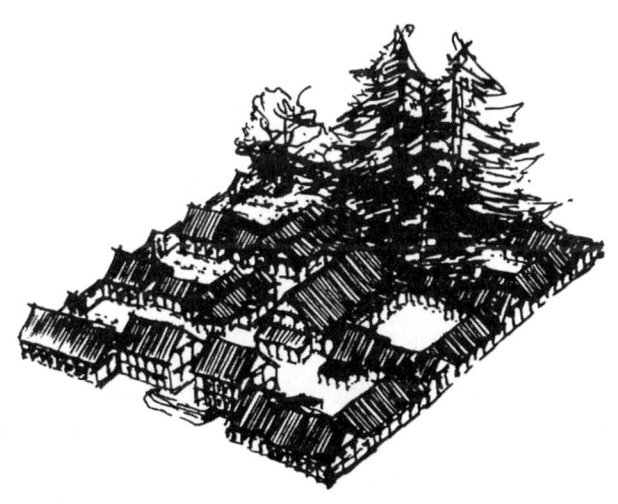

일단 구성원들이 그 언어가 타당하다고 동의하면 건물이 실제로 형태를 갖추는 것은 간단하고 유연하다. 한 집단에 속하는 사람들이 뭔가를 함께 시도할 때 자주 실패하는 이유는 매 단계에서 그들이 전제하는 내용이 다르기 때문이다. 하지만 언어가 있으면 그 전제는 처음부터 거의 빈틈없이 명확하다.

물론, 그들에게도 보통 사람들과 마찬가지로 한 마음으로 만들어주는 매개체 같은 것은 없다. 다만 '그들 앞에 있는' 대지를 사용하여 설계를 구체적인 형태로 바꿀 뿐이다. 그들은 대지를 여기저기 걸어보고 손을 흔들어 신호하면서 서서히 건물의 형태를 함께 구축해간다. 그리고 이 과정에서도 전혀 설계도를 그리지 않는다. 집단으로 설계하는 사람들에게 대지가 그토록 중요한 이유가 여기에 있다.

대지는 사람들에게 건물은 저절로 지어지는 거라고 말한다. 그리고 사람들은 뭔가를 만들어내려 하지 않고 그대로 받아들일 때 그 말이 진실이라는 것을 실감한다.

그래서 건물이 마치 그 자리에 원래 있었던 것처럼 그 형태를 눈앞에 떠올릴 수 있다.

'보통' 사람들은 건물의 형태를 떠올릴 수 없다는 주장은 완전히 잘못됐다.

건물은 바로 보통 사람들의 눈앞에서 성장하고 생명을 얻는다.

건물의 이미지를 떠올리는 데는 땅에 꽂은 막대기 몇 개, 돌멩이 또는 분필자국이면 족하다. 누구나 이런 표시를 바탕으로 곧바로 건물을 지을 수 있다.

물론, 이 건물은 이 장의 앞부분에 실린 건물들과 비교해보면 21장에서 설명한 실험적인 건물처럼 너무 서투르다.

우리가 계획한 건물들의 배치는 대단히 아름답다. 하지만 세부적인 건축은 이보다 훨씬 뒤떨어져 있다. 솔직히 말하면 완전히 실패했다고 할 수 있다.

우리의 뜻과는 상관없이 이 건물은 배치가 끝나자 통상적인 절차에 따라 '세부작업'이 진행되었다. 세부사항은 배치 계획에 참여하지도 않고 대지를 걸어보지도 않은 사람에 의해 설계도면으로 옮겨져 기계적으로 '그려졌다.' 그리고 원래의 의도에서 한참 멀어진 그 설계도로 결국 이 건물은 이 시대의 무수한 건물들과 아무 차이도 없는 건물이 되고 말았다.

간단히 말하면, 이 건물이 실패한 이유는 잘못된 방법으로 지어졌기 때문이다. 이 결과가 너무 서글프고 실망스러웠던 나는 처음엔 이 사실을 써야 하는지, 이 사진을 실어야 하는지 망설였다. 하지만 이런 결과를 밝히는 일이 얼마나 중요한 일인지를 깨달았다. 수많은 사람들이 내가 설명한 방식대로 배치를 해놓고도 그다음에는 설계도를 그려서 실제 건물을 짓기 때문이다.

삶, 맥박, 본질, 건물의 신비는 그것이 설계된 방식과 똑같이 언어를 통해 연속적으로 지어질 때만 유지될 수 있다. 그 과정에서 건물은 서서히 생겨나며 실제 건축 과정에서 최종적인 형태를 갖추게 된다. 바로 그 과정에서 세부 구성(앞에서 패턴이라고 한)이 본질을 얻게 된다. 그 건물이 만들어지는 과정에서, 그 건물이 서 있는 바로 그 자리에서 말이다.

간단히 말해 패턴 언어의 절차에 따라 설계하고 그것에 의해 생명을 얻게 된 건물은 건축되는 과정도 그와 똑같지 않으면, 즉 똑같은 정신으로 지어지지 않으면 다시 생명을 잃게 된다. 즉 방들을 올바르게 짓고, 입구를 꼭 있어야 할 위치에 만들고, 빛이 올바른 방향에서 들어오게 만든 이 정신이 세부사항에 적용되지 않으면, 이 정신이 기둥과 보의 형태를 만들지 않으면, 창·출입문·천장·색깔·장식들에 적용되지 않으면, 그 집은 생명력을 잃게 된다는 말이다.

다음 장에서 우리는 그런 정신에 입각한 건축 과정을 살펴볼 것이다.

이 의료원은 건축 과정에서 망치긴 했지만 설계에 참여한 사람들에게는 깊은 감명을 줬다.

앞장에서 나는 능동적으로 언어를 사용하는 것이 사람들에게 왜 그렇게 중요한지를 이론적으로 설명했다. 그것은 그 방식을 통해서만 자신의 세계를 견고하고 헌신적으로 그릴 수 있기 때문이다. 언어를 구체적이고 적극적으로 명시할 때만 자신의 느낌을 구체화할 수 있고 자신의 세계를 완전한 하나로 느낄 수 있다. 그런 느낌은 자신의 내면에서 나와 그다음에는 건물의 형태로 둘러싸고 존재하게 된다.

우리는 의료원을 설계하면서 이 과정을 실제로 목격했다.

의료원을 지은 후 라이언 박사가 고백하기를, 일주일 동안 우리와 함께 건물의 형태를 결정하던 일이 그전 5년 동안의 사건 중 가장 인상 깊은 일이었다고 한다. 그 일주일 동안 자신이 살아 있음을 가장 벅차게 느꼈다는 것이다.

그 후 라이언 박사는 다른 병원으로 옮겨갔지만 몇 년이 지난 지금도 실제로 지어진 의료원 건물을 보며 당시의 일주일을 회상하곤 한다. 안개 속에서 땅에 분필로 표시를 하며 건물의 배치와 각 입구의 적절한 위치, 온실의 위치, 사람들이 앉아서 기다릴 만한 자리, 분수, 작은 정원, 병실들, 아케이드의 위치를 의논하던 일주일 말이다. 그는 그 일주일을 무척 소중한 경험으로 간직하고 있다.

살아 있는 건물을 짓는 단순한 과정, 그냥 밖으로 나가 대지를 걸어보고 서로에게 손을 흔들어 신호하고 머리를 맞대고 고민하고 땅에 말뚝을 박아서 관찰하던 과정은 그들에게 언제까지나 깊은 감동으로 남아 있을 것이다.

그것은 공동의 언어를 매개로 해서 그들 삶의 이미지를 함께 창조하던 순간이다. 그리고 공동의 창조 과정에서 생긴 연대감을 마음속에서 체험한 순간이다.

일단 이런 방식으로 건물을
생각해냈다면, 그 건물은 땅에 간단한
표시만 해가면서 곧바로 지을 수 있다.
다시 한번 말하지만 공동의 언어를
사용하되 그림은 그리지 않고 직접
지을 수 있는 것이다.

23

건축 과정

The Process
of
Construction

●

이제 여러분이 앞의 두 장에서 설명한 과정을 통해 건물의 세부 배치를 마쳤다고 하자. 앞에서 살펴봤듯이 배치하는 작업은 아주 간단하다.
   이제 실제로 건물을 지을 단계이다.

이전과 마찬가지로 이번에도 그 과정은 순서대로 진행된다. 이 단계에 와서야 비로소 패턴들은 머릿속이 아니라 실제 지어지는 건축물에서 적용된다. 작업 방식은 각 패턴에 따라 결정되며 그것으로 인해 건물들은 세분화되면서 완전함을 갖춰간다. 그리고 마지막 패턴이 건물에 적용되었을 때 그 건물은 완성된다.
   다시 말하지만 패턴들은 전체 구조에 작용한다. 부분별로 조각조각 더해지는 것이 아니라, 먼저 적용된 패턴들에 녹아들어가면서 세밀함과 구조와 본질을 더 심화시키는 관계가 되는 것이다. 그래서 건물의 본질은 서서히 드러나되 어떤 단계에서 보든 전체적으로 항상 성장하는 중이라고 할 수 있다.

우선 어떤 건물을 짓기 위해 패턴 언어를 사용하여 공간 구조를 대략 정했다고 하자.

그리고 이 대략의 구조를 연필로 스케치하거나 말뚝이나 막대기, 돌 같은 것으로 땅에 표시를 했다고 하자.

그 건물이 살아 있으려면 건축의 세부 요소들이 독창적이어야 한다. 그뿐 아니라 큰 요소들이 주변 환경과 조화를 이루듯 세부 요소들도 주변 환경과 조화를 이뤄야 한다.

이 말은 상위의 요소들처럼 하위의 요소들도 전체에서 차지하는 위치에 따라 형태에 세심한 주의를 기울여야 한다는 말이다. 그리고 비슷한 부분들은 비슷한 형태를 갖게 되더라도 완전히 똑같지는 않아야 한다.

예를 들어 다음 그림을 살펴보자. 처음 시작하는 방에 따라 기둥의 정확한 간격 그리고 벽을 구성하는 판자의 정확한 크기는 각각 달라져야 한다.

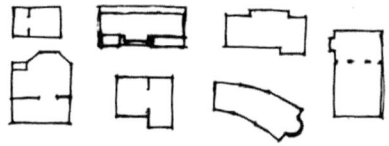

기둥들의 간격이라는 세부 요소가 전체에 맞기 때문에 그 방은 살아 있는 방이 된다. 방 안의 어떤 불규칙도 건축 과정에서 어려움 없이 조정할 수 있다. 건물 세부 요소의 정확한 크기와 간격은 건축 과정에서 방의 본성에 맞게 조화롭게 해결되는 것이다.

건축 과정

건물의 세부 요소들을 규격에 따라 생산된 재료로 짓는다면 그 요소는 생명력을 얻을 수 없다.

예를 들어 어떤 건물을 짓는 데 1.2미터 폭의 패널을 짜맞추는 방식을 쓴다고 해보자. 그런 1.2미터 패널로는 내가 지금까지 설명한 방들을 절대 똑같이 지을 수 없다.

이런 조립식 패널로 방을 만들려면 그 방들은 반드시 가로와 세로의 길이가 각각 4.8미터인 정사각형 형태여야 하기 때문이다.

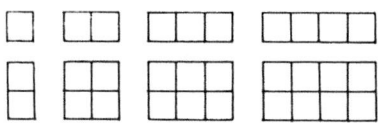

조립식 패널은 그 방의 형태를 제한한다.

만일 1.2미터짜리 패널을 이용해서 방을 만들고 싶다면 그 판자에 맞춰 방의 크기와 모양을 바꿔야 한다.

그런 건축 방식에서는 건축 대지나 공간 구성을 정교하게 반영하는 것이 불가능하다. 그래서 건물의 세부 요소에 맞추기 위해 원래의 공간 구성 계획을 포기하거나 훼손할 수밖에 없을 것이다.

예를 들어 가로와 세로 길이가 대략 4.6미터, 4.9미터인 방은 수백 수천 가지의 아름다운 형태로 만들 수 있는데, 대량생산된 재료를 쓰면 이런 다양성은 파괴되고 똑같은 형태의 방 수백 수천 개가 끊임없이 지어질 수밖에 없다.

똑같은 이유로 건물의 세부 요소도 설계도 위에 나타난다면 생명력을 잃는다.

건물의 세부 요소는 시공도의 형태로 구체화되면 생명력을 잃는다. 시공도에서는 해당 요소들의 다양한 표현들을 편의상 똑같은 것으로 간주해버리기 때문이다.

시공도를 그려서 작업하는 사람은 창문이나 벽돌을 항상 똑같이 그린다. 나중에 필요해질 미묘한 차이를 알 수 있는 능력이 그에게는 없기 때문이다. 차이가 필요하다는 것은 건물이 실제로 건축되는 과정에서야 비로소 명확히 드러난다. 책상에서 도면을 그리는 사람에겐 그것들을 다르게 그려야 할 이유가 없기 때문에 창문이나 벽돌을 모두 똑같이 그리는 것이다. 또한 건물을 도면대로 정확하게 지어야 한다는 계약에 묶여 있다면 시공자는 세부 요소들을 도면에 따라 똑같이 지을 것이다. 이런 상황은 실제 건축 과정에서 생명이 없는 인공적인 건물을 만들어낸다.

살아 있는 건물을 지으려면 그 건물의 패턴들을 대지 위에서 만들어 내야 한다. 그래서 각 패턴이 주변 환경에 맞춰 형태를 갖춰야 한다.

예를 들어, '측주'나 '기둥의 배치'라는 패턴을 생각해 보자. 이 패턴은 적절한 기둥 간격을 정해서 기둥들이 벽을 가장 효과적으로 지탱하게 한다.

이 패턴들을 정확히 구현하기 위해 시공자는 방의 네 모서리에 기둥을 설치한 뒤 보조 기둥들을 벽을 따라 균등한 간격으로 배치한다. 기둥들의 간격은 벽의 길이에 따라 달라지지만 대략 1.2-1.8미터가 될 것이다. 그리고 마지막으로 기둥 위에 네 벽을 따라 보를 놓는다.

패턴들을 적극적으로 표현하는 이 과정에서는 절차가 진행될 때마다 방의 평면에 따라 약간 다른 배치가 나타난다. 각 방의 내부에는 같은 패턴을 구현한 기둥과 보 구조가 있다. 하지만 패널 사이즈가 정확히 같은 두 방은 없다.

그러므로 대충 그린 스케치에서 바로 건축을 시작하는 것이 중요하다. 그 대략적인 스케치를 바탕으로 머릿속에 있는 패턴 언어의 과정에 따라 패턴을 상세하게 구현하는 것이다.

이것은 자연계에서는 흔히 볼 수 있는 일이다. 거미가 거미줄을 짤 때 그 과정은 표준화되어 있다. 하지만 만들어지는 부분들은 모두 다르다. 거미줄은 하나하나 아름답고 똑같은 것이 없으며 주변 환경과 완벽하게 조화를 이룬다. 그럼에도 그것들은 모두 표준화된 과정을 통해 만들어지며 만드는 방식은 딱 한 가지이다. 아주 단순하다. 하지만 단순한 이 과정이 수많은 환경과 무한한 방식으로 상호작용을 해서 거기에 맞는 단 하나의 거미줄을 만드는 것이다.

내가 지금 설명할 건축 과정도 이와 똑같다. 개별 과정들은 표준화되어 있고 아주 간단하다. 하지만 실제로 만들어지는 부분들은 셀 수 없이 다양하게 나타난다. 건축 과정에서 규정되는 패턴들이 무수하게 다양한 형태로 표현되기 때문이다.

아치형 천장을 만드는 과정은 표준화되어 있다. 하지만 실제로 지어지는 아치형 천장들은 하나하나가 조금씩 다르다.

표준화된 과정은 바구니형 틀을 짜고 목재 띠를 엇갈려놓고 천을 씌우고 송진으로 천을 빳빳하게 하고 송진 먹은 천을 경량 콘크리트로 덮는 것이다. 하지만 이 과정을 통해 완성되는 실제 천장은 주위 환경에 따라 매번 달라진다.

기둥을 만드는 과정도 표준화되어 있다. 하지만 마찬가지로 그 과정에서 만들어지는 기둥들도 매번 조금씩 다르다.

판재에 못을 박고 제 위치에 세우고 못으로 보에 고정시키고 콘크리트를 채워넣는 것이 표준화된 공정이다. 하지만 이런 식으로 만들어진 기둥들은 모두 다르다. 서로 다른 사람들이 만들기 때문에 그것이 그대로 드러나는 것이다. 어떤 사람은 판재에 무늬를 새기고 어떤 사람은 자신의 취향대로 페인트칠을 한다. 그리고 각 기둥은 위치가 다르고 주위 환경에 맞춰 다양한 방식으로 연결된다. 이런 이유 때문에 기둥은 서로 달라진다.

이것을 구체적으로 보여주기 위해 이런 방식으로 건물을 짓는 일련의 과정을 설명해보겠다.

물론, 이런 순서로 짓는 과정은 하나의 예일 뿐 재료들을 어떻게 조합하느냐에 따라 순서는 달라진다. 하지만 범위를 넓혀간다는 점, 대략적인 구상에서 시작한다는 점, 그리고 건물이 완성됨에 따라 점점 더 세부적인 요소가 드러난다는 점에서는 어느 정도 비슷하다.

우선 1층에 있는 방들의 네 구석에 말뚝을 박는다.

말뚝의 위치를 정확히 하기 위해 큰 말뚝, 대나무, 또는 나무토막을 사용하는 것도 도움이 된다. 그렇게 하면 여러 사람이 그 방들의 정확한 형태와 크기, 방 사이의 관계, 외부와의 관계 등을 그려볼 수 있기 때문이다.

　건물 가까운 곳에 테라스, 작은 통행로, 출입구, 발코니, 아케이드, 트렐리스, 정원의 담장 등의 야외 공간이 있다면 그곳도 말뚝으로 표시해서 실내와 실외를 동시에 살필 수 있게 한다.

　이 무렵엔 여러분이 머릿속에 생각하고 있던 그 집을 수정할 가능성이 크다. 거의 확실하다. 말뚝이 건물의 형태를 선명하게 보여주기 때문에 틀림없이 그때까지 생각지 못했던 어떤 미묘함을 알아차릴 것이다. 말뚝과 방이 진짜 집처럼 땅 위에 바로 자리를 잡고 있기 때문이다.

　여러분이 생각했던 이미지와 정확히 맞아떨어질 때까지 그리고 방들의 위치가 바로 여기다 싶을 때까지 한 걸음 이쪽으로, 한 걸음 저쪽으로 옮겨보며 말뚝의 위치를 조정해보라.

구석에 기둥들을 세우고 그 네 기둥이 만들어낸 틀 안에 보조기둥들을 가능한 한 똑같은 간격으로 세운다.

같은 층에 있는 기둥들은 간격이 대략 일정하겠지만 건물의 높이와 층에 따라서 보조기둥들은 간격이 달라진다. 떠받쳐야 할 무게가 모두 다르기 때문이다.

　그렇더라도 모든 기둥의 간격이 정확히 똑같지는 않을 것이다. 각 방은 조립식 자재로 짓지 않았기 때문에 벽의 길이가 똑같지 않고, 따라서 중간에 세우는 기둥은 자연스럽고 보기에 편안한 간격을 유지한다. 그 간격은 네 모서리에 있는 기둥들의 정확한 거리에 따라 달라진다.

기둥들을 테두리 보로 서로 연결한다.

그렇게 되면 이 보는 각 방의 위쪽 모서리가 된다. 이제 그 방들의 공간을 선명하게 그려볼 수 있을 것이다. 창틀의 위치도 잡을 수 있기 때문이다. 가장 중요한 것은 각 방 둘레에 아치형 천장을 올릴 토대가 될 인장링을 설치할 수 있게 됐다는 것이다.

알코브 주변의 보는 가장 낮게 만들고 보통 방의 보는 좀더 높게 만들고 공동으로 쓰는 방의 보는 가장 높게 만들어야 한다.

여기서부터 높이가 다양한 천장을 만들어내는 과정이 시작된다. 알코브의 보 높이는 1.5-1.7미터 정도만 되면 충분하다. 보통 방은 1.8-2미터, 가장 큰 방은 2.1-2.4미터, 혹은 2.7미터까지도 괜찮다. 보의 높이가 어느 정도든 아치형 천장의 중심은 테두리 보의 높이에서 0.3-0.6미터 더 높아야 한다. 반구의 지름에 따라 높이도 조정해야 할 것이다.

창틀과 문틀을 끼워보라.

여러분은 집을 구상할 때부터 이미 출입문과 창문을 어디쯤에 둘 것인지 대략 생각해놓았을 것이다.

이제 각 방의 틀이 완성되었으니 창문과 출입문의 정확한 위치를 정할 수 있다. 아무 나무나 사용해서 출입문과 창문의 실물크기 모형을 만들어 그것들이 방 내부와 외부 사이에서 완벽한 역할을 할 수 있을 때까지 위치를 조정해보라. 그런 방법으로 전망과 위치가 좋고 햇빛이 적당히 들어오고 출입문과 비교한 창턱과 창의 높이가 적절하고 보기 좋게 분할된 창문을 만들 수 있다.

이제 각 방 위의 아치형 천장의 기본 형태가 될 반구형 틀을 짜보자.

각 방은 형태에 상관없이 탄력이 있고 얇은 나무로 짠 단순한 볼트로 지붕을 만들 수 있다. 대략 0.3미터 간격으로 짜면 될 것이다. 이 틀은 방이 조금씩 달라도 똑같이 적용할 수 있다. 그리고 필요하다면 모서리가 둥근 방에도 적용할 수 있다.

다음에는 반구의 배belly 모양을 잡는다. 이것은 방에 필요한 천장의 높이만큼 잡으면 된다. 구조상 볼트 폭의 6분의 1 정도가 적당하다. 하지만 얼마든지 변화를 줄 수 있고 용도에 맞게 반구의 곡선을 수정할 수도 있다.

기둥과 창틀 사이의 벽을 채운다.

이 벽들은 단순하고 얇은 자재라면 어떤 것을 써도 상관없다. 타일, 나무판자, 속이 빈 벽돌, 가벼운 널빤지, 판재 등 기둥과 창틀 사이의 틈을 메울 수 있으면 족하다.

계단이 계획된 부분에 알맞게 들어가도록 반 볼트 구조를 만든다.

계단은 이 볼트 구조 위로 올려진다. 하나나 두 개 혹은 여러 개의 볼트형 아치 위에 계단이 생길 것이다. 이 아치들이 계단의 위치를 결정해준다.

바구니 모양으로 짠 볼트 위에 콘크리트를 붓고 벽에도 부어 굳힌다.

그것들을 천으로 덮어서 굳어지면, 경량 충전재 또는 초경량 콘크리트를 사용하여 2.5센티미터 두께의 볼트를 만든다. 그리고 동일한 물질을 사용해서 벽과 기둥 사이를 채운다. 그렇게 하면 이제 선불이 명실상부한 삼차원 공간이 될 것이다.

이제 똑같은 공정을 따라 2층을 지어보자.

네 모서리의 기둥 사이에 보조 기둥들을 세우는데, 이 기둥들은 볼트 위에 자리 잡게 된다. 볼트 위쪽은 충전재로 채워져 2층의 바닥을 구성한다.

바닥을 채우고 평평하게 만든다.

건물 밖에서 거푸집을 만든다. 볼트 위쪽에 콘크리트를 붓고 항아리나 병같이 콘크리트 안에서 버블을 만들 수 있는 것들을 채워 넣어 전체 강도는 유지하면서 무게는 줄일 수 있게 한다.

1층을 지을 때와 똑같이 2층을 짓고, 3층이 있으면 똑같은 과정을 반복한다.

건물 둘레로 테라스와 앉을 공간 그리고 발코니를 만든다.

그것들도 건물의 일부로 생각하되 한편으로는 땅의 일부로 생각해야 한다.

테라코타 타일을 그냥 땅에 깔고 그 사이에서 작은 식물들이 자라게 두라. 진흙이 타일들을 단단히 붙잡도록, 그러면서도 시간이 흘러 그 타일들을 다른 자리로 옮길 수 있도록, 가능한 한 진흙이 젖어 있을 때 타일을 진흙 위에 놓는다. 타일 사이에서는 화초들이 자랄 수 있는 공간을 둔다.

타일을 진흙 사이에 배치하면서 몇 달 후에 노란색, 자주색의 꽃을 볼 수 있게 사이사이에 꽃이 피는 식물을 몇 그루 심어보자.

각각의 출입문과 창문을 가능한 한 저렴한 것으로 만든다. 하지만 그 틀에 맞춰 형태를 짜고 면을 분할해야 한다.

지금까지 여러분이 따라온 창문틀과 출입문 틀의 배치 과정상 그 건물들의 뚫린 공간들은 제각기 크기가 다르다.

이것이 가장 중요한 점인데, 그렇다면 표준 치수로 제작된 출입문이나 창문은 쓸 수 없다는 말이다.

이제 못을 박아 간단한 문과 창문을 만든다. 단순한 모양의 널빤지를 못과 접착제로 연결하고, 창유리는 띠처럼 가느다란 나무로 분할한 다음 유리를 끼울 자리를 파서 마무리한다.

문의 테두리를 두른 널빤지 또는 강조하고 싶거나 화려하게 장식하고 싶은 곳에는 조각칼로 그림을 새기는 것도 좋다.

건물 바깥벽에 대는 목재에 단순한 소용돌이무늬를 새길 수도 있고, 신이나 하트 모양, 또는 점 모양을 새길 수도 있다. 나중에 건물이 거의 완성되면 칼로 파낸 자리에 벽토를 채워 넣는 것도 괜찮다.

벽을 흰색으로 칠하고 기둥은 그대로 드러나 보이게 둔다.

아치형 천장의 토대가 되면서 어느 방에서나 아래쪽에서 눈으로 확인할 수 있는 바구니 모양의 홈 사이사이에 모르타르를 바른다. 장식을 위해 조각칼로 파낸 자리에도 모르타르를 채워 넣는다. 장식용으로 도려낸 부분에도 모르타르를 채워 넣는다. 목재로 된 부분에는 기름칠을 하고 바닥에는 왁스칠을 한다.

방식

드디어 완성된 건물에서는 수백 수천 번 사용되었지만 적용할 때마다 매번 달라지는 똑같은 패턴들의 리듬이 살아날 것이다.

반복되는 패턴들에 기둥이나 기둥 간격, 아케이드, 창문, 현관, 지붕창, 지붕, 테라스만 있는 게 아니다. 이것들은 반복되는 패턴 중에서 다소 규모가 큰 것들이다. 그 외에도 몰딩, 타일, 빗물받이, 지붕의 홈통, 패널, 벽돌, 지붕의 모서리, 문지방, 장식들, 가늘고 긴 널빤지, 작은 정사각형, 작은 모퉁잇돌, 기둥머리, 기둥뿌리, 기둥에 새긴 고리, 가새, 버팀대 주변의 세세한 요소, 못대가리, 손잡이, 간격재처럼 드문드문 배치했지만 적재적소에 자리 잡고 우리 눈에 보이는 패턴들, 거의 규칙적인 불규칙의 리듬으로 건물을 마지막으로 완성하는 대단히 작은 패턴들도 있다.

바로 앞의 사진은 이런 공정을 따라 지은 건물이다.

앞 쪽의 사진은 모형 주택을 찍은 것이다. 스물일곱 명이 거주할 4층짜리 이 아파트 건물은 각 가정의 구성원들이 공동의 패턴 언어를 사용하여 함께 구상했다. 이제 이 건물은 앞에서 설명한 기둥과 보와 아치형 천장의 시스템을 이용하여 한 층 한 층 지을 것이다.

　투박하긴 하지만 이 모형만 봐도 건축 과정의 훈련이 구상의 자유로움과 상호작용을 하여 21장과 22장에서 보여준 실제 건물들보다 훨씬 더 무명의 그 특성에 근접한 건물을 지을 수 있음을 알 수 있다.

이런 식으로 지은 건물은 기계적으로 지은 건물보다 항상 조금 더 느슨하고 유동적이다.

문과 기둥, 창문, 선반, 벽에 사용된 패널, 천장, 테라스, 그리고 계단 난간은 건물 전체에서 각자가 차지하는 역할에 정확히 부응하는 형태를 띠고 있다. 전체와 완벽하게 조화를 이루는 것이다. 그렇기 때문에 그것들은 공장에서 나온 자재를 사용하여 기계로 지은 매끈한 집들보다 외형이 조금 거칠어 보이는 것도 사실이다.

하지만 건물이 아름답다는 것은 그것이 완전하다는 것이다.

핵심은 이것이다. (패턴에 의해 정해진) 각각의 과정은 선행 과정에 의해 만들어진 형태를 토대로 하여 그 안에서 적응한다. 기둥이 어디에 있건 볼트 틀을 짜는 과정을 따르면 그 기둥의 위치에 맞춰 천장의 형태가 만들어진다. 창의 테두리가 어디에 있건 창 만드는 과정을 따르면 창틀의 크기와 모양에 맞춰 창과 창유리가 결정된다.

건물을 완전하게 만드는 것은 바로 이런 과정이다.

전통사회의 수많은 건물들처럼 이런 건물에는 연필로 대충 그린 그림의 단순함이 배어 있다. 움직이고 있는 말, 몸을 굽히고 있는 여인처럼 전체를 단숨에 포착한 그림에는 대상의 본질과 느낌이 담겨 있다. 구성 요소들이 전체적인 리듬 안에서 자유롭기 때문이다.

지금 완성한 건물도 마찬가지이다. 이 건물은 다듬어지지 않은 것 같다. 하지만 느낌으로 가득 차 있고 온전함을 드러내고 있다.

그다음에는 이전에 지은 결과물을
보수하거나 확장하기 위해
몇 가지 건축 작업을 하게 되는데,
그 결과 단 한 번의 건축 행위로는 이룰 수 없는
더 크고 더 복잡한 전체가 천천히 모습을 드러낸다.

24

보 수 과 정

The Process
of
Repair

●

이제 우리는 한 번의 건축 작업이 어떻게 이루어지는지 알게 되었다. 그리하여 누구나 혼자 힘으로 건물을 구상할 수 있다는 것을 알게 되었다. 그뿐 아니라 어느 집단이나 구성원들이 함께 건물을 구상할 수 있다는 것도 알게 되었다. 땅위에 말뚝을 박는 데서 시작하는 건축 과정을 따른다면 통합적이고 유기적인 건물을 지을 수 있다는 것도 이해하게 되었다.

이제 우리는 여러 번의 건축 작업이 연속적으로 이루어지면서 더 통합적이고 더 복잡한 완전함이 창출되는 과정을 배우게 될 것이다. 그러기 위해서는 각 건축 작업이 이전의 건축 작업들이 이룬 질서에 기여해야 한다.

18장에 의하면 이론상 모든 건축 작업은 더 큰 맥락에서 볼 때 일종의 보수 작업이라 할 수 있다. 말하자면 건물군이나 한 마을처럼 더 큰 규모의 완전함을 만드는 과정의 일부이다.

하지만 지금까지 우리는 이런 성격을 상세하게 살펴볼 기회가 없었다. 19장부터 23장까지는 새로운 것을 만들어내는 개별적인 창조 행위에 집중했기 때문이다.

이제부터는 초점을 바꿔서 전체를 완성해가는 보수 작업이라는 관점으로 각각의 건축 행위를 살펴볼 것이다.

완벽한 건물은 없다.

어느 건물이든 처음에는 오랜 세월을 끄떡없이 버티는 완전한 구조물을 목표로 해서 짓는다.

하지만 우리의 예측은 항상 빗나간다. 처음 생각했던 용도와 다르게 그 건물을 사용하게 될 수도 있다. 규모가 클수록 이런 문제는 더 심각해진다.

머릿속에서 또는 대지에서 건물을 구상해보는 것은 실제로 건물을 세웠을 때 떠오를 느낌이나 건물 내에서의 활동들을 미리 체험해보고 그것과 조화되는 구조물을 짓기 위해서이다.

하지만 예측은 아무리 해도 예측일 뿐이다. 그 건물에서 일어나는 일들은 조금이라도 달라지게 마련이다. 그리고 건물이 클수록 예상과 어긋날 가능성이 크다.

따라서 건물은 거기에서 실제로 일어나는 사건들에 맞춰 끊임없이 고쳐가야 한다.

그리고 건물군, 동네, 도시의 규모가 클수록 수천 가지 작업을 통해 보완하는 작업을 꾸준히 해나가야 한다. 이때 하나하나의 작업은 다른 작업의 결과를 개선하고 빈틈을 메워나가야 한다.

예를 들어 집의 어떤 부분이 기대한 만큼 살아 있는 느낌을 주지 않는다고 해보자.

가령 내가 집을 살펴보다가 정원이 '반쯤 가려진 정원'의 역할을 제대로 못하고 있다는 것을 깨달았다고 하자. 집의 한쪽 면에 위치하고는 있지만 정원과 거리 사이에 충분한 보호막이 없기 때문이다. 이때는 일종의 담이 필요하다.

더 나아가 정원과 거리 사이에 세운 장벽을 보완할 결심을 하고 '도로에 면한 테라스'의 관점에서 정원을 살피다가 테라스가 빠져 있다는 것을 깨달았다고 하자. 그래서 그 틈을 메우기 위해 집 한쪽에 정원과 맞닿는 작은 벽돌 테라스를 짓기로 했다고 하자.

이처럼 지나치게 개방되어 있는 정원을 가리기 위해 어떤 식으로든 담을 짓기로 결심했다면, 당연히 이 존재하지 않는 담과 존재하지 않는 테라스를 어떻게 연결할 것인지를 고민하게 될 것이다.

간단히 말하면, 정원을 고칠 기회가 생겼을 때 나는 한 가지 건축 행위를 통해 결함이 있는 두 가지 패턴을 수정할 수 있다. 그리고 이때 하는 보수 작업은 단순한 '보수 작업'이 아니라 처음의 설계에서 생긴 빈틈 사이에 들어서는 새로운 설계이다.

다른 예로, 작은 실험실 건물을 지었다고 해보자.

거기에는 주방과 도서실, 실험실 네 개, 현관이 있다. 그런데 공간이 부족해서 다섯 번째 실험실을 지으려고 한다.

당장 최적의 장소를 찾으려고 하면 안 된다. 우선 현재의 건물에서 무엇이 잘못되어 있는지를 보아야 한다. 빈 깡통을 모아두는 통행로가 있다. 아름다운 나무가 한 그루 있지만 왠지 아무도 그것을 이용하지 않는다. 실험실 넷 중 하나는 항상 비어 있다. 특별히 잘못된 점도 없는데 이상하게 아무도 거기에 가지를 않는 것이다. 현관 주변에는 편하게 앉을 공간이 없다. 건물의 한쪽 모퉁이에서는 땅이 조금씩 깎여나가고 있다.

이제 문제가 있는 이런 곳들을 살펴보고 이를 해결하는 방식으로 다섯 번째 실험실을 짓기로 한다. 물론, 그 실험실 자체도 기능에 부합해야 한다.

그런 식으로 지었을 때 실험실 건물의 구성 요소들이 얼마나 풍성하고 다양해질지 짐작할 수 있겠는가?

다섯 번째 실험실은 다른 실험실들과 다른 독특함을 갖게 될 것이다. 하지만 그것은 신비하거나 아름답거나 예술적으로 지으려고 애를 쓰기 때문이 아니다. 오히려 실용적으로 짓기 때문에 그런 독특함이 가장 확실하게 드러나는 것이다. 가로세로 각각 6.1미터짜리 작은 실험실을 지으면서 이런 여러 가지 문제점들을 일시에 해결하는 것이 얼마나 어려운지 알고 있는가?

그것이 불가능한 것은 아니다. 하지만 그러기 위해서는 여기를 늘려보고 저기를 늘려보고, 밖의 나무를 더 효과적으로 활용하기 위해 특별히 그쪽에 창을 내보고, 빈 깡통이 쌓여 있어 사람들이 별로 다니지 않는 통행로를 활성화하기 위해 그 통행로를 나무 주위로 끌어와 보고, 현관 주변에 사람들이 기분 좋게 앉아 있을 수 있도록 적당한 자리에 문을 내야 할 것이다.

이 소규모 증축 작업을 통해 풍부함과 독특함이 생겼다면 그 이유는 가장 단순하고 실용적인 접근법을 사용했기 때문이다. 현재 건물의 결점에 집중하고 그것을 보완하는 데 최선을 다하면 그런 소득은 저절로 얻어진다.

공간의 한 부분을 세분화하는 건축 작업 뒤에는 다른 작업이 이어져야 한다. 그리고 이어지는 작업은 그 공간이 더욱 완전해지도록 심화시켜야 한다.

이런 과정은 자연의 세계에서 흔히 볼 수 있다. 그리고 이런 과정 덕분에 자연의 각 부분들이 항상 완전한 것이다.

나무에 달린 잎들을 생각해보자. 얼핏 보면 나뭇잎들만 형태가 있는 자연의 일부이고 나뭇잎 사이는 단순한 빈 공간 같다. 하지만 그 빈 공간도 나뭇잎과 마찬가지로 자연의 일부이다. 나뭇잎들 못지않게 엄연히 형태를 갖추고 있는 것이다. 그 형태 또한 나뭇잎들처럼 거기에 작용하는 어떤 영향력으로 인해 결정된다.

나뭇잎 하나하나의 형태는 영양분을 얻으려는 성향과 부피의 증가 그리고 나뭇잎 안의 수액의 흐름에 따라 결정된다. 마찬가지로 두 나뭇잎 사이의 공간도 분명히 그 형태를 결정하는 요소가 된다. 나뭇잎들이 너무 가까이 붙어 있으면 그 사이의 공간은 나뭇잎에 필요한 햇빛을 제대로 전달하지 못한다. 그리고 나뭇잎들이 호흡할 수 있는 공기도 부족할 수 있다. 반면 나뭇잎들이 너무 떨어져 있으면 나뭇가지에 달린 잎들의 분포가 비효율적이어서 나무가 햇빛을 충분히 흡수하지 못할 것이다. 우리가 어떤 부분을 보든 그것은 자체로 완전할 뿐 아니라 더 큰 완전한 것의 일부이기도 하고, 완전한 것들로 둘러싸여 있으며, 완전한 요소들로 구성되어 있다.

바로 이것이 자연계가 굴러가는 근원적인 방식이다. 그리고 자연계는 이 모든 요소들이 서로 빈틈을 메우고 보완하며 지속적으로 분화하는 과정을 통해 유지된다.

방식

어떤 건물이 처음 지어졌을 때, 구성 요소들 사이의 틈은 메워지지 않은 채 방치되는 경우가 많다.

오늘날 우리가 살고 있는 세상에서 건물이나 도시의 공간 중 절반 정도는 사람들이 머물기 위해 만든 공간들 '사이에' 존재한다.

두 집 사이의 좁고 어두운 공간, 손길이 닿지 않는 부엌 구석, 철길과 바로 옆 공장 사이의 공간, 이런 곳들은 말 그대로 잊히고 버려진 공간들이다.

그런데 의도적으로 빈 공간으로 남겨둔 장소는 이보다 훨씬 많다. 차들이 주차되어 있는 도로, 주차장, 긴 복도, 대기실, 집 현관에서 거리에 이르는 길, 창고, 계단 아래의 벽장, 욕실, 창문이 없는 현관 복도들을 생각해보라. 이 모든 공간들은 삶의 순간순간 임시로 잠깐 거치는 곳이라는 잘못된 생각으로 만들어졌다. 정말로 의미 있게 사용하는 공간들 사이에서 애매하게 자리를 차지하고 있는 간이역으로 치부한 것이다.

하지만 이런 틈새는 양쪽의 중요한 공간 못지않게 완전한 공간이 되도록 고치고 보완해야 한다.

완전한 마을이나 완전한 건물에는 그런 빈 공간이 없다. 또한 진정으로 활기 넘치는 삶에서도 그런 무익한 순간은 없다. 참다운 삶에는 다른 시간들 '사이'에 끼어 있거나 '삶의 외부'에 있는 순간은 존재하지 않는다. 매순간이 충만하기 때문이다. 어느 선승禪僧은 이렇게 말했다. "내가 먹을 때 나는 먹는다. 내가 마실 때 나는 마신다. 내가 걸을 때 나는 걷는다." 살아 있는 건물이나 살아 있는 동네도 이와 마찬가지이다.

살아 있는 건물이나 동네 그리고 충만한 삶을 뒷받침하는 건물이나 동네에는 삶의 순간들 사이에 끼어 있는 간이역 같은 장소가 없다. 어느 장소건 그곳은 사람들이 삶의 향기를 충분히 만끽하도록 만들어져 있다. 손바닥만 한 공간이라도 가치 있게 쓰이고, 진정한 삶을 살아가는 사람의 어떤 순간에 배경이 되어줄 수 있다. 그렇기 때문에 모든 장소가 완전하고, 완전한 두 장소 사이에 있는 공간도 완전하다.

'보수 과정'을 통해 완전한 장소들 사이의 틈이 메워짐에 따라 그 구조는 모든 면에서 서서히 온전해지고 완벽해진다.

여기서 말하는 보수는 흔히 쓰이는 보수의 개념보다 훨씬 광범위하다.

보통 뭔가를 '보수'한다고 하면 그것을 원래의 상태로 되돌리는 것으로 생각한다. 이런 종류의 보수는 원래의 상태에서 변화가 일어나지 않도록 오류를 수정하는 것이다.

하지만 여기서 말하는 '보수'는 모든 구성 요소가 끊임없이 변한다는 것을 전제로 한다. 그래서 항상 현 상태의 결함을 새로운 상태를 정의하기 위한 출발점으로 생각한다.

이 새로운 의미에서 보면 뭔가를 보수한다는 것은 그것의 모양을 바꾸는 것이고, 새로운 형태의 완전함을 만들어내는 것이며, 전체적인 완전함이 보수로 인해 또 다른 완전함이 된다는 뜻이다.

이런 점에서 볼 때, 보수라는 개념은 창의적이고 역동적이며 열려 있다.

그것은 현재의 완전함에서 부족한 부분에 관심을 갖고 그것을 보완함으로써 끊임없이 새로운 완전함을 창조하는 방향으로 나아간다는 것을 전제로 한다. 보수 작업 하나하나가 좀더 크고 오래된 완전함을 보수하는 것은 사실이다. 하지만 이때의 보수는 뭔가를 고치는 것뿐 아니라 부족한 점을 보완하고 형태를 바꾸고, 뭔가 다르면서 완전히 새로운 것을 만드는 것이다.

이런 틀 안에서 우리는 완전함을 만들어내는 일련의 작업 과정을 새로운 관점에서 바라보게 된다.

넓게 보면 어떤 상황에 있건 인생의 각 단계에는 그 순간에만 해당하는 특별한 완전함이 있다. 그리고 새로 진행하는 각각의 건축 작업이 전체적인 완전함을 더욱 완전하고 생기 있게 만드는 방향으로 간다면, 그것은 기존의 완전함을 변화시키며 서서히 새로운 완전함을 낳는 행위라고 할 수 있다.

이런 의미에서 볼 때, '보수'라는 개념은 건물에서 과거의 결함을 고치는 동시에 이 세상을 창조하거나 재창조하는 방법을 가르쳐준다. 수많은 건축 행위들은 그 과정에서 서로 협력하면서 매순간 완전하고 살아 있는 건물을 생성한다. 그러면서도 늘 보수라는 과정을 거치면서 더 새로운 완전함에 자리를 내주고, 이 완전함 또한 다음 단계의 보수 과정에서 또 다른 모습으로 바뀌어 간다.

이것을 명확하게 이해하기 위해, 세월의 흐름에 따라 점점 성장하는 건물군을 떠올려보자.

한 단계씩, 건물 전체의 성장에 기여하는 개별 건축 작업은 이미 존재하는 건물을 보수하거나 치유하는 역할을 하기도 한다.

구체적으로 시간이 지남에 따라 점점 성장하는 주택군cluster of houses을 생각해보자.

어느 집이나 처음에는 소박하게 부엌과 한쪽에 놓인 침실 알코브 그리고 부엌 조리대에서 시작한다.

모두 합해 봐야 처음에는 27.8-46.4평방미터에 불과하다.

그러다가 처음 몇 년 동안은 해마다 9.3-18.6평방미터씩 늘려간다.

처음에는 아마 침실을 하나 늘릴 것이고, 나중에 침실을 하나 더 늘릴 것이다. 그다음에는 서재를 짓고 정원 테라스, 널따란 욕실, 아케이드와 현관, 작업실, 커다란 벽난로가 있는 더 넓은 거실, 그리고 정원 창고까지 새로 만들 것이다.

    그러는 동안 공동의 공간도 지어진다. 길가에 가로수를 심고, 아담한 정자도 만들고, 공동의 실외공간도 만든다. 길을 포장하고 실내 주차장, 공동 작업장, 작은 분수대나 수영장도 만들 것이다.

건물들이 이느 정도 성숙 단계에 이르면 세세한 요소들도 추가된다.

벤치, 앉을 수 있는 낮은 담, 현관 위의 지붕, 위층 테라스의 난간, 옥상으로 올라가는 계단, 물고기가 있는 연못, 퇴창, 옆문, 텃밭, 붙박이 책장, 나무 주변에 놓은 정원 테이블 등이 여기에 속한다.

동시에 그 부근의 집들은 그 주택군의 특성이 될 더 큰 패턴들을 만들어내기 시작한다.

개인들은 이런 작업을 이웃과 함께한다. 처음에는 한쪽에 있는 이웃과 다음에는 반대쪽에 있는 이웃과 그런 다음에는 두 집 사이에 있는 공간을 아름답게 만들기 위해 함께 노력한다. 물론, 처음에는 양쪽 집 창문이 마주보고 있거나 한쪽 집이 다른 쪽 집 정원의 햇빛을 가리는 것처럼 눈에 띄는 문제부터 해결한다. 하지만 세분화된 패턴들에 따라 좀더 미묘한 문제들도 해결한다. 예를 들어 몇 명의 주민이 자신들 집의 입구를 아담한 공원을 향해 내기로 했다고 하자. 그곳에는 나무가 한 그루 있고 앉을 자리가 있고 햇볕이 잘 든다. 그리고 각자 집의 입구에서 그 공원이 보인다고 하자. 그래서 그들은 '수목이 있는 곳' '옥외좌석' 그리고 '공공 옥외실' 패턴을 도입하기로 한다.

예를 들면, 통행로의 형태는 어떻게 보면 방처럼 하나의 공간이어야 한다. 그저 지나다니는 곳이 아니라 부분적으로 뭔가에 둘러싸여 있고, 중간 영역이 있어 그곳에 있는 사람들이 편안함을 느낄 수 있어야 한다는 것이다. 집단의 구성원들은 이 패턴을 이용하여 자신들의 집 밖에 있는 통행로에 앉을 자리를 만드는 식으로 그 형태를 보완한다. 그리고 그 패턴은 집과 통행로 사이의 담 형태에도 어느 정도 영향을 미친다.

'도로에 면한 테라스' 패턴에 따르면 각 집에는 거실 가까운 곳에 조용하고 아늑한 테라스가 있어야 한다. 단 그곳에서 거리를 바라볼 수 있어 길 건너 사람들에게 손을 흔들거나 안부 인사를 할 수 있으면서도 집안의 풍경은 노출시키지 않아야 한다. 집집마다 이런 테라스가 있어야 하고, 이런 테라스들로 통행로를 살아 있게 만드는 방식은 그 길의 양쪽에 사는 사람들과 의논하고 보완해야 한다.

시간이 흐름에 따라 전체적으로 정돈 작업이 치밀하게 진행되면서 기존의 빈틈들은 없어진다. 각 부분도 완전해지고, 부분들 사이에 놓인 부분들도 완전해진다.

보수 과정

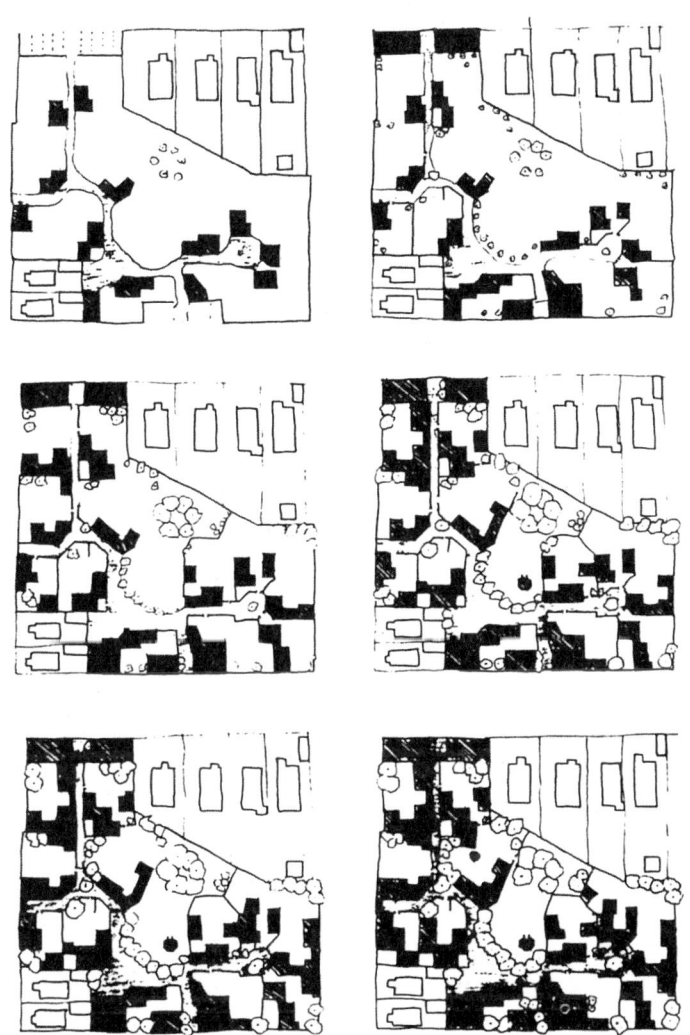

오랜 기간에 걸친 열두 집의 성장

집 한 채를 두고 보자면, 집을 둘러싼 정원의 역할이 명확하다. 집 건물과 정원 사이의 경계도 명확하다. 담의 두께도 적당하다. 테라스와 정원 사이에서 울타리 구실을 하는 담도 명확하다. 앉을 자리도 있다. 건물 내부의 벽들(선반, 벽감 등)도 장소 역할을 한다. 집 안에서 각 방은 물론 하나의 장소이다. 하지만 그러기 위해서 각 방은 두 방향에 창이 나 있어야 한다. 그렇게 되면 평면상에서 볼 때 방들의 배치가 특이해질 수 있다. 한편 방 사이에 있는 공간도 모두 하나의 장소이다. 건축의 차원에서 보더라도 마찬가지 사실을 알 수 있다. 방은 기둥이 네 구석을 표시해준다. 그런데 기둥 하나하나도 분명히 통합적인 요소라는 것을 알 수 있다. 벽과 떨어져 따로 서 있는 기둥들도 그 주변에 장소를 갖고 있다. 기둥 자체도 그 기둥과 다른 요소가 만나는 지점이 다시 또 하나의 요소가 되는 방식으로 만들어진다. 기둥과 밑동이 그렇다.

이처럼 소소한 작업을 여러 번 거쳐 조금씩 증축되는 집들은 개별적인 형태를 갖추면서 동시에 집단적인 형태에도 기여한다.

벤치가 놓임으로써 테라스가 만들어진다. 새로 침실을 더 들임으로써 정원을 이웃으로부터 가릴 수 있다. 작은 통행로를 포장함으로써 '입구의 전이공간'이라는 패턴에 충실해지고, 동시에 흙이 빗물에 침식되지 않게 외곽선이 견고해진다. 새로 증축되는 부분들은 집 밖의 공유지를 형성하는 데 도움을 준다. 가로수를 심은 길은 공유지에 공원의 역할을 더한다. 주차장은 차를 보호할 뿐 아니라 주택군으로 안내하는 입구 역할도 한다.

소규모의 보수 작업 하나하나는 공간을 늘릴 뿐 아니라 그곳에 필요한 더 큰 패턴을 형성하는 데도 기여한다.

그리고 그런 개별적인 작업이 자연스럽게 쌓여감으로써 마침내 그 주택군이 공유하는 특성이 서서히 드러난다. 개별적인 건축 작업은 그 작업 자체의 의미도 있지만 주택군 전체를 좀더 완전하게 만드는 역할도 하는 것이다.

19장에서 우리는 유기적인 통일체는 오직 세분화 방식을 통해서만 창조될 수 있다고 배웠다.

오직 세분화 방식이라고 한 것은, 그것만이 전체 안에서 구성 요소들을 명확히 나타내고 자연의 특성을 구현할 수 있기 때문이다. 그리고 오직 그 방식을 통해서만이 각 구성 요소가 전체에서 차지하는 위치에 맞게 독자적인 형태를 갖추기 때문이다.

이제 우리는 유기적인 통일체라는 똑같은 결과를 낳지만 필요할 때마다 조금씩 행해지는 2차 보완 과정이 있다는 것을 알게 되었다.

어떤 장소가 성장할 때 그리고 거기에 2차 작업으로 뭔가가 더해지며 서서히 형태를 갖추고 더 큰 패턴을 형성하게 될 때도 그 장소는 각 단계에서 여전히 완전하다. 다만 이런 경우에는 실제로 구체적인 물질의 집성이 일어나기 때문에 3차원적인 전체 형태의 크기는 계속 변한다.

단순한 세분화 과정과 마찬가지로 이 보수 과정도 완전한 상태에 이를 수 있다. 즉 구성 요소들이 모두 제 역할에 맞는 형태를 갖춘 상태에 이룰 수 있다.

하지만 이 과정에서 발생하는 효과는 훨씬 더 강력하다. 보수 과정은 더 규모가 크고 더 복잡한 건물들의 집단을 만들 수 있기 때문이다.

그리고 무엇보다 이 과정은 틈새가 메워지고 어긋난 것들이 서서히 바로잡히면서 어떤 실수도 남기지 않으므로, 그 전체는 마침내 더할 나위 없이 부드러워지고 편안해져서 마치 영겁의 세월 동안 그 자리에 똑같은 모습으로 있었던 것처럼 보일 것이다. 그리고 시간이 흘러도 불안정한 구석이 전혀 없이 편안하게 누워 있을 것이다.

마침내 공동의 언어라는 틀 안에서
수백만 번의 개별 건축 작업이 협력하여
살아 있는 마을을 만들어낸다.
통솔하는 사람은 없지만 뜻밖에도
온전하게 살아 있는 마을이 생겨나는 것이다.
이것이 바로 무에서 유가 생겨나듯
무명의 특성이 서서히 떠오르는 과정이다.

25

천천히 드러나는 도시

The Slow Emergence of A Town

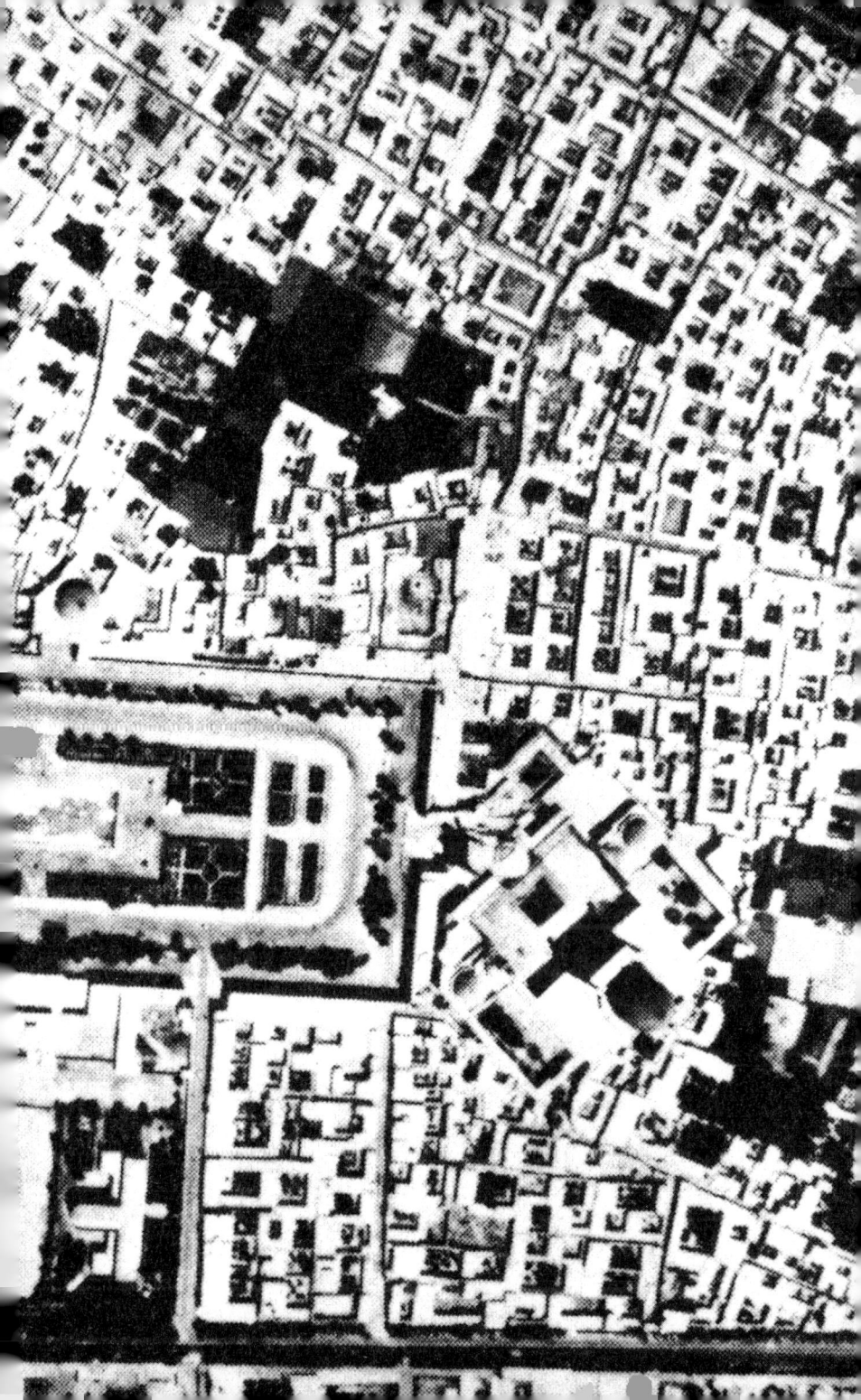

●

마지막으로 도시를 건설할 단계에 왔다.

    지금까지 우리는 공동의 패턴 언어를 이용한 수십 가지 건축 작업이 점차 완전함을 낳을 수 있다는 것을 알게 되었다. 그리고 완전함을 규정하는 데 필요한 더 큰 규모의 패턴이 개별적인 작업의 유기적인 결합을 통해 조금씩 창조되는 과정도 이해했다.

    이제 우리는 이와 똑같은 과정을 도시 단위로 확장할 수도 있다는 것을 배울 것이다.

마침내 우리는 가장 심오하고 가장 원대한 근본 원리를 대면하고 있다. 즉 어떤 도시라도 조금씩 이루어지는 추가 작업을 통해 그 질서를 창조할 수 있다는 사실이다.

먼저 알아두어야 할 사실은 도시 정도의 광범위한 시스템에는 항상 근본적인 문제가 있다는 것이다.

한 사람의 생각이나 한 집단의 생각들이 함께 건물을 구상할 때 그들은 자연스럽게 그것을 완전한 하나로 인식한다. 그리고 그 구성 요소들은 전체를 떠받치면서도 자체적으로 완전해지는 방식으로 제 자리를 잡는다.

 하지만 도시는 한 사람의 생각대로 성장하는 것도 아니고 어떤 한 집단 구성원들의 생각대로 성장하는 것도 아니다. 하나의 도시는 수백만 곱하기 수백만 번의 건축 작업을 통해 만들어진다. 그런 도시가 온전하고 질서정연한 공간이 된다고 어떻게 보장할 수 있을까? 그 안에서 수백만 곱하기 수백만의 건축 작업이 개별적으로 이루어지는데 말이다.

문제는 구성 요소들의 자연스러운 상호작용만으로 과연 그 구조가 드러날 수 있을 것인가이다.

같은 지역에 있는 사람들이 각자 원하는 것을 원하는 대로 짓더라도 그 도시가 별 문제 없이 완전한 질서를 이룰 수 있을까?

아니면 보이지 않는 손이 나서서 어떤 청사진이나 종합계획에 따라 총괄을 해야 하는 걸까?

모종의 통제력 또는 전체주의적인 체제가 개별적인 건축 작업을 규제하고 그것들을 더 큰 규모의 계획에 따르도록 강제해야 하는 것일까?

총체적 관점으로 살펴보기 위해 이 문제를 생물학의 초창기에 제기됐던 "생명체는 어떻게 형태를 갖추게 되는가?"라는 질문과 비교해봐야 할 것 같다.

예를 들어 우리 손을 생각해보자. 손을 앞으로 내밀어보라. 이 복잡한 형태, 그리고 뼈와 근육, 손가락, 손톱, 관절, 주름, 섬세한 곡선으로 이루어진 이 정교한 구조가 아무런 청사진이나 종합계획 없이 생겨났다는 것을 알고 있는가? 성장 방향을 알려주는 어떤 규칙에 따라 개별 세포들이 상호작용을 하면서 협력하여 이 손을 만들었다는 것을 진심으로 이해하고 있는가?

다른 예를 들어보자. 창밖을 내다보니 꽃피는 관목들이 몇 평방미터 펼쳐져 있다. 한두 그루는 키가 크고 나머지 키 작은 나무들은 그것을 둘러싸듯 모여 있으며, 그 아래에서는 풀이 자라고 있다. 이런 관목 숲에서 잎 하나하나, 그 아래 있는 흙알갱이, 작은 나뭇가지, 꽃잎, 잎 위에 앉아 있는 곤충들, 잎 사이의 빈 공간들(그 공간에서 낮은 곳에 있는 나뭇잎들은 하늘을 향해 펼쳐져 있다.)까지 자세히 들여다본다면, 이것들을 창조한 보이지 않는 설계자가 있다고 믿어야 할까?

처음에 생물학자들은 보이지 않는 설계자가 분명히 있을 것이라고 믿었다.

그들은 이런 기적은 그것을 주재하는 존재 없이는 일어날 리가 없으며, 그래서 세포들의 배열 위치를 알려주는 조물주가 있을 거라고 생각한 것이다. 심지어 17세기까지도 어떤 생물학자들은 사람들의 모든 세포에는 보이지 않을 정도로 미세한 인간이 들어 있어 그것이 자라서 나중에 정상적인 사람이 된다고 믿었다.

하지만 이제 모든 생명체는 순전히 세포들의 상호작용으로 만들어지며, 유전자 코드가 이 과정을 관할한다는 것이 과학적으로 명확하게 밝혀졌다.

얼핏 기적 같아 보이는 이런 현상들은 신이 조종하는 것이 아니라 정교하게 작동하는 구성 요소들의 협력 때문이라는 사실이 과학계의 여러 실험으로 밝혀졌다. 즉 유전자 코드에 담긴 지시사항에 따라 무수한 세포들이 정확하게 상호작용을 할 뿐이라는 것이다. 그리하여 세부적인 모습은 예측할 수 없지만 어떤 종種인지는 알아볼 수 있도록 개별적으로 완전한 존재를 창조하는 것이다.

이 원리는 도시를 만드는 과정에도 고스란히 적용된다.

과거에는 도시란 어떤 한 사람이 종합적인 계획, 즉 청사진을 구상하여 건설하는 것으로 여겼다. 위에서 질서를 잡아주지 않으면 도시가 무질서해질 것 같았기 때문이다. 그래서 전통사회에 남아 있는 아름다운 도시와 마을은 아무런 종합계획 없이 지어졌다는 명백한 증거가 있음에도 사람들은 잘못된 믿음 때문에 자유를 포기하며 살아왔다.

하지만 생물학에서처럼 도시는 청사진이나 종합계획을 따를 때보다 공동의 언어를 매개로 개별적인 건축 작업이 상호작용을 할 때 훨씬 더 신오하고 섬세한 구조를 이룬다. 그리고 실제로 여러분 자신의 손처럼, 혹은 내 방에서 창밖으로 보이는 숲처럼 도시는 요소들을 구성하는 법칙들이 상호작용을 할 때 가장 멋진 형태로 나타난다.

상호작용하는 법칙들이 어떤 방식을 통해 도시를 생성하는지 좀더 자세히 살펴보자.

가장 핵심적인 사실은 패턴들이 단 한 번에 완전한 형태로 생성되는 것이 아니라 소소한 작업들이 오랫동안 행해진 후에 그 결과로서 좀더 큰 패턴들이 나타난다는 것이다. 그리고 이런 소소한 작업들이 충분히 여러 번 반복된다면 그 자체가 패턴을 창조하는 힘을 갖게 된다.

매일 일어나는 미세한 변화의 최종 단계로 더 큰 패턴이 생겨나는 현상은 생명체의 성장에서 흔히 볼 수 있다.

어느 순간이든 성장하는 생명체에게 성장의 '끝'이나 최종 '목적'이라는 것은 의미가 없다. 단지 그 생명체를 현 상태에서 그다음 단계의 미세한 성장으로 이끄는 변화의 과정이 있을 뿐이다. 그다음에는 그와 똑같은 과정이 되풀이되고, 그다음에도 그 과정이 멈추지 않고 천천히 계속되면서 필요한 패턴들이 생겨난다. 어떤 정해진 계획에 따르는 것이 아니라 점진적인 변형이 연속되어 그 결과물로서 패턴이 생겨나는 것이다.

자세히 보면, 이런 현상은 화학적인 영역에서 호르몬이 작용함으로써 일어난다. 이러한 작용은 다양한 지점에서 성장을 촉진하기도 하고 방해하기도 한다. 그리고 이러한 서로 다른 과정을 통해 생명체는 전체적으로 서서히 성장한다. 매 순간 이런 영역의 상태에 따라 미세한 성장이 일어나는데, 이는 어떤 규칙에 따라 기존의 구조를 알아보기 힘들 정도로 아주 조금 변화시키는 과정이다.

성장이 일어나는 동안 화학적 영역도 변화하여 '똑같은' 규칙으로 유도되는 '똑같은' 변형이 시시각각 미세하게 다른 효과를 일으킨다. 화학적 영역은 생명체에게 현재의 균형 상태가 어느 정도인지 알려주고, 그에 따라 어느 쪽으로 변형할 것인지를 안내한다. 그리고 변형이 반복되면서 생명체는 패턴의 완성을 향해 나아간다. 하지만 완성된 패턴이란 작은 변형이 연속적으로 일어난 결과일 뿐이다.

이런 과정이 도시에서도 똑같이 일어나야 한다.

다만 이 경우에는 성장 규칙이 담긴 더 큰 규모의 패턴들에 대한 주민들의 인식이 '화학적 영역'을 대신할 것이다. 그들이 더 큰 규모의 패턴들에 대해 동의했다면, 그다음에는 이 패턴들에 대한 지식과 범위를 활용할 수 있다. 그리하여 더 작은 패턴들을 발전시키고 조합하는 방향을 잡을 수 있다.

세월이 흐름에 따라 소규모의 연속적인 변형은 서서히 더 큰 규모의 패턴을 만들어낸다. 하지만 이런 규모의 패턴이 최종적으로 그 도시의 어디에 어떻게 적용될 것인지 정확히 아는 사람은 한 명도 없다.

다음은 이런 과정을 따라 '손가락 모양의 도시와 농촌' 같은 광대한 패턴이 생성되는 과정이다.

사실 도시와 시골을 구분하는 경계선은 항상 불규칙한 곡선으로 되어 있다. 만일 관청에서 지역사회에 어떤 유인책을 써서 외곽을 향해 내민 부분들은 성장하게 하고, 외곽에서 도심으로 파고들어온 부분의 바깥쪽은 더 이상 성장하지 못하도록 하며, 심지어는 안으로 내민 부분 근처의 건물들을 철거하고 트인 공간을 재창조하게 한다면 어떻게 될까?

이런 유인책으로 인해 외곽 쪽으로 내민 곡선은 점차 성장하여 도시 영역이 전진하는 형태가 될 것이다. 반면 밋밋하던 곡선 부분은 그 상태를 유지하거나 오히려 도심 안쪽으로 더 후퇴하여 농촌 영역이 밀고 들어오는 형태가 될 것이다.

물론, 한 달 동안 실제로 일어나는 변화는 미미하다. 하지만 중요한 것은 그게 아니다. 이런 성장 과정의 영향을 받아 느리지만 확실하게 '손가락 모양의 도시와 농촌'이라는 패턴이 생겨난다는 것이다.

방식

이보다 조금 작은 규모이긴 하지만 똑같은 과정을 통해 '산책로'라는 패턴을 만들어낼 수 있다.

예를 들어 아이스크림 가게가 있는 한쪽 모퉁이와 저녁이면 사람들이 모이는 모퉁이 사이에 '보행자 도로'와 '산책로'의 초기 상태가 존재한다고 해보자.

지역 주민들은 두 지점 사이에 사는 이웃에게 그 길에서 차량 통행을 금지하면 좋겠다는 것과 그로 인해 선명해지는 산책로를 따라 새로운 공동체 활동이 자리 잡기를 바란다는 의견을 분명히 밝힌다.

그런 다음 주민들은 '산책로'가 서서히 만들어지도록 최선의 방법을 체계화한다. 이렇게 하는 이유는 더 큰 공동체가 가지고 있는 이익을 나눠가질 수 있기 때문이다.

예를 들어 어떤 주민이 '산책로'가 생성된 공간에 작은 '스포츠 활동' 패턴을 포함한 '관문' 패턴이 만들어질 수 있다는 것을 알게 되었다고 하자. 그러면 그들은 산책로를 만들기 위해 그 구역으로 안내하는 관문을 지나고 탁구 등의 운동을 하는 장소도 지나는 길을 만든다. 이처럼 여러 이웃들이 개별적으로 노력하는 과정을 거치며 '산책로'는 점차 눈에 띄는 패턴으로 떠오른다.

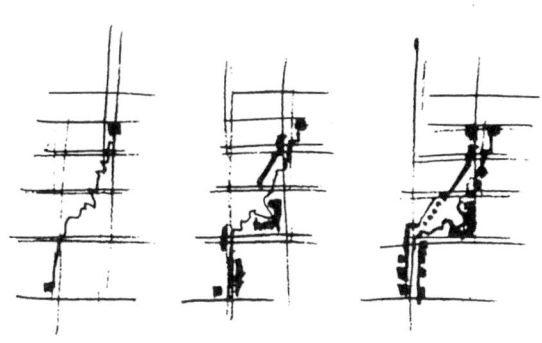

한 동네에서도 이와 똑같은 과정을 통해 패턴이 만들어질 수 있다.

동네에서 중요한 역할을 하는 두 가지 패턴 '주관문'과 '차와 보도의 네트워크'를 살펴보자.

    동네에서 몇 개의 주택군과 작업 커뮤니티 그리고 단독주택 소유자들이 이런 패턴들을 조금씩 천천히 만들어내도록 유인책을 쓴다.

    첫 해에 어느 주택군에 살고 있는 사람들이 집 뒤의 울타리를 헐면서 도로에서 시작되는 작은 길이 생겨난다. 그 작은 길은 두 주택군를 연결하며 다른 도로를 향해 뻗어간다. 이듬해에 다른 주택군에서 자신들의 공유지를 새로 생긴 길과 연결한다. 이것 또한 그 공동체에 필요한 더 큰 패턴들을 만들어내는 것이 자신들에게도 이익이 된다는 것을 알고, 그 동네가 제공하는 유인책에 영향을 받아 반응한 것이다.

방식

몇 년 뒤에, 동네의 경계 부근에 사는 사람들은 동네의 입구 역할을 할 만한 건물 두 채를 세워 그 사이의 길을 동네와 연결시킨다. 그리고 서서히 드러나는 '보도와 자동차의 네트워크' 패턴과 그 입구를 연결시킨다. 이런 작업 하나가 '주관문' 패턴을 완성시키는 것은 아니다. 하지만 두 건물을 세워 길의 폭을 좁힌 자리는 분명히 대문 역할을 암시한다. 그리고 다른 소소한 작업들이 이어져 동네의 입구를 완성할 것이다. 한편 동네 사람들이 도로가에 건물 두 채를 세운 것은 그 장소의 도로를 좁히면 그 지역에 필요한 '주관문' 패턴이 점차 생성되리라는 것을 알고 있기 때문이다.

그러한 과정에는 항상 큰 집단과 작은 집단으로 이루어진 집단이 필요하다.

그렇다면 이 과정들은 24장에서 다룬 단독주택들과 주택군의 예와 똑같다. 다른 점은 규모가 더 커졌다는 것뿐이다. 각 주택은 개별적인 작업을 통해 주택군에 필요한 더 큰 패턴을 만들어낸다. 그리고 동네에서는 규모가 더 클 뿐 똑같은 과정이 일어난다. 주택군들은 그 과정을 함께 거치면서 그 동네에 필요한 패턴들을 만들어낸다. 그리고 여러 동네들은 그 지구에 필요한 패턴들을 함께 만들어낸다. 그리고 여러 지구는 그 도시에 필요한 패턴들을 함께 만들어낸다.

그러므로 이런 과정을 통해 한 도시의 전체 구조가 완성되려면 그 도시 내의 집단과 영역이 계층을 이루고 있어야 하며 각자 고유의 패턴을 갖고 있어야 한다.

가장 낮은 단계에서 보면 개인은 각자의 공간을 갖고 있다. 그러므로 그 공간의 패턴들을 자신의 상황에 맞게 만들어낼 책임이 있다.

두 번째 단계에서 볼 때 한 가정은 그들의 땅과 공동의 공간을 갖고 있다. 이는 한 직장의 구성원들도 마찬가지다. 한 가족과 직장의 구성원들은 각자 공동의 공간에 필요한 더 큰 패턴을 만들어낼 책임이 있다.

세 번째 단계는 몇 가정이 모인 주택군 또는 여러 일터가 모인 단지이다. 이들은 합법적 주체(이는 법적으로 규정된 집단이란 뜻이다.)이며, 자신들의 땅(가족들이 다 함께 사용하지만 어느 한 사람이 독점하지는 않는 땅)을 가지고 있고 거기에 필요한 패턴을 만들어낼 책임이 있다.

네 번째 단계는 몇 개의 주택군으로 이루어진 동네로, 마찬가지로 명확하고 법적으로 구성된 인적 집단이다. 이들도 지역 도로, 지역 공원, 지역 유치원 등 공동으로 사용하는 땅을 갖고 있으나 각각의 주택군에 포함되는 공유지는 여기에 속하지 않는다. 주민들은 한 집단으로서 그들이 공동으로 사용하는 영역의 패턴들을 만들어낼 책임이 있다.

다음 단계는 몇 개의 동네로 이루어진 지구(역시 명확하고 합법적인 주체)로서 이들은 더 넓은 도로, 더 큰 공공건물 등 공동으로 사용하는 땅을 가지고 있다. 이들 또한 지역 전체를 유지하는 데 필요한 모든 패턴들을 만들어낼 책임이 있다.

마지막으로 도시 단계에 이르면, 거기에도 공동의 땅을 소유하는 법적 주체가 있다. 오늘날과 마찬가지로 모든 도로와 모든 공원을 소유하는 것이 아니라 누구나 실제로 사용하는 도로나 공원만 소유하는 것이다. 도시는 가장 규모가 큰 단계이며 따라서 가장 큰 공동영역에 필요한 가장 큰 패턴들을 만들어낼 책임이 있다.

그리고 작은 작업들이 모여 더 큰 패턴이 생겨나려면, 각 집단은 다음 단계의 더 큰 집단이 그곳에 필요한 큰 패턴들을 만들어내는 것을 도와야 한다.

그래서 어떤 사람이 자기 방을 만든다면 그에게는 자신의 방을 포함하고 있는 집이나 일터의 더 큰 패턴을 만들어내야 한다는 구체적인 동기도 함께 주어진다. 그런 식으로 해서 '중심부의 공공구역' '자기만의 방' '친밀도의 변화' '건물의 가장자리' '정연한 외부공간' '건물의 채광' 같은 패턴들이 점차 드러나게 된다.

그리고 한 가족이 그 집을 짓거나 고칠 때 그들은 그 주택군의 구체적인 유인 요소 때문에 사방의 주변 환경을 개선해야 하는 책임을 지게 된다. 그런 식으로 주택군에 필요한 의무에 따라 '복합 건물' '동선의 문제' '반쯤 가려진 정원' '소규모 주차장' '가려진 주차장' '출입구의 동질성' 등의 패턴이 서서히 떠오른다.

각 주택군이 전체 형태를 고치거나 계속 지어감에 따라 동네에는 큰 패턴이 생겨난다. 즉, '근린의 경계' '주관문' '녹지도로' '연못과 개울' '어린이의 집' '골목길' '가내작업장' '분산된 일터' '조용한 후면' 같은 더 큰 패턴들이 생겨나는 것이다. 동네에서는 이러한 소규모 건축이 더 큰 패턴을 낳는 데 기여하도록 재정 지원을 하거나 다른 유인책을 쓸 수도 있다.

마찬가지로 더 규모가 큰 지구에서도 훨씬 더 큰 패턴들을 만들어 내는 데 기여하는 동네들에 경제적 지원도 해주고 인가도 내준다. 더 큰 패턴들이란 '접근이 용이한 녹지' '평행도로' '산책로' '상점가' '하위문화의 모자이크' '하위문화의 경계' '분산된 일터' '성지' '성역' '건강센터' 등을 말한다. '중심에서 벗어난 도심' '밀도 동심원' 같은 더 규모가 큰의 패턴도 여러 동네의 자발적 협조에 의해 천천히 나타난다.

가장 규모가 큰 단계인 도시도 다음과 같은 가장 큰 패턴들이 나타나는 방향으로 여러 지구가 내부구조를 변경하도록 유인책을 내놓을 수 있다. '교통망' '환상도로' '손가락 모양의 도시와 농촌' '지구 교통구역' '농업 골짜기' '물가로의 접근' '성지' 등.

이런 환경에서는 분명히 각 단계마다 필요한 패턴이 나타날 것이다.

작은 패턴들은 개인들의 작업을 통해서 직접 만들어지고 그 과정은 반복된다. 그보다 더 큰 패턴들은 작은 패턴들이 반복되고 쌓임으로써 간접적으로 생성된다.

하지만 그 패턴이 정확히 어디에서 나타날지는 절대 알 수 없다.

주어진 장소에서 패턴이 정확히 어떤 형태로 나타날 것인지도 알 수 없다. 미리 알 수 있는 것은 패턴이 대략 어떤 형태를 갖추게 될 것인가이다.

하지만 그것이 완성 단계로 성장할 때까지 우리는 정확한 형태나 정확한 규모, 세부적인 특징은 알 수 없다. 패턴의 형태는 오직 성장과정에서 드러나고, 주변 환경들의 세세한 부분들에 맞춰서 정확한 형태를 결정하는 것은 성장 그 자체이기 때문이다.

이런 점에서 패턴이 완성되는 과정은 떡갈나무가 자연스럽게 성장해가는 과정과 비슷하다.

어느 떡갈나무든 최종적인 형태는 미리 예측할 수 없다.

떡갈나무에는 나뭇가지 하나하나가 어디로 어떻게 뻗어가야 할지를 알려주는 청사진이나 종합계획이 없다.

떡갈나무는 떡갈나무에 해당하는 패턴 언어(유전자 코드)에 따라 성장하기 때문에 대략적인 형태는 정해져 있지만 세부적인 형태는 예측할 수 없다. 작은 단계마다 이 패턴 언어와 외부의 힘과 조건(비, 바람, 태양, 땅의 성질, 다른 나무들과 관목들의 위치, 나뭇가지에 달린 잎들의 밀집도)이 상호작용하여 나무의 형태를 결정하기 때문이다.

완전한 도시도 떡갈나무와 마찬가지로 예측이 불가능하다.

도시의 세부적인 형태도 미리 알 수가 없다. 공동의 패턴 언어를 통해 그 도시의 대략적인 형태를 짐작할 수는 있지만 세부적인 형태는 예측할 수 없다. 또한 어떤 계획에 따라 도시가 성장하게 만드는 것도 불가능하다. 이처럼 도시의 최종 형태가 미리 정해지지 않았기 때문에 개별적인 건축 작업은 그때마다 만나는 주위 환경의 힘에 자유롭게 맞출 수 있다.

어떤 도시의 주민들은 그곳에 넓은 보행자 도로가 생길 거라고 짐작할 수도 있다. 그렇게 예측하게 하는 패턴이 있기 때문이다. 하지만 그 보행로가 정확히 어디에 생길지는 그것이 정말 생길 때까지 알 수 없다. 그 보행로는 소소한 관련 행위들이 쌓이다가 그것이 만들어질 기회가 생긴 곳에 만들어진다. 마침내 보행로가 만들어질 때, 그 형태는 부분적으로는 우호적인 사건들에 의해 정해진다. 우호적인 사건들이란 사람들이 다소 개인적인 사정으로 그 보행로를 만드는 데 기여하는 것을 말한다. 이런 사건들이 어디에서 일어날 것인지 미리 아는 방법은 전혀 없다.

이 과정은 모든 형태의 생명과 마찬가지로 독자적으로 살아 있는 질서를 낳는다.

거의 무작위로 일어나는 개별적인 작은 행위들은 이런 과정을 통해 걸러지고 방향이 잡힌다. 그리하여 아무리 혼돈의 결과물이라 할지라도 그 행위들이 창조한 것들에는 질서가 생긴다.

이 과정은 강제로 질서를 부여하는 것도 아니고 설계도나 조립을 통해 질서를 부여하는 것도 아니다. 다만 주위를 둘러싼 환경에서 질서를 이끌어낼 뿐이다. 조화를 이루도록 내버려두는 것이다.

그런데도 계획된 방식을 통해 이룰 수 있는 어떤 질서보다 훨씬 더 훌륭한 질서가 생겨난다.

이런 과정을 통해 만들어진 도시의 질서는 다른 질서와는 비교할 수 없을 정도로 복잡하다. 그것은 어떤 결정으로 만들어지는 질서가 아

니다. 미리 설계할 수도 없고 평면도에 그려 예측할 수도 없기 때문이다. 그것은 수백, 수천 명이 삶과 내면의 힘을 펼치며 만들어낸 살아 숨 쉬는 증거이다.

이런 과정을 통해 마침내 완전함이 서서히 부상한다.

그리고 완전함이 부상하면서 세월이 흘러도
영원히 변치 않을 특성, 영원한 건축법에
이름을 부여하는 그 특성이 나타날 것이다.
이 특성은 형태학상의 구체적인 특성이며,
정확하고 정교해서 살아 있는 건물이나
도시에는 언제나 이 특성이 내재되어 있다.
그것은 무명의 특성이 물리적인 형태로
건물들에 구현된 것이라 할 수 있다.

26

세월이 흐러도 변치 않는 특성

Its Ageless Character

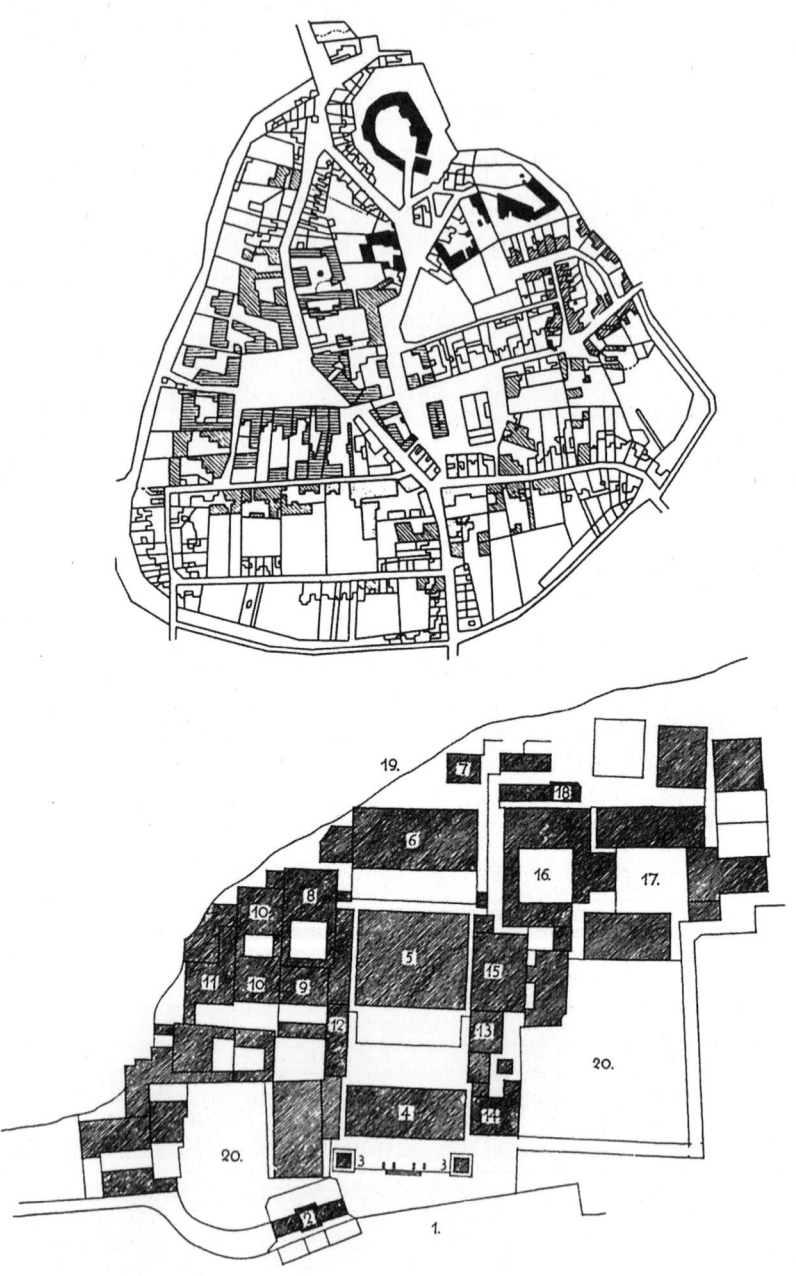

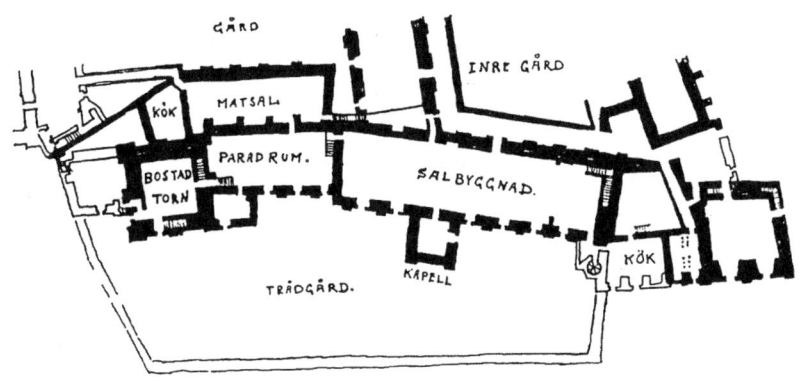

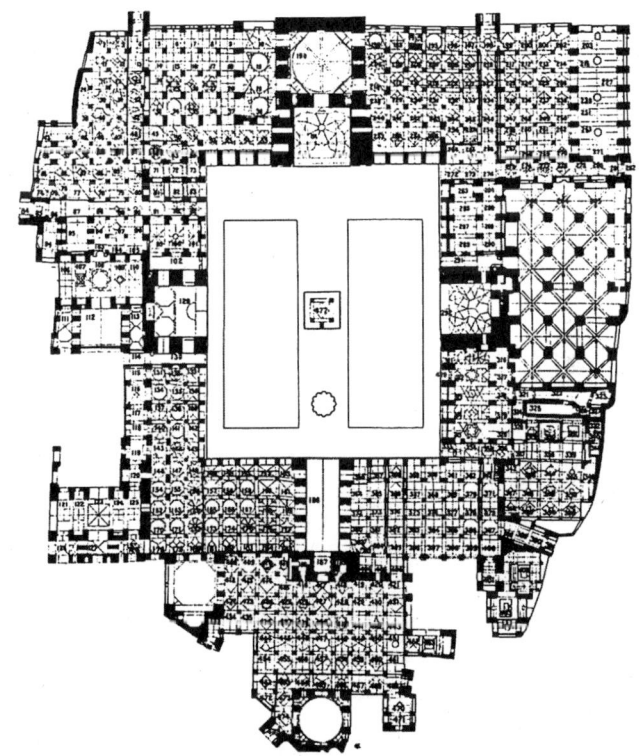

내가 이 책에서 설명한 건축법에 따라 건물을 짓는다면 그 건물은 천천히 그리고 자연스럽게 어떤 특성을 띠게 될 것이다.

그것은 시간을 초월한 특성timeless character이다.

다음의 두 건물 평면도를 보라. 사람들이 패턴 언어를 가지고 지은 이 건물들은 로마의 건물일 수도 있고, 페르시아의 건물일 수도 있고, 모헨조다로니 중세 러시아, 아이슬란드, 아프리카의 건물일 수도 있다. 500년이 되었을 수도 있고 5,000년이 되었을 수도 있고 혹은 지금으로부터 5,000년 후에 지어질 건물일 수도 있다.

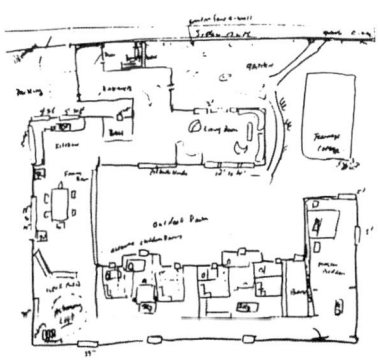

싫든 좋든 자신들이 뭘 하고 있는지도 모르고 그것의 중요성도 모르지만, 사람들은 지금도 현대식 건물들보다 사라진 문화나 지나간 역사 속의 건물과 도시를 훨씬 더 많이 따르고 있다.

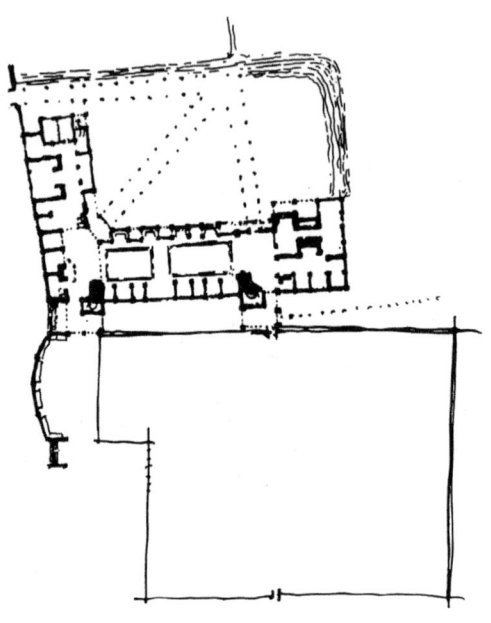

간단히 말하면 패턴 언어는 단지 우리가 짓는 건물을 현실에 뿌리내리게 하지만은 않는다. 또한 사람들의 욕구를 확실히 충족시켜 주고, 그들 내면에 있는 힘들과 조화를 이루게 하는 데 그치지도 않는다. 패턴 언어는 건물의 외관에도 뚜렷한 영향을 준다.

이것을 자세히 설명하기 위해 두 가지 형태를 예로 들어보겠다.

세상의 모든 건물을 두 부류로 구분한다고 생각해보자. 한 부류는 전 세계의 전통 사회에서 수천 년 동안 지어진 전통 건물들이고, 다른 한 부류는 최근 100년 동안 산업적인 관점에서 전체주의적인 기술을 이용해 지어진 건물들이다.

첫 번째 부류에 속한 건물과 도시들은 그 형태가 무한할 정도로 다양하다. 벽돌집, 초가집, 아치형 석재 천장, 목재 골조, 이엉지붕, 통나무집, 자연석을 쌓아 만든 벽, 돌기둥, 뾰족 지붕, 평지붕, 아치형 창, 사각형 창, 벽돌, 나무, 돌, 흰색, 파란색, 밤색, 노란색, 좁은 길, 넓은 길, 개방형 주택지구, 폐쇄형 마당 등. 하지만 두 번째 부류와 비교할 때 이 건물들은 공통점이 있다.

그것은 형태학상의 특성이다. 그리고 시대를 초월한 이 방식으로 건물의 구조를 짠다면 그 건물들은 항상 이런 독특한 특성을 갖게 된다.

우선 이런 특성이 눈에 띄는 이유는 그 안에 내재된 패턴들 때문이다.

낮은 건물들, 위층으로 연결된 외부 계단, 공동으로 사용하는 긴 식탁, 크고 눈에 잘 띄는 박공지붕이나 둥근 지붕, 또는 테라스로 이용되는 옥상, 적어도 두 방향에서 햇빛이 들어오는 방, 꽃을 볼 수 있을 뿐 아니라 냄새를 맡고 만져볼 수도 있는 정원, 잔잔하게 물이 흐르는 연못, 건물 가장자리를 따라 설치된 아케이드, 건물과 정원 사이에 있는 현관, 공동으로 사용하면서도 외부의 시선을 가리기 위해 건물 가장자리를 따라 설치한 아케이드와 현관이 있는 작은 마당, 평지보다 높이 지은 발코니, 방이나 그 밖의 모퉁이에 서 있는 기둥, 방의 프라이버시 정도에 따라 높이가 다른 천장들, 거실의 가장자리를 따라 자리 잡은 작은 알코브들, 장미나 담쟁이덩굴로 덮인 트렐리스, 가족의 삶을 보여주고 방을 풍요롭게 채워주는 물건과 장식품이 걸린 벽, 다른 사회의 방해를 받지 않고 자기 방식으로 살아갈 수 있도록 안정적으로 보호되는 공동체.

이 부류의 특성은 더 무수한 세분화에 있다.

현대 사회의 건물들과 비교할 때, 전통적인 건물들에는 훨씬 더 많은 다양성이 있고 더 많은 세부 요소가 있다. 구성 요소들 사이에서도 내부의 차이점들을 더 많이 찾아볼 수 있다.

전통적인 건물들은 방의 크기도 다양하고, 문의 폭도 다양하며, 건물에서 차지하는 위치에 따라 기둥의 굵기도 다르다. 또한 장소에 따라 다른 장식품이 쓰이고, 층이 올라갈수록 창의 크기도 달라진다.

작은 방에는 더 넓은 방을 향해 문이 나 있다. 통로가 만나는 장소에는 작은 공간들이 생긴다. 기둥과 보가 만나는 곳에는 연결 부위가 확장된다. 창문의 크기에 따라서 그것을 분할하는 목재의 종류도 비율에 맞춰 달라진다.

대부분의 방들이 직사각형이긴 하지만 둥그스름한 사각형도 있고 타원형 같은 사각형도 있고 애매한 다각형 모양도 있다. 두 장소가 맞닿은 자리는 그 자체가 하나의 공간이 된다. 그것들은 두께가 있고 울퉁불퉁하다는 특성이 있다. 두 공간 사이가 단순한 평면만은 절대 아니다. 각 공간 사이에는 빈 공간이 있고 통로 옆에도 공간이 있다. 벽 근처에서 이런 공간이 많이 나타난다. 굽은 선이나 면은 드물지만 강조하는 지점에서는 곡선이나 곡면이 나타나기도 한다. 기둥은 두껍고 가끔은 여러 개가 함께 모여 있다. 좁은 길은 약간 휘어 있을 때가 많고 도로는 보통 살짝 굽으면서 좁아진다. 간단히 말하면 전통적인 건물의 특성은 구성 요소의 변화가 많고, 그것이 더 세분화된다는 것이다.

하지만 두드러진 특성은 무엇보다도 '질서'와 '무질서' 사이의 독특한 균형이다.

이 특성이 내재한 건물에서는 직선과 곡선이 완벽한 균형을 이룬다. 직각과 직각이 아닌 각 사이에도, 균등한 간격과 불균등한 간격 사이에도 완벽한 균형이 있다. 그 건물들이 부정확해서가 아니라 더 정확하기 때문이다.

어떤 부분들이 유사한 것은 그 부분들을 만들어내는 힘이 항상 비슷하기 때문이다. 하지만 이런 유사성에도 약간의 투박함과 불규칙함이 나타나는 이유는 그 힘들이 절대 똑같지는 않기 때문이다.

완전한 직선이 아니라 직선에 가까운 선을 긋는 이유는 한 공간의 경계는 항상 안팎 양쪽의 공간을 살려둬야 하기 때문이다. 커브가 있는 벽은 그 바깥쪽에 오목한 공간을 만드는데, 이것은 공간을 망칠 가능성이 크다. 하지만 직선으로 된 벽이 완전한 직선이 아닌 이유는 완벽한 직선일 필요가 없기 때문이다.

둥근 직각의 형태를 띠는 것은 방이나 바깥 테두리가 예각이면 불안하기 때문이다. 하지만 그 직각도 완벽한 직각이 아니다. 그럴 필요가 없기 때문이다.

느낌이라는 측면에서 볼 때, 그 특성은 정확함과 자유로움 그리고 나른함으로 드러난다. 이런 성질들은 남자든 여자든 마음속에서 자유로움을 느끼는 곳이라면 어디서나 일어나는 현상이다.

예를 들면, 투박한 테이블에 놓인 컵과 물잔 몇 개, 방금 정원에서 꺾어 테이블에 꽂아놓은 꽃 한 다발, 낡은 피아노에서 흘러나오는 선율, 길모퉁이에서 놀고 있는 아이들을 보면 그런 특성을 느낄 수 있다.

이 특성을 구현하는 것이 항상 복잡한 것은 아니다. 하지만 항상 단순한 것도 아니다.

처음 이 특성을 구현하려는 학생들은 대부분 머리를 쥐어짜며 복잡한 것을 만들어낸다. 하지만 그런 방식은 그 특성의 진정한 성질과 반대되는 것이다. 어떤 장소가 이런 특성을 지니기 위해 반드시 수백 가지의 좁은 모퉁이나 이상한 구석들이 있어야 하는 것은 아니다. 때로는 완전히 규칙적인 형태에서 그 특성이 드러날 수도 있다.

그 특성은 각 부분이 본래의 제 역할을 하며 완전함을 이룰 때 드러난다.

벽에 난 구멍에 끼워 넣은 조립식 창문을 생각해보자. 그것은 건물의 한 요소이자 단위이지만, 벽에서 곧바로 제거할 수 있다. 이것은 말 그대로 사실이고 느낌상으로도 사실이다. 벽의 구조에 아무런 해를 끼치지 않고 그 창문을 들어낼 수 있는 것이다. 또한 머릿속에서도 그 창문은 주변의 구조를 조금도 어지럽히지 않고 제거할 수 있다.

이것을 다른 종류의 창문과 비교해보자. 창 밖에 기둥 두 개가 창가 자리의 일부를 이루고 있다. 이 기둥들은 창문의 일부이면서 동시에 창 바깥에 경계가 분명치 않은 공간을 만든다. 햇빛이 부딪혀 반사되기도 하고 방 안으로 비치기도 하는 깊은 창틀을 생각해보자. 창문이 형태를 갖추는 데 도움을 주는 이 창틀도 방의 일부이다. 그리고 등받이가 창턱의 일부가 된 창문 아래 놓인 의자를 생각해보자. 단순히 등받이가 창턱에 기댄 것이 아니라 창턱과 이어져 있는 의자 말이다.

이런 창문은 벽에서 쉽게 들어낼 수가 없다. 주변 패턴과 일체되어 있기 때문이다. 그 자체로 뚜렷한 요소이면서 동시에 주변의 일부가 되어 있다는 것이다. 창문과 주변 구성 요소들과의 경계선은 흐릿한데, 이 경계선은 다른 경계선들과 겹치면서 이 특정 지점에서 세상의 연속성을 더욱 증가시킨다.

이 특성은 세상의 일부가 치유되는 곳에서는 항상 나타난다.

세상 모든 것은 부분들로 이루어져 있지만 그 부분들이 서로 겹치고 맞물려 있기 때문에 눈에 띄는 것은 그렇게 하나가 된 상태이다. 부분들 사이에는 어떤 빈틈도 없다. 각 빈틈도 그 자체로 한 부분이기 때문이다. 그리고 전체 구조에서 각 단계 사이에는 어떤 구분도 뚜렷이 나타나지 않는다. 어느 정도까지는 각 부분들이 더 작은 단위들과 연속적이고 통합적으로 이어져 있기 때문이다. 마찬가지로 그 작은 단위들도 서로 경계선이 겹치면서 더 큰 단위들과 연속적으로 이어지기 때문에 그것만 따로 제거할 수가 없다.

그러므로 이 특성은 우리를 둘러싼 환경에서 건강과 생명의 가장 근원적인 표시이다.

개인, 가족, 정원, 나무, 숲, 벽, 부엌 조리대 등의 차원에서 각 부분은 완전함을 낳는 방식에 따라 저마다의 자리에서 완전해진다. 자신이 포함된 더 큰 완전함과 조화를 이루는 동시에 자신이 포함하고 있는 더 작은 완전함과도 조화를 이루기 때문이다.

그러면 세상은 균열된 곳이 전혀 없이 하나가 된다. 각 부분은 더 큰 완전함과 더 작은 완전함의 일부가 되기 때문에, 세상에는 연속된 질서가 존재하고, 그로 인해 경계가 없어진 부분들이 하나로 통합된다.

외견상 이 특성은 과거의 건물들을 떠올리게 한다.

이 장의 앞에 실린 유적지 평면도에서 이 특성을 찾을 수 있다. 거기에는 모두 이런 내면의 편안함이 있다. 또한 질서와 무질서 사이의 균형이 있다. 건물이나 땅에서 필요한 곳이면 어디든 살짝 허물어진 듯한 부드러운 사각형이 있다. 또한 좁은 공간과 트인 공간의 미묘한 균형도 있다. 각 부분이 안팎에서 나름의 적절한 형태를 갖췄을 때 생기는 일체감도 있다. 그것들은 모두 약간 산만해 보이고 외형이 단순하지만, 한층 더 빈틈없는 질서로 탁월함을 드러내고 우리에게는 평화로움을 준다.

어떻게 생각하면 이런 부드러운 특성은 그저 기계를 사용하지 않고 형식에 얽매이지 않고 오랜 시간에 걸쳐 지어졌기 때문에 생겨난 것 같다. 하지만 그건 아니다. 건물에 이 특성이 나타나는 것은 역사 때문도 아니고 그것을 만드는 과정이 구식이어서도 아니다. 이 특성이 나타나는 것은 건물들이 심오하기 때문이며, 건물들을 구성하는 각 부분들이 주변 환경과 완전히 하나가 되는 과정을 거치기 때문이다. 이 과정을 거치는 동안 자아는 모두 사라지고 필요성에 대한 온화한 신념만 남는다.

하지만 이 특성은 먼 옛날의 방식을 동경한다고 해서 만들어낼 수 있

는 것이 아니다.

살아 있는 패턴 언어를 사용하는 사람이 그러하듯 우리가 우리를 둘러싸고 있는 힘을 이해하고 이런 힘들에 부응하여 건물을 지을 때, 그 건물은 현대의 건물보다 옛날의 건물과 비슷해지는 것이다.

얼핏 보면 옛날의 마을이나 도시의 특성들이 우연히 얻어진 것 같지만, 알고 보면 그것은 우리가 살고 있는 세계에서 가장 근본적인 물리적 특성이다.

그것은 내부의 힘을 올바른 방식으로 반영하는 건물들의 특성이다.

정육면체나 원, 구, 나선형, 사각형의 단순한 형태로 지어진 오늘날의 현란한 건물들. 이런 형태들은 정해진 양식樣式을 추구하는 유치하고 고지식한 태도에서 나온 것들이다. 우리가 이런 양식들이 건물에 꼭 필요한 질서라고 생각하게 된 건 그렇게 생각하도록 배워왔기 때문이다. 하지만 그것은 잘못된 생각이다.

어떤 건물이나 도시에 적절한 양식은 건물들이 내부의 힘에 정확히 부응할 때 만들어지고, 그럴 때 훨씬 더 풍부하고 복잡한 형태가 나온다. 하지만 풍부하고 복잡하기만 한 것이 아니라 아주 독특하기도 하다. 그리고 건물이 제대로 지어졌다면 어떤 환경에서든 그 양식은 저절로 드러난다. 살아 있는 건물을 지었다면 그 건물은 항상 이 독특한 특성을 갖게 된다. 삶과 모순 없이 조화를 이루는 것은 오직 이 특성뿐이기 때문이다.

내가 처음 이 특성을 지닌 건물을 짓기 시작했을 때 나는 그 특성에 매혹됐다.

처음엔 본성이 보수적인 내가 무의식적으로 과거의 건물들을 되살리게 될까 봐 두려웠다.

그런데 그 당시 읽은 중국의 오래된 화법서 『개자원화전芥子園畵傳』의 한 대목이 상황을 명료하게 정리해 주었다.

그 책의 저자는 그림 그리는 방법을 연구하는 과정에서 역사상 수천 명의 화가가 스스로 찾아낸 비결을 자신은 어떻게 찾아냈는지를 설명한다. 그는 그림에 대해 더 많이 알게 될수록 그림의 기술은 본질적으로 한 가지라는 것을 깨닫게 되었다고 주장한다. 그리고 그 방식은 그림의 본질과 맞닿아 있고 진지한 태도로 그림을 그리는 사람이라면 누구나 발견할 수밖에 없기 때문에 수도 없이 반복해서 발견되고 재발견될 거라고 한다. 스타일이라는 개념은 무의미한 것이다. 우리가 (어떤 사람 또는 어떤 시대의) 스타일이라고 보는 것은 그림의 핵심에 있는 비밀에 가 닿으려는 개별적인 시도에 불과하다. 그 비밀은 도道를 통해 제시될 뿐 뭐라고 이름붙일 수는 없는 것이다.

건물이나 도시에 대해 배워갈수록 나는 그 원리가 이 분야에서도 통한다는 것을 절실히 느끼게 되었다. 역사상 수많은 건축물의 스타일에는 어떤 공통점이 있었다. 단지 오래되었다는 것이 아니라 사람들이 건축의 핵심이 되는 그 비밀에 계속 접근했다는 것이다. 사실 건물을 훌륭하게 만드는 원칙은 단순하고 직접적이다. 그것은 인간의 본성을 따르고 자연의 법칙을 따른다는 것이다. 그리고 이런 법칙들을 꿰뚫어본 사람들은 누구나 이 위대한 전통에 점점 더 가까워진다. 그 전통 안에서 사람들은 지금까지 똑같은 것을 추구하고 항상 같은 결론에 도달했다.

그것은 만물의 근저에 있는 똑같은 형태가 결국에는 드러나기 때문이다. 영원한 건축법은 정말로 영원한 것이다.

건물을 살아 있게 만드는 법을 더 많이 배워갈수록, 그래서 건물의 본질에 더 가깝게 짓는 법을 배워갈수록, 우리는 필연적으로 시간을 초월한 이 특성에 접근하게 된다.

 이 특성을 지닌 건물의 형태는 그동안 건축의 핵심에 접근한 사람들이 공통적으로 발견한 것들이다. 공동체 구성원들이 공동의 패턴 언어를 사용하여 건축 작업을 진행하면 할수록 그 건물들은 사회가 존재한 이후부터 늘 건축의 일부였던 형태이자 시대를 초월한 본질적인 형태에 더 가깝게 창조되고 재창조될 것이다.

강이나 나무, 언덕, 불꽃, 별의 특성이 자연의 일부이듯이 시간을 초월한 건물의 특성도 자연의 일부이다.

 자연계를 이루는 각 부류의 현상은 각자 형태상의 특징이 있다. 별에는 별만의 성질이 있다. 바다에는 바다의 성질이 있다. 강에는 강의 성질이 있다. 산에는 산의 성질이 있다. 숲에는 숲의 성질이 있다. 나무와 꽃과 벌레에게도 모두 그들만의 성질이 있다. 그리고 건물이 올바르게 지어질 때 그래서 내면의 모든 힘에 부응할 때, 건물에도 항상 그것들만의 독특한 성질이 생길 것이다. 그것이 바로 시대를 초월한 방식이 만들어내는 성질이다.

 그것이 바로 무명의 그 특성이 건물과 도시에서 물리적으로 구현된 것이다.

하지만
시간을 초월한 그 방식은
완결되지 않고
무명의 그 특성을
완벽하게 실현하지도
않을 것이다.
그것은 우리가
그 관문을 떠날 때에야
가능하다.

영원한 방식의 핵심

THE KERNEL OF THE WAY

사실, 이 영원한 특성은 결국 패턴 언어와
아무 관련이 없다. 언어, 그리고 언어에서 비롯된
방식들은 처음부터 우리 안에 있는 근원적인
질서를 이끌어낼 뿐이다. 언어와 방식은 우리에게
새로운 것을 알려주지 않는다. 우리가 이미 알고 있는 것,
그리고 훗날 우리가 거듭 발견하게 될 것을 상기시킬
뿐이다. 그때가 되면 우리는 머릿속의 관념과
의견을 버리고 우리 내면에서 떠오르는 것을 정확히
실행에 옮길 것이다.

27

영원한 방식의 핵심

The Kernel
of
The Way

●

지금까지 읽은 내용으로 보면 건물의 생명, 즉 살아 있는 건물에서 나타나는 시간을 초월한 특성은 패턴 언어를 쓰기만 하면 생기는 것 같다. 살아 있는 언어를 사용하기만 하면 건축 작업의 결과물에서 자연스럽게 그런 생명력이 나타날 거라고 말이다. 그리고 그런 언어를 사용하기만 하면 도시도 생명력을 갖게 될 거라고 말이다.

하지만 이런 의문이 든다. 정말 그렇게 간단한 일일까? 어떤 방식을 따르기만 하면 자연의 심장을 휘젓는 무명의 특성을 만들어낼 수 있을까? 그렇게 강력한 이론이 있을 수 있을까?

이런 의문이 생기는 것은 당연하다. 그런데 영원의 방식의 중심에는 가장 중요한 원칙이 있다. 지금까지 내가 설명하지 않은 가장 중요한 교훈이다.

핵심을 요약하면 이렇다. 살아 있는 건물을 지으려면 자아를 버려야 한다는 것이다.

예를 들어 파란색 타일, 흰색 분수, 아케이드 아래에 튼 새 둥지, 노란색 페인트, 금방 닦은 목제품을 떠올려보라.

지붕 가장자리 장식, 출입구 근처의 관목들 사이에서 핀 붉은 꽃,

쿠션이 쌓여 있는 넓은 창문, 어린 모종이 자라고 있는 화분, 벽에 걸린 빗자루, 하늘을 향해 높이 솟은 뾰족탑, 햇빛이 머무는 아치형 천장, 건물 가장자리에 자리잡은 알코브 안의 깊은 그늘.

이런 장소들의 아름다움, 우리에게 감동을 주는 그곳의 특성, 그것을 살아 있게 만드는 것은 무엇보다도 무심함과 순수함이다.

이런 순수함은 우리가 자신을 온전히 잊어버릴 때만 나온다.

현대의 유명 건축가들이 만든 거대한 강철과 유리 그리고 콘크리트 건물들에 이런 특성이 없다는 것은 말할 것도 없다.

물론, 대형 개발업체들이 대규모로 개발한 주택들에도 이런 특성이 없다.

심지어는 그보다 더 '자연스럽다'고 하는 프랭크 로이드 라이트 Frank Lloyd Wright나 알바 알토 Alvar Aalto 같은 건축가들도 이런 특성에 도달하지 못했다고 할 수 있다. 또한 투박한 레드우드 외관으로 된 '펑키'하고 느슨한 히피 스타일의 건축, 그리고 옛날 시골풍의 내부 장식도 이런 특성과는 거리가 멀다.

이런 건물들은 외부의 시선을 의식하고 지은 것이기 때문에 순수하지 않고, 그래서 무명의 특성을 지니지 못한다. 그런 건물을 지은 이유는 세상 사람들에게 뭔가를 전달하고 어떤 이미지를 보여주고 싶어서이다. 자연스러워 보이게 지었더라도 그 자연스러움은 계산된 것이다. 그래서 결국 허위에 불과하다.

내가 무조건 현시대를 거부하고 과거의 전통만 추구하고 있다고 생각하는가? 그렇다면 분명히 20세기에 만들어졌으면서도 이런 순수

함을 간직하고 있는 곳 두 군데를 예로 들어보겠다.

하나는 여기서 멀지 않는 시골의 길가에 서 있는 과일 판매대이다. 그것은 골함석과 베니어판으로 된 단순한 선반이다. 거기에는 과일을 안전하게 보관하려는 것 외에 다른 어떤 의도도 없다.

다른 하나는 북해에서 고기를 잡는 소형 어선의 갑판이다. 디젤엔진을 장착한 단순한 고기잡이배인데 길이도 12.2미터 정도밖에 되지 않을 것이다. 덴마크 출신의 삼형제는 그 배를 타고 고기를 잡으러 다닌다. 한쪽 구석에는 항상 빈 맥주병들이 산더미처럼 쌓여 있는데 높이가 0.9-1.2미터는 족히 될 것이다. 그들은 바다에 나가 있는 동안 그리고 부두에 있는 동안 틈만 나면 맥주를 마시기 때문이다.

이 두 장소에는 무명의 특성이 발현되는 데 필요한 순수함과 무아성egolessness이 있다. 이유가 무엇일까? 그것은 과일 판매대와 갑판을 만든 사람들이 남들이 그것을 어떻게 생각하든 상관하지 않기 때문이다. 이 말은 반항적이라는 뜻이 아니다. 남들의 시선을 무시하는 반항적인 사람들은 적어도 자신이 반항적이라는 것을 표현할 만큼은 신경을 쓴다. 그것은 분명히 꾸민 태도이다. 하지만 위의 두 가지 사례에서는 당사자들이 타인의 시선에 무심할 뿐 아니라 자신이 무심하다는 사실도 의식하지 못한다. 신경 쓸 만한 일이 아닌 것이다. 자신이 처한 상황에서 자신이 할 일에만 관심을 둘 뿐이다.

물론, 그보다 규모가 더 큰 사례들도 있다.

시멘트 공장이나 대장간에도 이런 특성이 있는데, 남들에게 어떤 인상을 남기려는 의도가 전혀 없이 오직 작업하는 데 필요한 것만을 생각하는 곳이기 때문이나. 같은 이유로 농기의 미당에서도 이런 특성을 자주 발견할 수 있다. 또는 경제적 여건 때문에 내부장식을 최소한으로 줄이고 손님들이 정말로 편안함을 느끼게 하는 데만 신경을 쓴, 새로 문을 연 카페도 여기에 해당한다.

물론, 집에도 이런 특성이 있을 수 있다. 지어진 지 좀 되고 꽃들에 둘러싸여 있으며 큰 담에 가려져 잘 보이지 않지만 덩굴식물에 뒤덮인 나무 울타리가 있는 집, 주인은 오직 사랑과 삶에 대한 의욕과 꽃을 피우려는 소망에서 장미를 꾸준히 돌보는 집이 여기에 해당한다.

이처럼 자아가 드러나지 않는 건물을 지으려면 자신의 의도로 가득 찬 이미지를 버리고 공空에서 시작해야 한다.

어떤 건축가들은 건물을 설계하려면 먼저 '이미지'가 있어야 한다고 말한다. 그래야 전체적으로 일관성과 질서가 생긴다는 것이다.

하지만 그런 사고방식으로는 절대 자연스러운 건물을 지을 수 없다. 어떤 의도를 가지고 패턴들을 추가하려고 한다면, 그 의도는 패턴이 우리 머릿속에서 스스로 하려는 작업을 통제하고 왜곡하고 부자연스럽게 만들어버린다.

그렇게 할 것이 아니라 머릿속을 텅 비운 상태에서 시작해야 한다.

공에서 시작하기 위해서는 머릿속을 비우면 아무것도 지을 수 없을 거라는 두려움을 떨치고, 의도된 이미지를 지워버려야 한다.

처음에는 패턴 언어가 머릿속에서 정말로 구체화될 수 있을지 확신이 서지 않아서 자신이 품고 있는 이미지를 꽉 붙들고 있을 것이다. 이미지가 없으면 아무것도 만들어내지 못할 것 같아 두렵기 때문이다. 하지만 패턴 언어와 대지만 있으면 그것들이 머릿속에서 구체적인 형태를 만들어낸다는 것을 알게 되고, 그렇게 되면 누구나 자기 자신을 믿고 머릿속에 있는 이미지들을 완전히 잊을 수 있다.

자유롭지 않은 사람에게 언어는 그저 정보로만 보일 것이다. 그는 '자신'이 모든 걸 통제하고, '자신'의 창조적인 열정을 쏟아부어야 하고, '자신'이 설계를 위한 이미지를 제시해야 한다고 생각하기 때문이다. 하지만 일단 조바심을 버리게 되면, 그리고 주어진 상황에 있는 힘들이 자신을 매개로 활동하게 내버려두면, 그때는 최소한의 도움만으로 언어가 그 모든 작업을 할 수 있으며 건물도 스스로 형태를 갖추게 된다는 것을 이해하게 된다.

이것이 공의 중요성이다. 자아에 얽매이지 않는 자유로운 사람은 공에서 시작하며, 필요한 형태를 언어가 공에서 생성하도록 내버려둔다. 그는 이미지를 붙잡고 싶은 욕구, 디자인을 통제하고 싶은 욕구를 극복하고 공의 상태에서 편안함을 느낀다. 그리고 자신의 머릿속 패턴을 통해 드러나는 자연의 법칙이 모든 것을 만들어내리라고 굳게 믿게 된다.

이런 상태가 되면 그 건물의 생명은 우리의 언어에서 직접 태어난다.

죽음을 두려워하지 않는 사람은 삶에서 자유롭다. 다음에 무슨 일이 일어나든 모두 받아들일 뿐 그 일들을 통제하려다 삶을 망치는 우를 범하지 않기 때문이다.

마찬가지로 건물을 짓는 사람이 다음에 일어날 일을 걱정하지 않고 마음을 놓게 될 때 언어와 그 언어가 만드는 건물은 생명을 얻게 된다. 나는 다음에 나타날 패턴에 대해 걱정하지 않고 언어의 질서 안에서 작업할 수 있다. 다음에 어떤 패턴이 나타나더라도 그것들을 설계 안으로 끌어들이는 길이 있으리라는 믿음 때문이다. 그러므로 미리 염려할 필요가 없다. 작은 패턴들을 도입할 방법을 찾을 수 있으리라는 확고한 믿음은 어디에서 오는 걸까? 그것은 완성된 건물이 어떤 형태일지 그리고 세부적인 형태가 어떠할지 신경 쓰지 않는 마음가짐에서 나온다. 그것이 자연스럽기만 하다면 말이다. 내게는 패턴들을 쏟아부어서 만들고 싶은 정해진 틀이 없다. 내가 그 패턴들을 제대로 구현할 수만 있다면 그 건물이 다 지어진 후 그것이 이상하거나 기이해 보이더라도 괜찮다고 생각한다.

가끔 정원의 옹색한 구석에서 자라는 버드나무가 불룩 튀어나오거나 뒤틀리게 자랄 때가 있다. 마치 정원에 작용하는 힘들에 적응하듯이 말이다. 하지만 그렇다고 해서 그것이 자연스럽지 않다거나 자유롭지 않은 것은 아니다. 그 버드나무처럼 내가 만드는 건물이 한쪽이 불룩하고 뒤틀린다고 해도 자유로움이 훼손되지는 않을 것이다. 그것은 내가 일그러진 형태를 두려워하지 않고 언어의 질서 안에 있는 그 패턴들을 항상 받아들일 수 있기 때문이다. 그리하여 그 버드나무처럼 건물을 자연스럽고 자유롭게 지을 수 있기 때문이다.

하지만 처음 긴장을 풀고 언어가 머릿속에서 건물을 만들게 내버려두는 순간 여러분은 자신의 언어가 얼마나 제한적이었는지를 깨닫기 시작할 것이다.

중요한 것은 건물의 이미지가 아니라 그 건물을 둘러싼 실제 환경이라는 것을 알게 되면 불안감이 사라지고, 그렇게 되면 인위적인 이미지를 억지로 밀어넣지 않고, 언어의 패턴들이 우리 머릿속에서 자유롭게 조합되도록 내버려둘 수 있다.

하지만 그때도 우리는 실제 환경이 머릿속의 이미지보다 중요하다는 것, 나아가 언어보다 더 중요하다는 사실을 깨닫게 될 것이다. 언어는 아무리 유용하고 강력하다 할지라도 오류를 낳을 수 있다. 그러므로 그 언어의 패턴들을 무조건 받아들여서도 안 되고 그 패턴들에서 살아 있는 건물이 저절로 나올 거라고 기대해서도 안 된다. 왜냐하면 다시 말하지만 결국 건물이 얼마나 자연스러워지고 자유로워지고 완전해질 것인지는 우리들 자신이 얼마나 평범해지고 자연스러워지느냐에 달려 있기 때문이다.

때로는 '좋은' 패턴을 갖고 있는 장소가 죽은 공간이 될 수도 있다.

샌프란시스코에 네 가지 패턴이 적용된 아담한 광장이 있는데, 그곳이 이런 경우이다. 그 광장은 작다. 거기에는 '건물간 통로' '활동이 일어나는 지점' '계단 의자' 패턴이 있지만, 각 패턴들은 미묘하게 불화하고 있다. 그 공간은 좁다. 그긴 괜찮다. 문제는 그 공간을 절대 사용할 수 없게 배치하여 보행자들의 밀집도가 극도로 낮아진다는 것이다. '소규모 광장'에서 가장 핵심이 되는 것이 그 장소가 꽉 차 있다는 느낌인데 그 느낌이 빠져 있는 것이다. 그 광장에는 건물로 이끄는 '건물간 통로' 패턴이 있다. 분명히 있다. 하지만 이 통로를 따라 어떤 활동을 할 만한 장소가 없어서 그 통로는 소용이 없고 활기를 불러일으키는 데도 아무 도움이 되지 않는다. '활동이 일어나는 지점' 패턴도 분명히 있다. 광장의 가장자리를 따라 자리 잡은 작은 코너들이 그것이다. 하지만 그곳의 배치는 어떤 활동도 일어나기 힘들게 되어 있다. 그곳으로 접근하게 하는 보행로들과 제대로 연결되지 않은 것이다. 게다가 사람들이 자연스럽게 모일 만한 장소들은 계단과 장벽들로 차단되어 있다.

그 광장에는 위의 패턴들이 존재하지만 그럼에도 그곳은 죽은 공간이 되어버렸다. 그 패턴들의 핵심, 그 패턴들의 정신이 사라졌기 때문이다. 그 광장을 계획한 사람에게 패턴들은 형식적인 도구에 지나지 않았고, 그래서 그곳을 살아 있게 만드는 데 전혀 도움이 되지 않았다.

반대로 위의 패턴을 적용하지 않았는데도 살아 있는 장소가 있다.

같은 광장이라도 이런 패턴들 없이 완전한 장소가 될 수도 있다.

그 광장이 넓은 곳이라고 생각해보자. 그중 일부는 공원처럼 사용할 수도 있다. 그리고 한쪽 모퉁이에 일부가 막혀 있는 아담한 공간이 있어 사람들이 그곳에 자주 모인다고 해보자. 이곳은 '소규모 광장' 패턴을 엄격하게 지키지 않았지만 그 정신이 살아 있는 곳이라고 할 수 있다.

'건물간 통로' 패턴을 구현하려는데 광장을 가로지르는 통행로를 만들 방법이 없다고 해보자. 그러면 광장 뒤쪽에 아이들이 놀 놀이터나 작은 숲을 만들고, 도로 바로 옆에 활동을 위한 소공간 두 군데를 만들 수 있을 것이다. 그러면 그 광장은 패턴을 엄격하게 지키지 않았더라도 도로 자체를 근접 통로로 이용하여 '건물간 통로' 패턴의 정신을 구현했다고 할 수 있다.

맹목이고 기계적으로 사용하는 패턴은 수많은 이미지들만큼이나 우리의 현실감각을 방해한다. 그러므로 패턴을 적당하게 무시할 수 있어야 그것들을 제대로 활용할 수 있다.

역설적이지만 우리는 우리에게 도움이 되는 바로 그 패턴들을 몰아낼 수 있을 만큼 자유로워야만 건물을 살아 있게 만들 수 있다.

패턴 언어를 사용하는 사람이 마침내 자아를 버리고 자유로워졌을 때 건물들은 생명을 얻을 것이다. 자아를 버린 사람만이 이미지에 압도되지 않고 주어진 공간에 작용하는 힘들을 있는 그대로 인식할 수 있기 때문이다.

  그 순간부터 그에게는 언어가 필요없다. 작용하는 힘들을 있는 그대로 볼 수 있고 그 힘들만으로 건물을 지을 수 있고 머릿속의 이미지에 휘둘리지 않을 정도로 자유로워지면, 그 사람은 패턴이 전혀 없어도 건물을 지을 수 있다. 그 패턴들에 담긴 지식, 즉 여러 힘이 실제로 작용하는 방식에 대한 지식이 바로 그의 것이 되었기 때문이다.

그렇다면 패턴 언어란 것이 필요 없는 것 아닌가 하는 생각이 들지도 모르겠다.

패턴 언어를 사용하더라도 먼저 자아를 버리고 자유로워져야 살아 있는 건물을 지을 수 있다면, 그리고 그런 자유의 상태에 도달하기만 하면 어떤 식으로든 살아 있는 건물을 지을 수 있다면, 패턴 언어는 아무 쓸모없는 것처럼 보일 수도 있을 것이다.

하지만 자아를 버리도록 도와주는 것은 우리가 쓰는 패턴 언어이다.

살아 있는 언어의 패턴들은 근본적으로 현실에 바탕을 두고 있으며, 그것은 누구나 가장 깊은 내면에서 이미 알고 있는 현실이다. 우리는 작은 알코브, 아케이드, 낮은 천장, 밖을 향한 창문, 집을 감싸는 지붕이 당연하다는 것을 알고 있다. 우리가 그것을 잊어버린 것은 우리 사회가 뒤틀린 이미지들을 머릿속에 억지로 주입했기 때문이다. 언어는 우리가 이미 알고 있는 것을 보여줄 뿐이다. 그리고 우리의 가장 내면에 있는 감각을 일깨워 무엇이 진실인지를 깨닫게 해준다. 그 언어를 따라가다 보면 그동안 사회가 강요한 인위적인 이미지에서 서서히 벗어나 자유로움을 느끼게 된다. 그런 이미지를 떨쳐버리고 그런 이미지에 따라 건물을 지으려는 욕구에서 벗어나면서 여러분은 분명한 현실을 만나게 된다. 그래서 자아를 버리고 자유로워진다.

언어는 우리를 해방시켜 우리 자신이 되게 해준다. 세상이 아무리 억압하더라도 언어는 자연스러운 작업을 가능하게 해주고 건물에 대한 가장 내밀한 느낌을 보여주기 때문이다.

이곳 버클리의 어떤 건축학과 학생은(그의 머릿속은 온통 철강 프레임과 평평한 지붕, 그리고 현대식 건물의 이미지로 가득 차 있었을 것이다.) 알코브 패턴에 대해 읽고 나서 놀란 얼굴로 교수에게 이렇게 말했다고 한다. "전 이런 걸 만드는 게 허용된 줄 몰랐어요." 허용이라니!

패턴 언어의 쓰임새를 오랫동안 지켜보면서 나는 그것이 환경에 대해 우리에게 새로 가르쳐주는 게 없다는 것을 절실히 깨닫게 된다. 그저 오래된 감정을 일깨울 뿐이고 현대의 건축가들이 '구식'이라며 폄훼할 것 같아서 못했던 일들을 해도 된다고 허락할 뿐이다. 사람들은 '예술'이 뭔지 모른다는 비웃음을 살까 두려워한다. 명료하고 옳은 것에 대한 확신을 저버린 것은 이 두려움 때문이다.

언어는 예전에 진부하게 보였던 것들이 중요한 것이었음을 다시 확신하게 해준다.

가장 원초적인 것, 즉 우리 내면의 가장 깊은 곳에 있는 호불호가 가장 중요하다.

우리는 그것들을 포기하면서 잘나고 똑똑한 체하려 애를 쓴다. 남들이 우리를 비웃을까봐 두렵기 때문이다.

예를 들어 '감싸는 지붕'은 많은 사람들이 쉽게 인정하지 않는 감정으로 가득 차 있다.

언어는 우리가 이런 감정을 포함한 내면의 확신에 따라 행동하게 도와준다.

이 마지막 단계에 이르면 패턴은 더 이상 중요하지 않다. 패턴으로 인해 여러분은 '현실'을 받아들이는 법을 배웠기 때문이다.

이제 여러분에게 알코브를 만들라고 말해준 것은 '알코브'라는 패턴이 아니다. 여러분이 알코브를 만든 것은 주어진 상황에서 '현실'을 보았기 때문이다. 그리고 여러분이 본 현실은 그 상황에 맞게 알코브를 만들어야 한다는 것을 가르쳐준다.

'알코브'라는 패턴은 처음에는 지적인 버팀목 역할을 했지만 이제 불필요해졌다. 여러분이 동물들처럼 현실을 직접 볼 수 있게 되었기 때문이다. 여러분은 관념적으로가 아니라 동물적인 본능으로 알코브를 직접 만든다. 그렇게 하는 것이 타당하기 때문이다.

이 단계에서 여러분은 현실을 직접 다루게 된다.

하지만 여러분이 지금 당장 그렇게 할 수 있고, 그래서 패턴 언어는 필요 없다고 속단해서는 안 된다. 지금 여러분의 머리는 이미지와 개념들로 가득 차 있어서 현실을 제대로 볼 수 없기 때문이다. 이미지와 개념들(스타일, 평지붕, 판유리, 흰색으로 칠한 강철, 두꺼운 레드우드 테두리, 지붕널, 곡선형의 구석, 대각선)에 의지하고 있는 동안은 현실을 직접 대면할 수 없다. 무엇이 현실이고 비현실인지 아직 구별하지 못하기 때문이다. 이런 상태에서 그런 이미지들로부터 탈출할 수 있는 유일한 방법은 그 이미지들을 좀더 정확한 이미지로 대체하는 것이다. 그것이 바로 패턴들이다. 하지만 결국은 여러분도 이미지들에서 완전히 벗어날 수 있을 것이다.

그리고 이런 의미에서 언어는 내가 무아라고 하는 정신상태를 만드는 일종의 도구다.

패턴 언어를 꾸준히 사용한다면, 항상 여러분 안에 있었고 지금도 있지만 온갖 이미지와 아이디어와 여러분이 여러분답게 또는 자연스럽게 행동하지 못하게 만드는 이론에 의해 억눌렸던 여러분의 일부를 회복할 수 있다.

세상을 보는 창문을 만들고 싶은 충동, 높이가 다른 천장들을 만들고 싶은 욕구, 기댈 수 있을 만큼 두꺼운 기둥, 작은 창문들, 집을 안전하게 감싸는 듯 크고 가파른 지붕, 아케이드, 현관 옆의 앉을 자리, 퇴창, 알코브를 만들고 싶은 욕구들 같은 것들이 모두 여러분의 일부이다. 하지만 여러분은 지금까지 배워온 것들 때문에 그런 내면의 충동과 욕구를 하찮게 여기고 그것에 재갈을 물린다. 다른 사람들이 더 잘 알고 있을 거라 생각하기 때문이다. 그렇게 평범한 것들에 집착한다고 다른 사람들이 비웃을까봐 겁을 먹고 있을지도 모른다.

패턴 언어가 하는 일은 정말 아무것도 없다. 다만 그런 느낌들을 다시 일깨울 뿐이다.

패턴 언어는 여러분을 이런 마음 상태로 데려가는 관문이다. 그 상태에 이르면 여러분은 더 이상 패턴 언어가 필요 없을 정도로 내면에 가까워진다.

그것은 더할 나위 없이 평범하다. 그것은 이미 여러분 안에 있다. 여러분이 원래 갖고 있던 가장 근원적인 충동은 옳은 것이며 여러분이 옳은 행동을 하도록 이끌 것이다. 그것을 억누르지만 않는다면 말이다.

특별한 기술도 필요 없다. 스스로 평범해질 각오가 되어 있는지, 그리고 자신에게 자연스럽게 느껴지고 가장 합당하게 느껴지는 일들을 실행할 각오가 되어 있는지가 문제일 뿐이다. 잘못된 지식이 덧칠한 이미지가 아니라 마음 가장 깊은 곳에서 합당하게 느껴지는 일 말이다.

이것이 시간을 초월한 방식의 궁극적인 교훈이다.

여러분이 방 밖에 단순한 현관을 짓는다고 상상해보라. 기댈 수 있는 기둥, 기둥과 보의 연결 부위를 강화하는 이음판, 강렬한 햇빛을 여과시켜 부드럽게 바꿔주는 투조 장식, 걸어 나가다가 몸을 기대 여름날의 공기를 들이마실 수 있는 난간, 페인트를 칠하지 않은 나무판자를 따뜻하게 데워주고 잔디를 황금빛으로 비춰주는 햇빛.

생애 어느 시점에서 여러분이 그런 현관을 지을 수 있는 경지에 올랐다고 상상해보라. 그러면 여러분은 다른 사람이 된 것이다. 이런 세부 요소의 중요성을 알게 됐다는 사실, 이런 것들이 인생에 얼마나 큰 영향을 주는지를 알게 됐다는 사실은 간단히 말하면 여러분이 이제 살아 있음을 의미한다.

무명의 그 특성이 마침내 여러분의 일부가 되었다면, 이제 그것을 건축에서 물리적으로 구현할 수 있다는 자신감이 생길 것이다. 동시에 이 패턴 언어에 통달하여 사연의 방식대로 작업을 하게 됐다면, 다음에는 그 언어를 넘어서야 하고 그래야 무명의 특성을 실현하는 단계에 도달할 수 있다는 것도 깨닫는다.

자연의 방식대로 행동한다는 것은 세상에서 가장 평범한 일이다. 그것은 딸기를 자르는 행위처럼 아주 평범하다.

나의 삶에서 가장 감동적인 순간은 가장 평범한 순간이기도 했다. 덴마크에서 한 친구와 차를 마시고 있을 때였다. 우리는 차와 함께 딸기를 곁들여 먹고 있었는데, 그녀가 딸기를 종잇장처럼 아주 얇게 저미는 것이었다. 그래서 다른 때보다 시간이 오래 걸렸다. 나는 왜 그렇게 자르느냐고 물어봤다. 그녀가 이렇게 설명했다. "딸기를 먹을 때 그 맛은 입에 닿는 딸기의 표면에서 나와. 그래서 표면이 넓을수록 맛도 더 좋아. 내가 딸기를 얇게 저미는 것은 그 표면을 더 넓히려고 그러는 거야."

 그녀가 살아온 삶도 그와 같았다. 그녀의 삶은 너무 평범해서 거기에서 무엇이 그토록 심오한지 설명하기가 힘들다. 대부분의 동물들은 쓸데없는 욕심을 부리지 않는다. 필요한 게 있으면 오직 그것을 구할 뿐이다. 그렇게 하는 것이 세상에서 가장 쉬운 일이다. 하지만 머릿속에 이미지가 가득 들어찬 인간에게는 그것이 가장 어려운 일이다. 그녀가 딸기를 써는 순간에 나는 건축에 대해 10년 동안 배운 것보다 훨씬 더 많은 것을 배웠다.

우리가 그처럼 평범하다면, 즉 필요한 것 외에 아무것도 하지 않는다

면 우리는 한없이 다양하고 평화로운 건물, 바람 부는 초원처럼 자유롭고 살아 숨 쉬는 도시를 건설할 수 있다.

사람들은 누구나 자연에서 평화로움을 느낀다. 해변에 밀려오는 파도소리를 들을 때, 잔잔한 호수 옆에 있을 때, 바람 부는 초원에 서 있을 때를 떠올려보라. 훗날 우리가 다시 영원의 방식을 배웠을 때, 우리는 우리가 만든 그 도시에서 더할 나위 없는 평화를 느끼게 될 것이다. 오늘날 우리가 바닷가를 거닐거나 초원의 키 큰 풀을 깔고 드러누웠을 때처럼.

감사의 말

이 책 『영원의 건축』을 쓰는 14년 동안 많은 사람들의 도움을 받았지만, 특히 세 사람이 큰 도움을 줬다.

먼저 사랑하는 잉그리드는 항상 나에게 용기를 주고 내가 하려는 일을 확실히 이해했으며 언제든 나와 의견을 주고받았다. 글에서 정확히 어떤 감정이 느껴지는지 이해할 수 있도록 내게 원고를 읽어주기도 했다. 그뿐 아니라 이 책에 실린 아름다운 사진도 대부분 찾아주었다. 두 번째로, 소중한 친구 세라는 해마다 찾아와 어떤 쪽이든 또는 어떤 문장이든 가리지 않고 즉석에서 비평을 해줬다. 무엇보다도 우리가 함께 작업하는 동안 전체적인 이론에 대해 많은 도움을 주었다. 마지막으로 피터 마이우는 가장 힘든 해에 거의 1년 내내 최종 교정을 무사히 마치도록 도와줬다.

여기에 실린 사진 대부분은 오래전에 절판된 책이나 잡지에 실린 것이다. 그래서 사진작가의 이름을 찾지 못한 경우도 있다. 하지만 사진작가를 찾을 수 있었든 없었든 그분들의 멋진 사진들을 사용할 수 있어서 한없이 감사하다는 말씀을 드리고 싶다. 이 사진들은 이 책의 핵심적인 사상을 설명하는 데 큰 도움이 되었다.

감수자의 말

이 책 『영원의 건축』을 읽으면서 내가 그동안 수많은 건축계 선배들에게 던졌던 질문이 떠올랐다. "건축을 잘하려면 어떻게 해야 하죠?" 그들의 대답은 한결같았다. "너 자신의 판단을 믿어." 이 책을 읽기 전까지 나는 그 말을 건축도 디자인인 이상 디자이너의 취향이나 성향에 따라 옳음과 그름을 판단할 수밖에 없기 때문에, 내가 선택한 방향으로 디자인을 이끌고 가라는 의미로 이해했다. 그런 나에게 이 책은 그 말에 대한 또 다른 의미를 알려줬다. 나 자신을 믿어야 하는 이유는 내 경험이 많든 적든 무엇이 옳은지를 판단할 수 있는 힘이 내 안에 있기 때문이었다.

건축가들은, 좋은 건축물이란 이런 저런 전문적인 설명 없이도 우리에게 큰 감동을 줄 수 있는 것이어야 한다고 이야기한다. 그 말은 좋은 건축은 그것을 경험하는 사람이 전문가이건 아니건 공통으로 느낄 수 있는 무언가를 가지고 있다는 말이다. 『영원의 건축』은 그 공통 부분에 대한 이야기를 하고 있다. 저자는 그것을 '패턴'이라고 부르고 그것들이 어떻게 실현될 수 있는지를 설명하고 있다. 그리고 지극히 평범해 보이는 그 패턴들이 서로 안정적으로 결합되어 있는 상태가 우리가 궁극적으로 추구해야 하는 건축이라고 말한다.

아이러니하게도 오늘날의 건축가들이 이것을 실현하기는 무척 어려울 것이다. 건축물을 조각 작품처럼 디자인하고, 최신 소프트웨어에 의해 실현된 공간들에 열광하며, 유행과 스타일에 민감한 우리들이 이런 것들을 뒤로 하고 기본으로 돌아가기 위해서는 두려울 정도로 큰 용기를 끌어내야 한다. 그러나 저자 크리스토퍼 알렉산더는 우리에게 "건축의 핵심 작업은 모든 사람들이 기여하고 모든 사람들이 사용할 수 있는, 독창적이고 진화하는 공동의 패턴 언어를 창조하는 일이다."라고 말하며, 패턴 안에서의 세부 요소들이 각자의 개성을 실현시킬 수 있다고 우리를 안심시킨다.

10년이 넘는 짧지 않은 시간을 건축과 함께 보낸 내가 요즘 가장 많이 고민하는 것은 '건축의 진정성'이다. 나는 그동안 화려한 이론들과 이미지에 솔깃해 그것들이 보내려는 메시지를 알아내는 데 많은 시간을 투자했다. 이제 와서 알게 된 것은 그중 상당 부분이 그저 그들의 자기 합리화에 지나지 않았다는 사실이다. 심지어 자신의 감각을 드러내기 위해 혹은 이슈화시키기 위해 건축가 본연의 의무마저도 간과하는 상황들을 목격하면서 나는 건축가의 진정성에 대해 많은 생각을 했다. 그런 나에게 이 책은 지극히 평범하고 누구나 공감할 수 있는 것들이 우리의 마음을 움직인다고 말한다. 그리고 그것들은 우리가 우리를 둘러싼 주변에 애정을 갖고 주의를 기울이면 관찰할 수 있는 것들이다. 여기에 희망이 있다.

건축을 하는 모든 이들에게 이 책을 권하고 싶다. 이 책은 우리가 건축인으로서 갖추어야 할 기본을 일깨우는 동시에 우리에게 자신감을 불어넣어준다. 마지막으로 저자가 던진 질문을 다시 한번 생각해본다. "잘못된 지식이 여러분의 머릿속에 덧칠한 이미지가 아니라 여러분 마음 가장 깊은 곳에서 합당하게 느껴지는 일들을 실행할 각오가 되어 있는가?"

이정은

옮긴이의 말

이 책 『영원의 건축』은 저자 크리스토퍼 알렉산더가 이끌고 있는 환경구조센터에서 펴낸 건축 시리즈 세 권 중 첫 번째 책이다. 나머지 두 권은 『오리건대학교의 실험』(1975)과 『패턴 랭귀지: 도시·건축·시공』(1977)인데 간단히 소개하자면, 『오리건대학교의 실험』은 이 책에 소개된 방법이 오리건 대학교에서 채택되어 그 과정을 기록한 책이고, 『패턴 랭귀지』는 환경구조센터에서 분류한 253가지 패턴을 실제로 활용할 수 있도록 정리한 책이다. 원제가 'The Timeless Way of Building'인 이 책은 위 두 권의 이론적인 토대를 담고 있다고 할 수 있다.

1970년대에 옥스포드대학출판부에서 출간된 이 책이 30년이 넘도록 꾸준히 읽히고 있는 이유는 무엇일까? 다른 수많은 고선처럼 단순하면서도 시대를 초월한 진리가 담겨 있기 때문일 것이다.

대학에서 수학과 화학, 물리학을 공부하고 하버드대학교 최초로 건축학 박사학위를 받은 저자는 건축 전문가나 대규모 개발업체가 중심이 된 오늘날의 건축 행태가 인간의 본성에서 멀어지고 있다고 개탄한다. 집과 마을과 도시는 그 안에서 생활하는 사람들이 만들고 유지해야 한다고 굳게 믿는 저자는 전통사회에서 오래전부터 전해 내려오는 건축물에서 그 해답을 찾는다. 알람브라 궁전, 토프카피 궁전, 뉴잉글랜드 지방의 오래된 가옥, 알프스 산맥의 산간마을, 일본의 전통 가옥, 노란색과 파란색 타일이 깔려 있는 정원 등이 그런 곳이다. 저자가 꼽는 이들의 공통점은 아름답고 질서가 있고 조화롭고 무엇보다도 살아 있다는 것이다. 그리고 '패턴 언어Pattern Language'를 이해하면 누구나 그렇게 아름답고 살아 있는 건물을 만들 수 있다고 일깨운다.

패턴 언어에는 자연어와 마찬가지로 문법체계가 있다. 한 언어를 배울 때 단어와 문법을 알면 누구나 무수한 문장을 만들어낼 수 있듯이, 패턴 언어를 이해하면 어느 환경에서든 이 세상에 단 하나밖에 없는 훌륭한 건축물을 만들어낼 수 있다는 것이 저자의 주장이다. 이러한 발상은 건축 분야를 넘어 시스템이 필요한 다양한 분야에서 활용되고 있다. 수많은 지식을 정리해야 하는 소프트웨어 디자이너들도 이 책을 널리 읽고 있는 이유가 여기에 있다. 심지어는 게임 개발에도 영향을 줘서 게임 디자이너 윌 라이트Will Wright는 알렉산더의 저작이 컴퓨터게임 '심즈 시리즈'와 그 후속 게임인 '스포어'를 만드는 데 도움을 줬다고 밝힌 바 있다.

이렇게만 요약하면 무척 딱딱하고 지루한 내용일 것 같지만, 이 책은 패턴 언어가 만들어줄 조화로운 세상을 때로는 시처럼 때로는 잠언처럼 아름답게 묘사하고 있다. 글을 읽다보면 이 책이 건축에 관한 책이 아니라 '어떻게 살 것인가'를 논하는 책으로 느껴지기도 한다. 실제로 어떤 사람들은 이 책을 건축을 매개로 한 철학책으로 보기도 한다. 그런 관점에서 보자면, 철학 중에서도 노장사상에 가깝다고 할 수 있을 것이다. 글을 읽다보면 저자가 『도덕경道德經』에서 깊은 영향을 받은 듯 노자의 사상과 일맥상통하는 부분이 많다.

예를 들어 저자는 가장 바람직한 건축물이나 이상적인 삶의 핵심에는 이름을 붙일 수 없는 '무명의 특성The Quality without a Name'이 있다고 말하는데, 여기서 『도덕경』 제1장 "도라 말할 수 있는 도는 불변의

도가 아니고, 부를 수 있는 이름은 언제나 불변의 이름이 아니다."(道可道, 非常道. 名可名, 非常名)라는 대목을 떠올리는 사람이 많을 것이다. 책 전반을 통해 궁극의 가치로 자연의 특성을 내세우는 것을 보더라도 무위자연을 지향한 노자사상과 흐름이 같다는 것을 짐작할 수 있다. 그렇다고 해서 이해하기 어려운 개념을 애매하게 설명함으로써 독자를 난감하게 하지는 않는다. 무명의 특성을 최대한 정확하게 전달하기 위해 '생명력, 완전함, 편안함, 자유로움, 정확함, 무아, 영원함' 같은 단어를 동원한 설명을 듣다 보면, 정말 이름을 붙일 수는 없지만 그가 안타깝게 묘사하려는 그 특성이 무엇인지 알 것도 같다는 생각이 든다. 또한 책 속에 실린 소박한 흑백사진들은 그가 열심히 설명하는 이상향이 그리 멀리 있는 게 아니라 어쩌면 우리 안에 이미 있을지도 모른다고 이야기하는 듯하다.

이 책을 읽고 나면 정말로 저자의 바람대로 자유로움과 편안함과 살아 있음을 느낄 수 있는 환경을 우리 손으로 만들 수 있을까? 이 물음에 자신 있게 대답하기에는 우리가 너무 오랫동안 우리 자신을 믿지 못하고 살아왔는지도 모른다. 하지만 최소한 어떤 건물을, 어떤 마을을 지으면 안 되는지는 알 수 있을 것이다. 창문 한 칸 의자 하나도 달리 보게 될 것이며, 더 나아가 우리 주위에 존재하는 모든 것을 예전과는 다른 눈으로 바라보게 될 것이다.

한진영

패턴 언어 일람

본문에서 간략하게 소개되어 있는 253개 패턴 언어에 대해 자세히 소개한 시리즈의 두 번째 책 『패턴 랭귀지』는 이용근, 양시관, 이수빈이 번역해 2013년 국내에 출간되었다. 『패턴 랭귀지』의 역자들이 선택한 용어와 이 책에서 사용한 용어가 각각 달라 다음에 정리했다.

	패턴 언어	『영원의 건축』	『패턴 랭귀지』
1	Independent Regions	자치지역	자립 지역
2	The Distribution of Towns	도시의 분포	도시의 분포
3	City Country Fingers	손가락 모양의 도시와 농촌	손가락 모양의 도시와 전원
4	Agricultural Valleys	농업 골짜기	농경 골짜기
5	Lace of Country Streets	레이스형 전원도로	레이스 모양의 전원도로
6	Country Towns	전원형 도시	전원마을
7	The Countryside	전원지대	전원
8	Mosaic of Subcultures	하위문화의 모자이크	하위문화들의 모자이크
9	Scattered Work	분산된 일터	분산된 일터
10	Magic of the City	도시의 마력	도시의 매력
11	Local Transport Areas	지구교통구역	지구교통구역
12	Community of 7,000	7,000명의 지역사회	7,000명의 커뮤니티
13	Subculture Boundary	하위문화의 경계	하위문화의 경계
14	Identifiable Neighborhood	분별할 수 있는 근린	인식할 수 있는 근린
15	Neighborhood Boundary	근린의 경계	근린의 경계
16	Web of Public Transportation	공공 운송망	공공교통망
17	Ring Roads	환상도로	순환도로
18	Network of Learning	학습 네트워크	학습 네트워크
19	Web of Shopping	상점망	상점망
20	Mini-buses	미니버스	미니버스
21	Four-Story Limit	4층 제한	4층 제한
22	Nine Per Cent Parking	9퍼센트의 주차장	9퍼센트의 주차장
23	Parallel Roads	평행도로	평행도로
24	Sacred Sites	성지	성지
25	Access to Water	물가로의 접근	수공간에의 접근
26	Life Cycle	생애 주기	인생의 주기
27	Men and Women	남성과 여성	남성과 여성
28	Eccentric Nucleus	중심에서 벗어난 도심	중심을 벗어난 핵
29	Density Rings	밀도 동심원	밀도의 원

30	Activity Nodes	활동의 결절점	활동의 결절점
31	Promenade	산책로	산책로
32	Shopping Street	상점가	삼정가
33	Night Life	야간 활동	야간활동
34	Interchange	환승 지점	환승지점
35	Household Mix	세대의 공존	세대의 혼합
36	Degrees of Publicness	공공성의 정도	공공성의 정도
37	House Cluster	주택군집	주택 클러스터
38	Row Houses	연립주택	연립주택
39	Housing Hill	계단식 주택	계단식 주택
40	Old People Everywhere	노인과의 공존	노인은 어디에나
41	Work Community	직장 커뮤니티	직장 커뮤니티
42	Industrial Ribbon	띠 모양 공역지역	띠 모양의 공업구역
43	University as a Marketplace	개방된 대학	시장과 같은 대학
44	Local Town Hall	소도시의 관청	지구청사
45	Necklace of Community Projects	목걸이형 지역사업	목걸이 형태의 커뮤니티 활동
46	Market of Many Shops	다점포 시장	다점포 시장
47	Health Center	건강센터	건강센터
48	Housing in Between	틈새 주택	사이의 주택
49	Looped Local Roads	루프형 지구도로	루프형 지구도로
50	T-Junctions	T자형 교차로	T자형의 교차로
51	Green Streets	녹지도로	녹지가로
52	Network of Paths & Cars	보도와 자동차의 네트워크	보행로와 도로의 네트워크
53	Main Gateways	주관문	주 관문
54	Road Crossing	횡단보도	횡단보도
55	Raised Walk	높여진 보도	높여진 보도
56	Bike Path & Racks	자전거도로와 보관소	자전거도로와 보관소
57	Children in the City	도시의 어린이	도시의 어린이
58	Carnival	축제	축제

59	Quite Backs	조용한 후면	조용한 후면
60	Accessible Green	접근이 용이한 녹지	접근 가능한 녹지
61	Small Public Squares	소규모 광장	소규모 공공광장
62	High Places	높은 곳	높은 장소
63	Dancing in the Street	거리에서의 춤	거리에서의 춤
64	Pools and Streams	연못과 개울	연못과 개울
65	Birth Places	출산 장소	출산 장소
66	Holy Ground	성역	성역
67	Common Land	공유지	공유지
68	Connected Play	연결된 놀이터	연결된 놀이터
69	Public Outdoor Room	공공 옥외실	공공옥외실
70	Grave Sites	묘지	묘지
71	Still Water	고요한 물가	고요한 물
72	Local Sports	지역 스포츠 센터	지구 스포츠
73	Adventure Playground	모험 놀이터	탐험 놀이터
74	Animals	동물	동물
75	The Family	가족	가족
76	House for a Small Family	소가족 주택	소가족을 위한 주택
77	House for a Couple	부부용 주택	부부를 위한 주택
78	House for One Person	1인가구 주택	독신자를 위한 주택
79	Your Own Home	자기만의 집	자택
80	Self-Governing Workshops & Offices	자치 운영되는 작업장과 사무실	자치 운영되는 작업장과 사무실
81	Small Service Without Red Tape	친근하고 소소한 서비스	형식적이지 않은 소규모 서비스
82	Office Connections	사무실의 연결	사무실의 연결
83	Master and Apprentices	장인과 도제	장인과 도제
84	Teen-Age Society	10대의 사회	10대의 사회
85	Shopfront Schools	상점가 작은 학교	상점 앞 배움터
86	Children's Home	어린이집	어린이집

87	Individually Owned Shops	개인 상점	개인 소유의 상점
88	Street Cafe	노천카페	거리의 카페
89	Corner Grocery	길모퉁이 잡화점	모퉁이의 일용품점
90	Beer Hall	선술집	술집
91	Traveler's Inn	여인숙	여관
92	Bus Stop	버스정류장	버스정류장
93	Food Stands	음식 가판대	음식가판대
94	Sleeping in Public	대중과 잠자기	공공 공간에서의 수면
95	Building Complex	복합 건물	복합건물
96	Number of Stories	층수	층수
97	Shielded Parking	가려진 주차장	가려진 주차장
98	Circulation Realms	동선의 문제	동선의 영역
99	Main Building	주건물	주건물
100	Pedestrian Street	보행자 도로	보행로
101	Building Thoroughfare	건물간 통로	건물 내 통로
102	Family of Entrance	비슷한 모양의 출입구	비슷한 모양의 출입구
103	Small Parking Lots	소규모 주차장	소규모 주차장
104	Site Repair	대지 정비	대지 정비
105	South Facing Outdoors	남향의 외부공간	남쪽을 향한 외부 공간
106	Positive Outdoor Space	정연한 외부공간	포지티브 외부 공간
107	Wings of Light	채광	채광
108	Connected Buildings	연결된 건물	연결된 건물들
109	Long Thin House	기다란 주택	기다란 주택
110	Main Entrance	주출입구	주 출입구
111	Half-Hidden Garden	반쯤 가려진 정원	반쯤 가려진 정원
112	Entrance Transition	입구의 전이공간	출입구의 전이
113	Car Connection	자동차와의 연결	자동차와의 연결
114	Hierachy of Open Space	공지의 계층화	오픈스페이스의 위계
115	Courtyards Which Live	활기찬 중정	활기 있는 중정
116	Cascade of Roofs	계단형 지붕	캐스케이드형 지붕

117	Sheltering Roof	감싸는 지붕	감싸는 지붕
118	Roof Garden	옥상정원	옥상 정원
119	Arcades	아케이드	아케이드
120	Paths and Goals	보행로와 목적지	보행로와 목적지
121	Path Shape	보행로의 형태	보행로의 형태
122	Building Fronts	건물의 정면	건물의 정면
123	Pedestrian Density	보행자 밀도	보행자의 밀도
124	Activity Pockets	활동이 일어나는 지점	액티비티 포켓
125	Stair Seats	계단 의자	계단 의자
126	Something Roughly in the Middle	중심부의 특성	중앙부의 무언가
127	Intimacy Gradient	친밀도의 변화	친밀도의 변화
128	Indoor Sunlight	실내 채광	실내 채광
129	Common Areas at the Heart	중앙의 공용공간	중심부의 공용 공간
130	Entrance Room	현관 내실	현관실
131	The Flow Through Rooms	내부 통로의 흐름	방을 통과하는 흐름
132	Short Passages	짧은 통로	짧은 복도
133	Staircase as a Stage	무대가 되는 계단	무대로서의 계단
134	Zen View	선적인 조망	선 조망
135	Tapestry of Light and Dark	명암의 태피스트리	명암의 태피스트리
136	Couple's Realm	부부의 영역	부부의 영역
137	Children's Realm	아이들의 영역	아이들의 영역
138	Sleeping to the Ease	동향 침실	동쪽을 향한 침실
139	Farmhouse Kitchen	농가의 부엌	농가의 부엌
140	Private Terrace on the Street	도로에 면한 테라스	거리에 면하는 개인 테라스
141	A Room of One's Own	자기만의 방	자신의 방
142	Sequence of Sitting Spaces	연속되는 휴식공간	휴식 공간의 시퀀스
143	Bed Cluster	모여 있는 침상	침실 클러스터
144	Bathing Room	욕실	욕실
145	Bulk Storage	대형 창고	창고

146	Flexible Office Spaces	유연한 사무 공간	유연한 사무 공간
147	Communal Eating	회식	함께하는 식사
148	Small Work Groups	소규모 작업집단	소규모 작업그룹
149	Reception Welcomes You	친밀감 있는 접수대	편안한 접수 공간
150	A Place to Wait	대기장소	대기 장소
151	Small Meeting Rooms	소회의실	소규모 집회실
152	Half-Private Office	반 사적인 사무실	반 사적인 사무실
153	Rooms to Rent	임대 공간	임대실
154	Teenager's Cottage	10대의 보금자리	10대의 별채
155	Old Age Cottage	노인의 보금자리	노인의 별채
156	Settled Work	안정된 작업	안정된 일
157	Home Workshop	가내 작업장	가정 내 작업장
158	Open Stairs	노천계단	노천 계단
159	Light on Two Sides of Every Room	양면채광	각 실의 두 면 채광
160	Building Edge	건물의 가장자리	건물의 가장자리
161	Sunny Place	볕이 드는 곳	양지바른 장소
162	North Face	북쪽 면	북쪽 면
163	Outdoor Room	옥외실	옥외실
164	Street Windows	도로에 면한 창	거리 창
165	Opening to the Street	거리로의 개방	거리로의 개방
166	Gallery Surround	외랑	외랑
167	Six-foot Balcony	1.8미터 발코니	6피트의 발코니
168	Connection to the Earth	지면과의 연결	지면과의 연결
169	Terraced Slope	계단식 사면	계단식 경사면
170	Fruit Trees	과일나무	과일나무
171	Tree Places	나무가 있는 곳	나무가 있는 장소
172	Garden Growing Wild	야생 정원	야생 정원
173	Garden Wall	정원의 담장	정원의 담장
174	Trellised Walk	트렐리스가 있는 산책로	트렐리스 산책로

175	Green House	온실	온실
176	Garden Seat	정원의 앉을 곳	정원의 의자
177	Vegetable Garden	텃밭	채소 정원
178	Compost	퇴비	퇴비
179	Alcoves	알코브	알코브
180	Window Places	창가	창가
181	The Fire	불	불
182	Eating Atmosphere	식사의 분위기	식사 분위기
183	Workspace Enclosure	가려진 일터	둘러싸인 작업 공간
184	Cooking Layout	부엌의 배치	부엌의 배치
185	Setting Circle	좌석의 원형 배치	좌석의 원형 배치
186	Communal Sleeping	공동 침실	공동 침실
187	Marriage Bed	부부 침실	부부 침대
188	Bed Alcove	침실 알코브	침대 알코브
189	Dressing Room	옷방	드레스룸
190	Ceiling Height Variety	천장 높이의 변화	다양한 천장고
191	The Shape of Indoor Space	실내공간의 형태	실내 공간의 형대
192	Windows Overlooking Life	세상을 보는 창	생활을 내려다보는 창
193	Half-Open Wall	반개방 벽	반쯤 개방된 벽
194	Interior Windows	실내창	실내창
195	Staircase Volume	계단의 용적	계단의 볼륨
196	Corner Doors	측문	모서리의 문
197	Thick Walls	두꺼운 벽	두꺼운 벽
198	Closets Between Rooms	방 사이의 벽장	방 사이의 벽장
199	Sunny Counter	볕이 드는 조리대	양지바른 부엌 조리대
200	Open Shelves	개방된 선반	개방된 선반
201	Waist-High Shelf	허리 높이의 선반	허리 높이의 선반
202	Built-in Seats	붙박이 좌석	붙박이 의자
203	Child Caves	어린이 동굴	어린이 동굴
204	Secret Place	비밀 공간	비밀 공간

205	Structure Follows Social Space	친목공간을 위한 구조	사회적 공간을 따르는 구조
206	Efficient Structure	효율적인 구조	효율적인 구조
207	Good Materials	양호한 자재	좋은 재료
208	Gradual Stiffening	단계적 보강	단계적인 보강
209	Roof Layout	지붕 배치	지붕 배치
210	Floor and Ceiling Layout	바닥과 천장의 배치	바닥과 천장의 배치
211	Thickening the Outer Walls	외벽의 두께	외벽의 두께
212	Columns at the Corners	측주	모서리의 기둥
213	Final Column Distribution	기둥의 배치	최종 기둥의 배치
214	Root Foundation	나무뿌리형 기초	뿌리와 같은 기초
215	Ground Floor Slab	슬래브 바닥	1층 슬래브
216	Box Columns	박스형 기둥	박스형 기둥
217	Perimeter Beams	테두리 보	테두리 보
218	Wall Membranes	구조벽막	구조벽막
219	Floor-Ceiling Vaults	바닥-천장 볼트	바닥-천장 볼트
220	Roof Vaults	지붕 볼트	지붕 볼트
221	Natural Doors Windows	자연스러운 문과 창	자연스런 문과 창
222	Low Sill	낮은 창턱	낮은 창턱
223	Deep Reveals	깊은 창틀	깊은 창틀
224	Low Doorway	낮은 입구	낮은 입구
225	Frames as Thickened Edges	두꺼운 틀	두꺼운 틀
226	Column Place	기둥이 있는 곳	기둥이 있는 장소
227	Column Connections	기둥의 연결부	기둥 접합부
228	Stair Vault	계단 볼트	계단 볼트
229	Duct Space	배관 공간	덕트 공간
230	Radiant Heat	복사열 난방	복사 난방
231	Dormer Windows	돌출된 지붕창	돌출된 지붕창
232	Roof Caps	지붕끝 장식	지붕 꼭대기의 장식
233	Floor Surface	바닥	바닥
234	Lapped Outside Walls	겹침 외벽	겹침이음 외벽

235	Soft Inside Walls	부드러운 내벽	부드러운 내벽
236	Windows Which Open Wide	활짝 열리는 창	활짝 열리는 방
237	Solid Doors With Glass	창이 달린 견고한 문	창이 있는 견고한 문
238	Filtered Light	걸러진 빛	걸러진 빛
239	Small Panes	작은 창유리	작은 창유리
240	Half-Inch Trim	1센티미터 테두리	반 인치의 테두리
241	Seat Spots	의자가 있는 곳	의자가 있는 장소
242	Front Door Bench	현관 벤치	현관 앞 벤치
243	Sitting Wall	앉을 수 있는 벽	앉을 수 있는 벽
244	Canvas Roofs	캔버스 지붕	캔버스 지붕
245	Raised Flowers	올려진 화단	올려진 화단
246	Climbing Plants	덩굴식물	넝쿨식물
247	Paving with Cracks between the Stones	틈이 있는 포장석	틈이 있는 포장석
248	Soft Tile Brick	부드러운 타일과 벽돌	부드러운 타일과 벽돌
249	Ornament	장식	장식
250	Warm Colors	따듯한 색	따뜻한 색
251	Different Chairs	다양한 의자	다양한 의자
252	Pools of Light	빛의 집중	빛의 집중
253	Things from Your Life	자신의 물건	자신의 물건

도판 저작권

26쪽	에리크 룬트베르크 Erik Lundberg	218쪽	에드 앨런
40쪽	E. O. 호프 E. O. Hoppe	222쪽	베르너 비쇼프 Werner Bischof
44쪽	아우구스틴 미스카 Augustin Myska	224쪽	데이비드 베스탈 David Vestal
62쪽	마빈 볼로츠키 Marvin Bolotsky	225쪽	존 더니악 John Durniak
64쪽	앙리 카르티에브레송 Henry Cartier-Bresson	240쪽	에리크 룬트베르크
66쪽	에른스트 하스 Ernst Hass	241쪽	외젠 아제 Eugène Atget
76쪽	베르나르 볼프 Bernard Wolf	242쪽	뤼크 요우베르트 Luc Joubert
77쪽	베르나르 볼프	308쪽	앙리 카르티에브레송
78쪽	앙리 카르티에브레송	310쪽	브루스 데이비드슨 Bruce Davidson
79쪽	앙드레 케르테츠 André Kertesz	311쪽	앙리 카르티에브레송
80쪽	앙드레 케르테츠	402쪽	레나르 닐손 Lennart Nilsson
81쪽	앙리 카르티에브레송	426쪽	우르술라 피스테르마이스터 Ursula Pfistermeister
98쪽	앙리 카르티에브레송	427쪽	외젠 아제
124쪽	로더릭 캐머론 Roderick Cameron	442쪽	에리크 룬트베르크
162쪽	K. 나카무라 K. Nakamura	444쪽	에리크 룬트베르크
166쪽	데이비드 셀린 David Sellin	520쪽	외젠 아제
184쪽	코자닉 Kocjanic	562쪽	프리프 몰레르 Prip Moller
198쪽	베르나르 류도프스키 Bernard Rudofsky	578쪽	앙리 카르티에브레송
216쪽	에드 앨런 Ed Allen	580쪽	베르너 비쇼프 Werner Bischof
217쪽	에드 앨런